Ernst Probst

Löwen im Eiszeitalter

Diplomica Verlag GmbH

Probst, Ernst: Löwen im Eiszeitalter. Hamburg, Diplomica Verlag GmbH 2015

Buch-ISBN: 978-3-95934-768-6
PDF-eBook-ISBN: 978-3-95934-268-1
Druck/Herstellung: Diplomica® Verlag GmbH, Hamburg, 2015
Covermotiv: © Shuhei Tamura

Bibliografische Information der Deutschen Nationalbibliothek:
Die Deutsche Nationalbibliothek verzeichnet diese Publikation in der Deutschen
Nationalbibliografie; detaillierte bibliografische Daten sind im Internet über
http://dnb.d-nb.de abrufbar.

© Diplomica Verlag GmbH
Hermannstal 119k, 22119 Hamburg
http://www.diplomica-verlag.de, Hamburg 2015
Printed in Germany

Meiner im Sternzeichen Löwe
geborenen
Tochter Sonja gewidmet

Inhalt

Dank
Seite 11

Vorwort
Seite 17

Der Mosbacher Löwe
Panthera leo fossils
Seite 19

Der Europäische
Höhlenlöwe
Panthera leo spelaea
Seite 53

Der Amerikanische
Höhlenlöwe
Panthera leo atrox
Seite 81

Der Beringia-Höhlenlöwe
oder
Ostsibirische Höhlenlöwe
Panthera leo vereshchagini
Seite 95

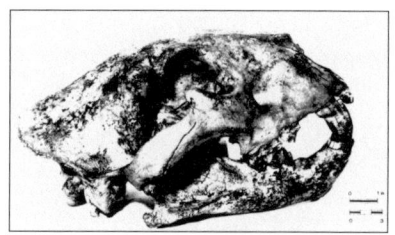

Höhlenlöwen in der Kunst
der Eiszeit
Seite 109

Löwen in der Kunst
zu geschichtlicher Zeit
Seite 127

Höhlenlöwe
und Säbelzahnkatze
in Literatur und Film
Seite 137

Löwenfunde in Deutschland
Seite 145
Löwenfunde in Österreich
Seite 190
Löwenfunde in der Schweiz
Seite 201

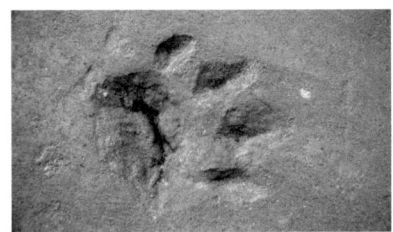

Eiszeitliche Raubkatzen
in Deutschland
Seite 205

Der Mosbacher Löwe 206
Der Europäische Höhlenlöwe
208
Der Europäische Jaguar 209
Säbelzahnkatze
und Dolchzahnkatze 211
Der Leopard 215
Der Schnee-Leopard 218
Der Gepard 220
Der Puma 222

Deutschland im Eiszeitalter
Seite 227

Löwen der Gegenwart
Seite 253

Der Autor
Seite 263

Literatur
Seite 265

Bildquellen
Seite 283

Fundstätten- und Ortsregister
Seite 287

Raubkatzenregister
Seite 300

Personenregister
Seite 305

Sachregister
Seite 314

Dank

Für Auskünfte, kritische Durchsicht von Texten (Anmerkung: etwaige Fehler gehen zu Lasten des Verfassers), mancherlei Anregung, Diskussion und andere Arten der Hilfe danke ich:

Dr. Alain Argant, Institut Dolomieu, Grenoble

Wolfgang Arndt, Zeithain

Dr. Gennady Baryshnikov,
Zoological Institute of Russian Academy of Sciences,
St. Petersburg

Petra Berns, Bad Honnef

Michel Blant,
Institut suisse de spéléologie et de karstologie (ISSKA),
La Chaux-de-Fonds

Dr. Gennady Boeskorov
Mammoth Museum of the Institute of Applied Ecology
of the Academy of Sciences of
The Sakha Republic (Yakutia), Jakutsk

Javier Cácaeres, Madrid

Joe Carnegie, Guernsey, Channel Islands

Dr. Robert Darga,
Naturkunde- und Mammut-Museum Siegsdorf

Dr. Cajus G. Diedrich,
Paläontologe, PalaeoLogic, Halle/Westfalen

Thomas Engel,
geologischer Präparator, Naturhistorisches Museum Mainz /
Landessammlung für Naturkunde Rheinland-Pfalz

Mike Everhart, Adjunct Curator of Paleontology,
Sternberg Museum of Natural History,
Fort Hays State University, Hays, Kansas

Alyssa Ganezer, Santa Monica, Kalifornien

Fritz Geller-Grimm, Kurator, Museum Wiesbaden

Dr. Charles Richard (Dick) Harington,
Curator of Quaternary Zoology Emeritus,
Canadian Museum of Nature, Ottawa, Ontario

Marry Harrsch, Springfield, Oregon

Ulrich H. J. Heidtke, Niederkirchen (Pfalz)

Siegbert Heinecke, Böhl-Iggelheim

Suzanne Hein-Hoffmann, Frankfurt am Main

Prof. Dr. Helmut Hemmer, Mainz

Lothar Henke, Pirna

Dr. Brigitte Hilpert,
Geozentrum Nordbayern, Fachgruppe PaläoUmwelt, Erlangen

Markus Höneisen,
Kanton Schaffhausen, Kantonsarchäologie

Tansy Jefferies, Fort Lauderdale, Florida

Dr. rer. nat. habil. Ralf-Dietrich Kahlke,
Leiter der Forschungsstation für Quartärpaläontologie der
Senckenbergischen Naturforschenden Gesellschaft, Weimar

Emmanuel Keller, Grüt, Schweiz

Dr. Thomas Keller,
Landesamt für Denkmalpflege Hessen,
Archäologische und Paläontologische Denkmalpflege,
Wiesbaden

Professor Dr. Hans-Jürg Kuhn, Göttingen

Milan Kuminowski, Berlin

Dr. Peter Lanser, LWL-Museum für Naturkunde,
Westfälisches Landesmuseum mit Planetarium, Münster

Wilrie van Logchem, Culemborg, Niederlande

Patricio Lorente, La Paz

Prof. Dr. Dietrich Mania, Jena

Sergio De la Rosa Martinez, Toluca, Mexiko

Dr. Lutz Maus,
Forschungsstation für Quartärpaläontologie der
Senckenbergischen Naturforschenden Gesellschaft, Weimar

Dr. Kees Moeliker, Kustos,
Natuurhistorisch Museum Rotterdam

Dick Mol, Mammut-Experte,
Hoofddorp bei Amsterdam, Niederlande

Joachim S. Müller, Darmstadt

ao. Prof. Dr. Mag. Doris Nagel,
Universität Wien, Institut für Paläontologie

Péter Papp, Geologe,
Magyar Állami Földtani Intézet /
Geological Institute of Hungary, Budapest

Hristo Peshev, Blagoevgrad, Bulgarien

Dominique Pipet, Vitrolles, Frankreich

Kevin Pluck, London

o. Univ.Prof. Mag. Dr. Gernot Rabeder,
Institut für Paläontologie,Universität Wien

Thomas Rathgeber,
Staatliches Museum für Naturkunde Stuttgart

Klaus Reis, Deidesheim

Dr. Wilfried Rosendahl,
Reiss-Engelhorn-Museen Mannheim

Georg Sack, Leiter des Heimatmuseums Biebrich, Wiesbaden

Art Salmons, Russelville, Arkansas

Dr. Oliver Sandrock, Paläontologe
Hessisches Landesmuseum Darmstadt

Dr. Ulrich Schmölcke, Zoologisches Institut Haustierkunde,
Christian-Albrechts-Universität zu Kiel

Dieter Schreiber,
Dipl.-Geologe,
Staatliches Museum für Naturkunde Karlsruhe

Marion Schütz,
Geschäftsstellenleiterin,
Homo heidelbergensis von Mauer e. V.,
Mauer bei Heidelberg

Shuhei Tamura, Kanagawa, Japan

Silvan Thüring, Naturmuseum Solothurn

Thüringer Zoopark Erfurt

Martin Walders,
Museum für Ur- und Ortsgeschichte (Quadrat Bottrop)

Kurt Wehrberger,
stellvertretender Direktor,
Ulmer Museum, Archäologische Sammlung, Ulm

Dr. Michael Weidenfeller,
Geologiedirektor,
Landesamt für Geologie und Bergbau Rheinland-Pfalz,
Mainz

Dr. Stefan Wenzel,
Forschungsbereich Vulkanologie, Archäologie
und Technikgeschichte des
Römisch-Germanischen Zentralmuseums Mainz, Mayen

Frank Wouters, Antwerpen, Belgien

Jochen Zapfe, Berlin

Älteste Löwenspuren Europas in Bottrop-Welheim

Löwen
im Eiszeitalter

Eiszeitliche Raubkatzen aus Europa, Asien und Amerika stehen im Mittelpunkt des Taschenbuches „Löwen im Eiszeitalter" des Wiesbadener Wissenschaftsautors Ernst Probst. Es beginnt mit dem riesigen Mosbacher Löwen (*Panthera leo fossilis*), der nach etwa 600.000 Jahre alten Funden aus dem ehemaligen Dorf Mosbach bei Wiesbaden in Hessen benannt ist. Dieser Mosbacher Löwe gilt mit einer Gesamtlänge von bis zu 3,60 Metern als der größte Löwe aller Zeiten in Deutschland und Europa. Seine Kopfrumpflänge betrug etwa 2,40 Meter, sein Schwanz maß weitere 1,20 Meter. Von dieser imposanten Raubkatze stammt der Europäische Höhlenlöwe (*Panthera leo spelaea*) ab, der im Eiszeitalter (Pleistozän) vor etwa 300.000 bis 10.000 Jahren in Europa lebte. Noch größer als der Mosbacher Löwe und der Europäische Höhlenlöwe war der Amerikanische Höhlenlöwe (*Panthera leo atrox*) aus dem Eiszeitalter vor etwa 100.000 bis 10.000 Jahren. Er wird ebenso vorgestellt wie der vor etwa 40.000 bis 10.000 Jahren existierende Ostsibirische Höhlenlöwe (*Panthera leo vereshchagini*), den man auch Beringia-Höhlenlöwe nennt. Weitere Kapitel befassen sich mit Höhlenlöwen in der Kunst der Eiszeit, Löwenfunden in Deutschland, Österreich und der Schweiz, eiszeitlichen Raubkatzen in Deutschland und Löwen der Gegenwart. Geschildert wird auch der Ablauf des von starken Klimaschwankungen geprägten Eiszeitalters in Deutschland.

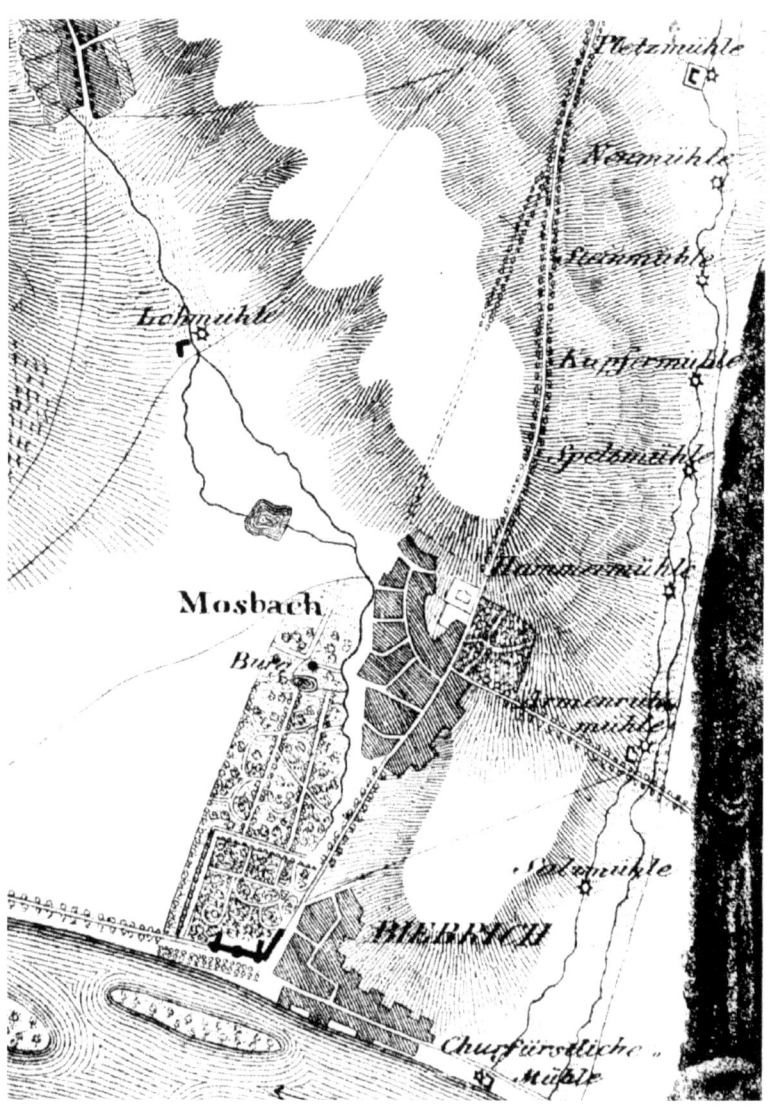

Dörfer Mosbach und Biebrich auf einem Plan von 1819. Die Bilder auf den Seiten 18, 20 und 22 (oben) stammen vom Verschönerungs- und Verkehrsverein Biebrich am Rhein e. V. / Heimatmuseum Biebrich.

Der Mosbacher Löwe
Panthera leo fossilis

Als der geologisch betrachtet älteste europäische Löwe gilt der
Mosbacher Löwe der Unterart *Panthera leo fossilis*. Die meisten Fossilien dieser Großkatze kennt man aus den Mosbach-
Sanden im Stadtkreis von Wiesbaden in Hessen. In älterer Literatur ist noch der Begriff Mosbacher Sande zu lesen, der nach
Empfehlungen der Stratigraphischen Kommission von 1977
durch den Ausdruck Mosbach-Sande ersetzt wird.

Bei den Mosbach-Sanden handelt es sich um Flussablagerungen
des eiszeitlichen Mains, der damals weiter nördlich als heute in
den Rhein mündete, des Rheins und von Taunusbächen. Der
Name Mosbach-Sande erinnert an das einst zwischen Wiesbaden und Biebrich liegende Dorf Mosbach, wo man schon 1845
in etwa zehn Meter Tiefe erste eiszeitliche Großsäugerreste entdeckte.

1882 schlossen sich die Dörfer Mosbach und Biebrich zur Stadt
Biebrich-Mosbach zusammen. In der Folgezeit gewann Biebrich
durch Schloss, Rheinverkehr, Industrie und Kaserne eine solche Dominanz, dass man 1892 den Begriff Mosbach aus dem
Stadtnamen strich. Am 1. Oktober 1926 wurde Biebrich in Wiesbaden eingemeindet.

In Mosbach befanden sich von der Mitte des 19. Jahrhunderts
bis etwa um 1910 zu beiden Seiten der Biebricher Allee – ungefähr beim heutigen Landesdenkmal – zahlreiche Gruben, in
denen man Sande und Kiese abgebaut hat. Der dort vorhande-
ne feine Sand diente nicht nur für Bauvorhaben, sondern wurde auch gerne von Hausfrauen zum Scheuern von Holzfußböden
verwendet.

Später wurden die Abbauflächen erweitert und nach Südosten

Das Dorf Mosbach bei Wiesbaden auf einem Bild von 1815

Wasserturm und Sandgrube auf der Adolfshöhe in Biebrich um 1900. Der Wasserturm diente bis zum Ersten Weltkrieg auch als Aussichtsturm. In der Sandgrube davor wurde 1906/1907 der Bahnhof Landesdenkmal gebaut. Er lag an der neuen Strecke vom Wiesbadener Hauptbahnhof nach Limburg.

verlagert. Dort hat die Firma Dyckerhoff die stellenweise fossilreichen Schichten der Mosbach-Sande bis Ende 2005 großflächig abgebaut. Dies geschah, um an die darunter liegenden etliche Millionen Jahre alten tertiärzeitlichen Kalksteine zu gelangen, die man zur Zementherstellung benötigte. Heute werden nur noch die Mosbach-Sande als Rohstoff benötigt.

Beim Abbau der Mosbach-Sande kommen immer wieder Überreste von Wirbeltieren zum Vorschein, die wohl zum größten Teil aus dem nach einem englischen Fundort bezeichneten Cromer-Komplex (etwa 800.000 bis 480.000 Jahre) stammen. Die charakteristische Cromer-Forest-Bed-Abfolge in Norfolk (England) wurde 1882 von dem englischen Geologen Clement Reid (1855–1916) beschrieben. Als so genannte Typuslokalität gilt West Runton bei Cromer mit einem Alter von höchstens 700.000 Jahren. Das Klima im Cromer war nicht einheitlich. Einerseits gab es sehr milde, andererseits aber auch kühle Abschnitte. In Mitteleuropa wird das Cromer in vier Warmzeiten und vier Kaltzeiten gegliedert.

Nur die früheste Cromer-Warmzeit I (auch Cromer-Interglazial I genannt) wird dem Altpleistozän (etwa 1,9 Millionen bis 780.000 Jahre) zuordnet. In diese Zeit fällt die fossilarme Mosbach 1-Fauna vor etwa einer Million Jahren, die ähnlich alt wie die Fossilien aus dem Leichenfeld bei Untermaßfeld nahe Meiningen in Thüringen ist.

Den größten Teil des Cromer-Komplexes rechnet man dem Mittelpleistozän (etwa 780.000 bis 127.000 Jahre) zu. Dazu zählen die Cromer-Warmzeiten II, III, IV und die dazwischen liegenden Kaltzeiten.

Die fossilreiche mittelpleistozäne Mosbach 2-Fauna und die gleichaltrigen Sande von Mauer bei Heidelberg gehören entweder in die ältere Cromer-Warmzeit III (auch älteres Cromer-Interglazial III genannt) oder in die jüngere Cromer-Warmzeit IV (Cromer-Interglazial IV).

In der Literatur heißt es oft, in der schätzungsweise etwa 600.000 Jahre alten Hauptfundschicht (Graues Mosbach) lägen die Re-

Paläontologe Thomas Keller neben einem in Fundlage bereits eingegipsten Fossil in den Mosbach-Sanden von Wiesbaden

Blick von der Elisabethenhöhe zur evangelischen Hauptkirche in Mosbach um 1882, links unten liegt eine Lehmgrube

ste zweier Lebensgemeinschaften vor, die einer ausgehenden Warmzeit und einer heraufziehenden Kaltzeit innerhalb des Cromer entsprächen. Während der Warmzeit sollen beispielsweise Waldelefant und Flusspferd gelebt haben, in der Kaltzeit dagegen der riesige Steppenelefant, der Steppenbison, der Vielfaß und das Rentier.

Nach Forschungen des Wiesbadener Paläontologen Thomas Keller, die er seit 1991 in den Mosbach-Sanden unternahm, gibt es aber keine Hauptfundschicht. Denn fast alle Schichten enthalten nach seinen Beobachtungen Fossilien. Außerdem vermutet er eher einen Wechsel von einer ausgehenden Kaltzeit zu einer beginnenden Warmzeit.

In den wärmeren Abschnitten des Cromer behaupteten sich Eichenmischwälder mit Eiben und Erlen. Merklich spärlicher gab es Hasel und Hainbuche. Während der kühlen Phasen dehnten sich Nadelmischwälder aus, in denen Kiefern überwogen. Birken wuchsen zu Beginn und gegen Ende des Cromer häufig.

In Deutschland lebten im Cromer bei zeitweise warmem, mitunter aber auch kühlem Klima zwar keine Mastodonten (Rüsseltiere mit drei Backenzähnen in jeder Kieferhälfte) und Tapire mehr, jedoch weiterhin wärmeorientierte Elefanten, Nashörner und das Flusspferd *Hippopotamus antiquus*. Neu waren in Deutschland die Steppenhirsche (*Praemegaceros verticornis*), deren breitschaufeliges Geweih dem von Damhirschen ähnelt, sowie der Mosbacher Bär *Ursus deningeri* als Vorfahre des jungpleistozänen Höhlenbären *Ursus spelaeus*.

Zu den bekanntesten Fundorten mit fossilen Faunen aus dem Cromer in Deutschland zählen die erwähnten Mosbach-Sande im Stadtkreis von Wiesbaden, die aber auch ältere und jüngere Ablagerungen aus dem Eiszeitalter enthalten, die Mauerer Sande von Mauer bei Heidelberg und das Mittelmain-Cromer mit den Fundstellen Marktheidenfeld, Karlstadt, Erlabrunn, Würzburg-Schalksberg, Randersacker, Volkach und Goßmannsdorf, Voigtstedt im Harzvorland und Weimar-Süßenborn. Umstrit-

Aufschluss und Abbau der Mosbach-Sande 2008

ten ist die Zuordnung der Faunenreste aus den Tonen von Jockgrimm in der Pfalz ins Cromer.

Das Naturhistorische Museum Mainz besitzt mit mehr als 25.000 Funden aus den Mosbach-Sanden die größte Sammlung von Tieren aus dem Eiszeitalter des Rhein-Main-Gebietes. Im Museum Wiesbaden wird ebenfalls eine umfangreiche Sammlung von Fossilien aus diesem Fundgebiet aufbewahrt. Die bisher wissenschaftlich bearbeiteten Vogelreste aus den Mosbach-Sanden weisen auf ein Wasser-Sumpf-Gebiet hin, in dem außer Schwänen und Enten auch Geier (*Gyps melitensis*) lebten.

Der frühere Direktor des Naturhistorischen Museums Mainz, Herbert Brüning (1911–1983), hat Tausende der in den Mosbach-Sanden geborgenen Fossilien aufgelistet, die in den paläontologischen Sammlungen des Mainzer Museums aufbewahrt sind. „Insgesamt wurden bisher mehr als 65 Säugetierarten aus den Mosbach-Sanden bestimmt", heißt es in dem Buch „Deutschland in der Urzeit" (1986) von Ernst Probst.

Zum Fundgut aus den Mosbach-Sanden gehören unter anderem Reste vom herdenweise vorkommenden Mosbach-Pferd (*Equus mosbachensis*), Steppen- bzw. Alt-Riesenhirsch (*Praemegaceros verticornis*), Alt-Damhirsch (*Praedama* sp.), Breitstirnelch (*Alces latifrons*), Wisent (*Bison schoetensacki*) und Mosbacher Bären (*Ursus deningeri*). Als eine der größten Raritäten aus den Mosbach-Sanden gilt der Fund einer Unterkieferleiste eines Makaken (*Macaca*), die im Frankfurter Senckenberg-Museum aufbewahrt wird. Dieser Fund belegt, dass vor ungefähr 600.000 Jahren im Rhein-Main-Gebiet noch Affen lebten.

Im Fundgut der Archäologischen Denkmalpflege Hessen aus den Mosbach-Sanden sind Mosbacher Bären (*Ursus deningeri*) – nach den Beobachtungen von Thomas Keller – die am häufigsten vertretenen Raubtiere. Der Artname dieses 1904 nach einem Fund aus Mosbach beschriebenen Bären erinnert an den in Mainz geborenen Geologen Karl Julius Deninger (1878–1917).

Wilhelm von Reichenau (1847–1925) beschrieb 1906 den Mosbacher Löwen (Panthera leo fossilis). Ihm hatten Funde aus Museen in Mainz (linker Unterkieferast und eine Elle aus Mosbach), Wiesbaden (eine Elle aus Mosbach), Darmstadt (linker Unterkieferast aus Mosbach) und Frankfurt am Main (rechter Unterkieferast aus Mosbach) sowie aus der Universität Heidelberg (linker Unterkieferast und ein rechter Oberkiefer-Reißzahn aus Mauer bei Heidelberg) vorgelegen. Diese Funde verglich er mit Resten von Höhlenlöwen aus Steeden an der Lahn sowie von heutigen Löwen und Tigern.

Unter den im Naturhistorischen Museum Mainz aufbewahrten Fossilien aus den Mosbach-Sanden überwiegen bei den Raubtieren dagegen die Wölfe. Man kennt etliche Formen: den kleinen Mosbacher Wolf (*Canis lupus mosbachensis*), die dort seltene Großform *Xenocyon lycaenoides*, die Art *Cuon priscus*, die ein Vorfahre des heutigen Alpenwolfes sein dürfte, sowie eine kleine primitivere Vorform (*Cuon* cf. *priscus*). Zu den größeren Raubtieren zählen außerdem die Streifenhyäne (*Hyaena perrieri*), die Tüpfelhyäne (*Crocuta crocuta praespelaea*), der Luchs (*Lynx issiodorensis*), der Mosbacher Löwe (*Panthera leo fossilis*), der Europäische Jaguar (*Panthera onca gombaszoegensis*), der Gepard (*Acinonyx pardinensis*) und die Säbelzahnkatze (*Homotherium crenatidens*).

Vom Mosbacher Löwen liegen Schädelreste, Unterkiefer oder Teile davon sowie einige Skelettknochen und wenige isolierte Zähne vor. Ganze Skelette oder komplette Schädel dieser Großkatze hat man bisher in den eiszeitlichen Ablagerungen von Rhein und Main noch nicht entdeckt.

Die erste Beschreibung des Mosbacher Löwen (*Panthera leo fossilis*) aus dem Jahre 1906 stammt von Wilhelm von Reichenau (1847–1925). Er hatte Funde aus Mosbach bei Wiesbaden und Mauer bei Heidelberg untersucht und sie einer fossilen Unterart des Löwen namens „*Felis leo fossilis*" zugeordnet. Die heutige gültige Bezeichnung für diese Unterart lautet *Panthera leo fossilis*.

Wilhelm von Reichenau war Offizier, gab diesen Beruf aber wegen einer Kriegsverletzung auf. 1879 wurde er Präparator der Rheinischen Naturforschenden Gesellschaft in Mainz, 1888 Konservator an deren naturkundlichem Museum, 1907 Ehrendoktor der Philosophie der Universität Gießen. Von 1910 bis 1915 fungierte er als Direktor des neuen Naturhistorischen Museum Mainz und ab 1910 als Professor. Er hat sich um die Erforschung der Mosbach-Sande verdient gemacht.

Der Mosbacher Löwe (*Panthera leo fossilis*) wurde oft von Wissenschaftlern untersucht und teilweise auch unter anderen

Lebensbilder des riesigen Mosbacher Löwen (Panthera leo fossilis) von Fritz Wendler (1941–1995) aus Obergotzing bei Weyarn in Bayern (oben) und von Shuhei Tamura aus Kanagawa in Japan (unten)

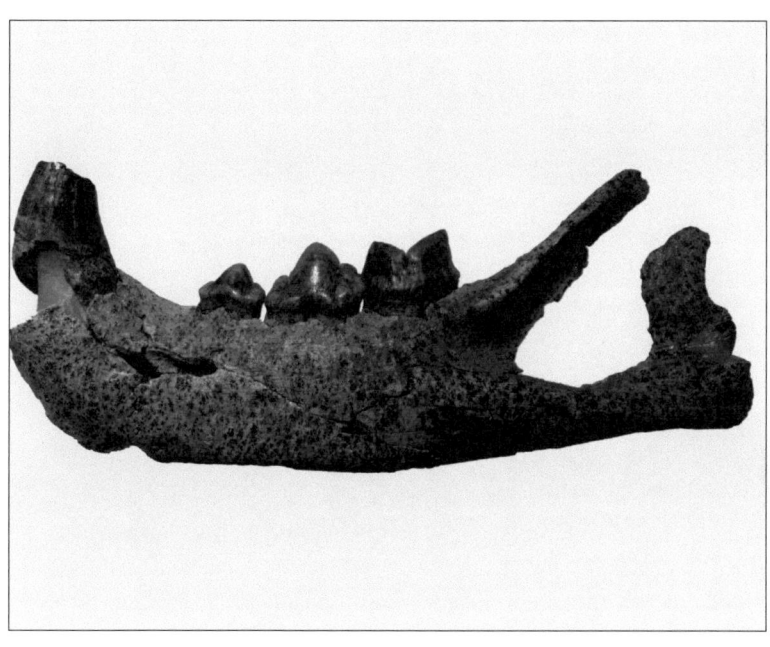

Funde vom Mosbacher Löwen aus den Mosbach-Sanden von Wiesbaden im Naturhistorischen Museum Mainz / Landessammlung für Naturkunde Rheinland-Pfalz: 20 Zentimeter langer Unterkiefer (oben) und 11,5 Zentimeter langer Eckzahn (unten)

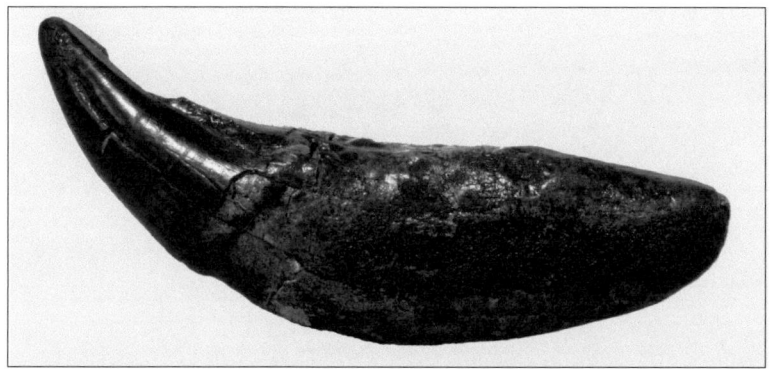

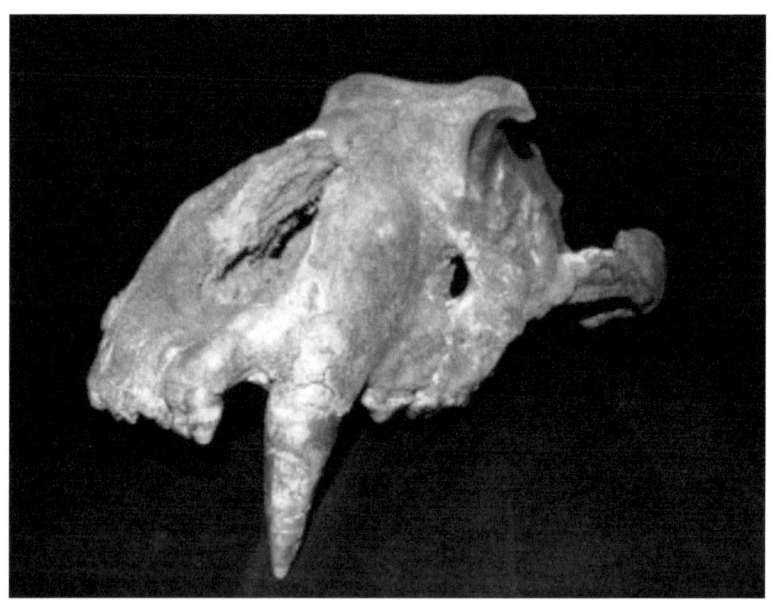

Etwa 43 Zentimeter langer Oberschädel eines Mosbacher Löwen aus den Mauerer Sanden von Mauer bei Heidelberg, Original im Urgeschichtlichen Museum der Gemeinde Mauer.

Südafrikanischer Paläontologe Robert Broom (1866–1951)

30

Namen beschrieben. Einer dieser Experten – nämlich der Berliner Paläontologe Wilhelm Otto Dietrich (1881–1964) – nannte ihn 1968 *Panthera leo mosbachensis*, was sich aber nicht durchsetzte. Auch den Namen „Alt-Panther" für den Mosbacher Löwen liest man nicht oft.

Ein fast kompletter, etwa 43 Zentimeter langer Oberschädel eines Mosbacher Löwen wurde um 1885 in den Mauerer Sanden von Mauer bei Heidelberg entdeckt. Diesen Löwen-Oberschädel hat 1912 der Paläontologe Adolf Wurm (1886–1968) beschrieben. Bei dem Fundort handelte es sich um die Sandgrube Grafenrain, wo am 21. Oktober 1907 der Unterkiefer des Heidelberg-Menschen (*Homo erectus heidelbergensis* bzw. *Homo heidelbergensis*) zum Vorschein kam. Dieser Frühmensch gilt mit einem geologischen Alter von etwa 630.000 Jahren als der älteste bekannte Mitteleuropäer. Der Unterkiefer des Heidelberg-Menschen wird im Geologisch-Paläontologischen Institut der Universität Heidelberg aufbewahrt. Dort lag früher auch der Löwen-Oberschädel aus Mauer, bevor er 1982 anlässlich der 75. Wiederkehr der Entdeckung des Heidelberg-Menschen dem Urgeschichtlichen Museum der Gemeinde Mauer als Dauerleihgabe überlassen wurde.

Dass eine diesen ersten europäischen Löwen sehr nahe stehende Form schon viel früher existierte, zeigt die frappierende Formähnlichkeit eines Löwenunterkiefers aus den Mosbach-Sanden in Deutschland mit dem rund 1,75 Millionen Jahre alten Unterkiefer eines Löwen aus der Olduvai-Schlucht in Tansania (Afrika). Dieser frühe Löwe aus dem „Schwarzen Erdteil" wird zur Unterart *Panthera leo shawi* gerechnet, die 1948 der südafrikanische Arzt und Paläontologe Robert Broom (1866–1951) beschrieben hat.

Noch mehr als die Mosbacher Teilfunde lässt der Löwenschädel aus Mauer bei Heidelberg erkennen, dass diese Tiere eine ursprünglichere Stufe der Hirnentwicklung als die meisten heutigen Löwen aufwiesen. Das Hirn des Mosbacher Löwen dürfte etwa dem des in freier Wildbahn und in unvermischter Form auch in Gefangenschaft ausgestorbenen Berberlöwen oder Atlaslöwen (*Panthera leo leo*) und dem des Indischen Löwen (*Panthera leo goojratensis*) oder Asiatischen Löwen (*Panthera leo persica*) entsprechen. Letztere beiden Löwen besitzen weniger Hirnmasse als Afrikanische Löwen (*Panthera leo*). Es scheint, als ob Löwen mit der geringeren Hirnentwicklung auch in ihrem Sozialverhalten noch weniger entwickelt waren als gegenwärtige Afrikanischen Löwen. Sie werden deshalb paarweise oder als Einzelgänger gelebt und gejagt haben. Sicherlich mussten sich die Großkatzen von Mosbach und Mauer wie die noch vor einigen Jahrzehnten im Atlasgebirge heimischen Berberlöwen auch bei Schnee, Frost und Eis behaupten.

Die Löwen aus den Mosbach-Sanden erreichten nach Berechnungen von Wissenschaftlern anhand von Skelettresten eine Kopfrumpflänge bis zu 2,40 Metern. Dazu muss noch ein mindestens 1,20 Meter langer Schwanz gerechnet werden. Die Großkatzen von Mosbach waren demnach bis zu 3,60 Meter lang. Das ist etwa ein halber Meter mehr als bei durchschnittlichen heutigen Löwen. Sie entsprachen damit dem Sibirischen Tiger *(Panthera tigris altaica)*, der größten Katze, die gegenwärtig auf Erden lebt, oder einem „Liger", der Kreuzung eines männlichen Löwen mit einem weiblichen Tiger.

Noch größer als die Mosbacher Löwen waren die Amerikanischen Höhlenlöwen *(Panthera leo atrox)*, die im Eiszeitalter vor etwa 100.000 bis 10.000 Jahren in Nord- und Südamerika lebten. Diese erreichten eine Kopfrumpflänge bis zu etwa 2,50 Metern und mit Schwanz eine Gesamtlänge von bis zu 3,70 Metern.

Die Urheimat der Löwen lag offenbar in Afrika. Dort sind die geologisch ältesten Löwen in den berühmten Fossilfundstellen um den Turkanasee – früher Rudolfsee genannt – in Kenia und in der Olduvai-Schlucht in Tansania entdeckt worden. Diese Löwenfunde auf dem „Schwarzen Erdteil" sind bis zu zwei Millionen Jahre alt.

Nicht durchsetzen konnte sich die Vermutung einiger Wissenschaftler, dass rund 3,5 Millionen Jahre alte Fossilien aus Laetoli in Tansania (einem berühmten Vormenschen-Fundort) vom frühesten Löwen stammen. Dabei handelt es sich um Kieferbruchstücke und wenige Skelettreste.

In Europa tauchte der Löwe vor etwa 700.000 Jahren auf. So alt ist ein Fund des Mosbacher Löwen vom süditalienischen Fundort Isernia bei Molise. Aus Deutschland sind Mosbacher Löwen aus der Zeit vor etwa 600.000 Jahren vor allem in Mosbach im Stadtkreis von Wiesbaden (Hessen) und Mauer bei Heidelberg (Baden-Württemberg) nachgewiesen. Weitere Mosbacher Löwen kennt man aus Atapuerca/Gran Dolina (Spanien) sowie Tautavel/Arago-Höhle und Château (Frankreich). Besonders viele Raubkatzen-Funde kamen in Château (Burgund) zum Vorschein. Dort hatte man 1863 bei Straßenbauarbeiten viele Knochen von Bären und Löwen entdeckt. 1968 wurde diese alte Fundstelle wieder aufgespürt. Zwischen 1997 und 2002 nahm der Paläontologe Alain Argant Grabungen vor. Zum Fundgut von Château gehören Fossilien vom Mosbacher Bären (*Ursus deningeri*), Etruskischen Wolf (*Canis etruscus*), Mosbacher Wolf (*Canis lupus mosbachensis*), ein komplettes Skelett mit Schädel vom Europäischen Jaguar (*Panthera onca gombaszoegensis*) sowie drei Schädel, sechs Kieferfragmente und ein Fuß vom Mosbacher Löwen (*Panthera leo fossilis*).

Die Löwen der Art *Panthera youngi* von Choukoutien bei Peking, dem berühmten Fundort des Peking-Menschen (*Homo erectus pekinensis*) in China vor etwa 350.000 Jahren, sind offenbar Vorfahren der Höhlenlöwen in Europa, Asien und Nordamerika. Löwen aus Vence und Cajare in Frankreich dokumentieren den Übergang zwischen dem Mosbacher Löwen und dem Höhlenlöwen.

Als eine Vereisungsphase den Meeresspiegel weltweit absinken ließ, wanderten Höhlenlöwen über die Landbrücke Beringia und die Beringbrücke auch nach Nordamerika. Beide Landbrücken werden heute von der Beringsee bedeckt, die nach dem dänischen Entdecker Vitus Janessen Bering (1741–1680) be-

Lager von Frühmenschen im Eiszeitalter vor etwa 370.000 Jah-
ren bei Bilzingsleben (Kreis Artern) in Thüringen. Zu ihren
Beutetieren gehörte auch der Löwe. Zeichnung von Fritz
Wendler (1941–1995)

nannt ist. An der engsten Stelle ist die Beringstraße heute nur 85 Kilometer breit sowie 50 bis 90 Meter tief.

In Nordamerika verbreiteten sich die Höhlenlöwen rasch über den gesamten Halbkontinent und erreichten zudem das nördliche Südamerika. Fast gleichzeitig wie ihre Artgenossen in Europa sind sie dann dort vor etwa 10.000 Jahren zum Ende des Eiszeitalters ausgestorben.

In Deutschland jagten riesige Löwen – wie erwähnt – schon vor etwa 600.000 Jahren an den Ufern der eiszeitlichen Flüsse Neckar, Rhein und Main. Außerdem kennt man etwa 370.000 Jahre alte Löwenfunde aus Bilzingsleben in Nordthüringen und etwa 300.000 Jahre alte Löwenfossilien aus Steinheim an der Murr in Baden-Württemberg. An all diesen Plätzen lebten auch menschliche Vorfahren wie *Homo erectus bilzingslebenensis* oder *Homo steinheimensis*.

Begegnungen mit Mosbacher Löwen dürften vor rund 600.000 Jahren für unsere damaligen Vorfahren lebensgefährlich gewesen sein. Denn diese Frühmenschen verfügten – nach den Funden zu urteilen – noch über keine wirkungsvollen Waffen. Stoßlanzen und Wurfspeere standen vermutlich erst zwischen etwa 400.000 und 300.000 Jahren zur Verfügung, wie Funde von acht etwa 1,80 bis zu 2,50 Meter langen Speeren im Baufeld Süd des Braunkohletagebaus Schönfeld (Landkreis Helmstedt) in Niedersachsen belegen.

Spätestens zwischen etwa 400.000 und 300.000 Jahren also hat sich die Lage zugunsten der Menschen verändert. Nun gehörte der Löwe zur Jagdbeute von Frühmenschen, wie als Speiseabfälle gedeutete Reste bei Ausgrabungen in Bilzingsleben (Kreis Artern) in Thüringen bezeugen.

In der Literatur werden die Mosbacher Löwen mitunter auch als Höhlenlöwen bezeichnet, was vor allem Laien verwirren dürfte. In diesem Buch wird der Begriff Höhlenlöwe ausschließlich für die Unterart *Panthera leo spelaea* verwendet, die sich vor etwa 300.000 Jahren aus dem Mosbacher Löwen entwickelt hat.

*Der Budapester
Paläontologe
Miklós Kretzoi
(1907–2005)
beschrieb 1938 den
Europäischen Jaguar
(Panthera onca
gombaszoegensis)*

*Der Mainzer Zoologe
Helmut Hemmer
gilt weltweit
als Spezialist
für fossile Katzen.*

Europäische Jaguare in den Mosbach-Sanden

Im Sommer 1913 entdeckte der Mainzer Paläontologe Otto Schmittgen (1879–1938) in den Mosbach-Sanden ein rechtes Unterkieferbruchstück mit einem gut erhaltenen Backenzahn von einer Raubkatze. Dabei handelte es sich – wie man heute weiß – um den ersten Fund von einem Europäischen Jaguar (*Panthera onca gombaszoegensis*) in Mosbach. Der Name *Panthera onca gombaszoegensis* erinnert an den slowakischen Fundort Gombasek (Gombaszök). Von dort hat 1938 der Budapester Paläontologe Miklós Kretzoi (1907–2005) einen derartigen Fund beschrieben.

Otto Schmittgen deutete das Mosbacher Bruchstück zunächst, obwohl es ihm dafür eigentlich etwas zu klein erschien, als Rest eines Löwen. Bei späteren Vergleichen gelangte er aber zu der Überzeugung, dass es sich um einen „Panther" handeln müsse, der bis dahin noch nicht aus Mosbach bekannt war. Weil der Backenzahn des Mosbacher „Panthers" merklich abgekaut war, musste es sich um ein altes Tier handeln. Der bemerkenswerte Fund wurde im Naturhistorischen Museum Mainz aufbewahrt.

1968 glückte in den Mosbach-Sanden der zweite Nachweis des Europäischen Jaguars. Dabei handelte es sich um einen Unterkieferrest, den 1969 der Zoologe Helmut Hemmer und die Paläontologin Gerda Schütt (1931–2007) identifizierten. Die Gesamtlänge des nicht ganz vollständigen Unterkiefers dürfte etwa 16,5 bis 17 Zentimeter betragen haben. Dieses Maß entspricht den Extremwerten heutiger afrikanischer Leoparden (*Panthera pardus*). Es erreicht aber nicht die Variationsbreite kleiner Löwinnen, die bei etwa 19 Zentimetern beginnt. Der Eckzahn (Fangzahn) des im Naturhistorischen Museum Mainz aufbewahrten Jaguar-Unterkiefers aus Mosbach ragt etwa 3,5 Zentimeter aus dem Knochen.

Am 24. April 1998 gelang Anne Sander bei einer von der Abteilung Archäologische und Paläontologische Denkmalpflege

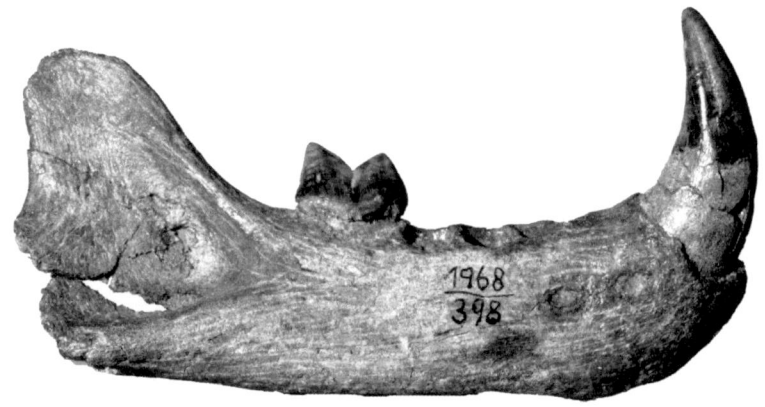

Funde des Europäischen Jaguars (Panthera onca gombas-zoegensis) aus den Mosbach-Sanden von Wiesbaden: Unter-kiefer von 1968 aus dem Naturhistorischen Museum Mainz / Landessammlung für Naturkunde Rheinland-Pfalz (oben) und Unterkiefer von 1998 aus dem Landesamt für Denkmalpflege Hessen in Wiesbaden.

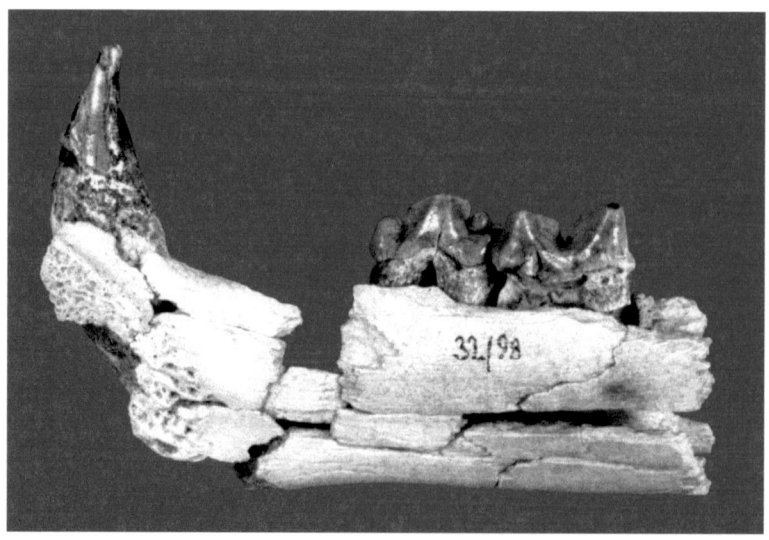

des Landesamtes für Denkmalpflege Hessen veranlassten Kontrollbegehung des Tagebaus Ostfeld in Wiesbaden der dritte Nachweis eines Europäischen Jaguars in den Mosbach-Sanden. Frau Sander entdeckte Fragmente des rechten Unterkieferastes von einem vermutlich weiblichen Jaguar. In der Folgezeit barg sie zusammen mit dem Paläontologen Thomas Keller weitere Kiefer- und Zahnfragmente, bis am 18. Juni 1998 insgesamt 54 Bruchstücke des Unterkiefers vorlagen. Im Juli 2001 wurde der Fund dem Mainzer Zoologen Helmut Hemmer zur Bestimmung übergeben. Erfahrene Präparatoren der Forschungsstation für Quartärpaläontologie der Senckenbergischen Naturforschenden Gesellschaft, Weimar fügten die Bruchstücke zu einem 10,8 Zentimeter langen Unterkieferfragment zusammen. Der komplette Unterkiefer dürfte schätzungsweise 18 Zentimeter lang gewesen sein. Von den erhaltenen vier Zähnen konnten nur drei in Position eingefügt werden, weil für den vorderen Vorbackenzahn ein Halt gebendes Knochenstück fehlte. Das Lebendgewicht dieses Jaguars wird auf bis zu 140 Kilogramm geschätzt.

Die Mosbacher Jaguarfunde gehören zu den geologisch jüngsten dieser Raubkatze, die schon vor etwa 1,5 Millionen Jahren im Eiszeitalter in Europa vorkam. Vielleicht war der Europäische Jaguar wie der heutige Jaguar „eng ans Wasser" gebunden und bevorzugte ebenfalls Wald- und Buschgebiete.

Panthera onca gombaszoegensis dürfte spätestens in der Mindel-Eiszeit (etwa 480.000 bis 330.000 Jahre) ausgestorben sein. Sein Verschwinden ist wohl durch die Kälte und die Konkurrenz durch Löwen bewirkt worden.

Der Europäische Jaguar wurde früher unter zahlreichen Artnamen beschrieben. Reste dieser Großkatze kamen außer in Mosbach (Hessen) auch an anderen Fundstellen in Deutschland zum Vorschein: Rabenstein bei Waischenfeld und Würzburg-Schalksberg (beide in Bayern), Neuleiningen bei Grünstadt (Rheinland-Pfalz) sowie Weimar-Süßenborn und Untermaßfeld bei Meiningen (beide in Thüringen). Zum Fundgut der

Europäischer Jaguar (Panthera onca gombaszoegensis): ein von dem japanischen Künstler Shuhei Tamura aus Kanagawa geschaffenes Lebensbild

Bärenhöhle bei Sonnenbühl-Erpfingen (Baden-Württemberg) gehört der Toskanische Jaguar (*Panthera onca toscana*), der aber vielleicht mit dem Europäischen Jaguar identisch ist.

Jaguarfossilien hat man außer in Deutschland auch in Spanien, Frankreich, Italien, Belgien, den Niederlanden, England, Österreich, Ungarn, Tschechien, der Slowakei, Rumänien, Bulgarien, Griechenland, Georgien und in der Ukraine geborgen. Bei einer Ausgrabung am französischen Fundort Château in Burgund entdeckten die Paläontologen Alain Argant und Jacqueline Argant sogar Teile eines fast kompletten Skelettes mit Schädel von *Panthera onca gombaszoegensis*.

Alain Argant, Jacqueline Argant, Marcel Jeannet (alle drei aus Frankreich) und Margarita Erbajeva (Russland) haben 2007 in der Publikation „Courier Forschungs-Institut Senckenberg" zahlreiche Fundorte des Europäischen Jaguars erwähnt:

Frankreich: L'Escale, Château, La Nauterie, Artenac, Vallonnet, Cénac-et-Saint-Julien Grotte XIV, Villereversure, Azé-Aiglons, Marignat

Spanien: Atapuerca Gran Dolina, Huéscar I

Italien: Olivola, Val d'Arno, Perugia

England: Westbury-sub-Mendip

Belgien: Sprimont/Belle-roche

Niederlande: Maasvlakte bei Rotterdam, Nordsee

Deutschland: Mosbach, Würzburg-Schalksberg, Untermaßfeld, Weimar-Süßenborn, Rabenstein bei Waischenfeld

Österreich: Hundsheim

Tschechien: Koneprusy, Stránská Skála, Holsteijn 1/Chlum 6,

Slowakei: Gomsbasek (Gombaszög)

Ungarn: Vérteszölös II, Villány 3, Somssich-hegy 2, Kövesvárad, Uppony 1

Rumänien: Betfia

Bulgarien: Slivnica

Griechenland: Volos, Gerakou 1, Petralona

Georgien: Akhalkalaki

Ukraine: Zimbal

Lebensbild der aus Nordamerika bekannten Säbelzahnkatze Homotherium serum von Hristo Peshev in Blagoevgrab (Bulgarien)

Lebensbild einer Säbelzahnkatze des Kulmbacher Kunstmalers Max Wild (1911–2000) aus den frühen 1980-er Jahren. Original in der Sammlung Ernst Probst, Mainz-Kostheim

Eine Säbelzahnkatze in den Mosbach-Sanden

Ein 1963 entdeckter Mittelhandknochen aus den Mosbach-Sanden von Wiesbaden stammt von der Säbelzahnkatze *Homotherium crenatidens*. Dieser seltene Fund wurde 1979 von der Paläontologin Gerda Schütt identifiziert. Die Säbelzahnkatze aus den Mosbach-Sanden steht in der Größe zwischen einem Jaguar und einem Löwen. Sie besaß einen großen und schweren Kopf, zwei mehr als fingerlange Eckzähne im Oberkiefer, einen ziemlich kurzen Körper, kraftvolle Beine und einen kurzen Schwanz. Zwei Fingerknochen und einen Eckzahn der Säbelzahnkatze *Homotherium crenatidens* hat man auch in Mauer bei Heidelberg entdeckt.

Im Eiszeitalter gab es zwei Arten der Säbelzahnkatzen-Gattung *Homotherium* in Europa. Die größere davon namens *Homotherium crenatidens* mit einer Gesamtlänge von der Nasen- bis zur Schwanzspitze von ca. 1,90 Metern und einer Schulterhöhe von etwa einem Meter lebte vom frühen bis zum mittleren Eiszeitalter, die kleinere Nachfolgeart *Homotherium latidens* behauptete sich vom mittleren bis zum späten Eiszeitalter. Der letzteren Form ähnelt eine Tierstatuette, die 1896 in der Höhle von Isturitz (Südwestfrankreich) entdeckt wurde.

Obwohl die Säbelzahnkatze *Homotherium* ziemlich groß und kräftig war, wirkte sie wesentlich schlanker und hochbeiniger als die Dolchzahnkatzen der Gattungen *Smilodon* und *Megantereon*, die zur gleichen Zeit in Eurasien, Afrika und Amerika existierten. Wie bei *Smilodon* waren die Vorderbeine von *Homotherium* merklich länger als die Hinterbeine, weswegen seine Rückenlinie nach hinten abfiel. Im Gegensatz zu *Smilodon* mit bis zu 28 Zentimeter langen Eckzähnen trug *Homotherium* zwei relativ kurze, mehr als fingerlange Eckzähne, die zudem stärker gekrümmt, flach, gezackt und messerscharf waren. Mit diesen Eckzähnen konnte *Homotherium* seinen Opfern eher Reisswunden als tiefe Stoßwunden zufügen. Oder er hat damit Aas, das durch Verwesungsgase aufgetrieben war, geöffnet.

Die Paläontologin Gerda Schütt (1931–2007) machte sich um die Erforschung von Raubtieren aus dem Eiszeitalter verdient. Für die Mosbach-Sande in Wiesbaden zum Beispiel führte sie Erstnachweise für die Säbelzahnkatze, den Gepard – und zusammen mit Helmut Hemmer – für den Europäischen Jaguar.

Rätselhaft ist, dass die Krallen bei *Homotherium* offenbar nicht vollständig einziehbar waren. Eventuell hatten sie – wie bei heutigen Hunden und Hyänen – eine Funktion wie Spikes, um lang anhaltende Verfolgungen zu ermöglichen. Diese Säbelzahnkatze dürfte ein ausdauernder Läufer gewesen sein und offene Landschaften – wie Steppen – bevorzugt haben.

Säbelzahnkatzen werden von Experten und Laien oft als Säbelzahntiger bezeichnet. Diese populäre Bezeichnung ist unzutreffend, weil Säbelzahnkatzen nicht mit Tigern verwandt sind. Manche Paläontologen lehnen den Begriff Säbelzahnkatzen ab, weil die Eckzähne nicht an Säbel erinnern. Andere Experten unterscheiden Dolchzahnkatzen und Säbelzahnkatzen. Unter Dolchzahnkatzen können sich Laien oft nichts vorstellen.

Geparde in den Mosbach-Sanden

Zeitgenossen der Mosbacher Löwen waren auch Geparde, für die 2008 der Zoologe Helmut Hemmer (Mainz) sowie die Paläontologen Ralf-Dietrich Kahlke (Weimar) und Thomas Keller (Wiesbaden) den wissenschaftlichen Namen *Acinonyx pardinensis* (sensu lato) *intermedius* vorgeschlagen haben. Diese Raubkatzen aus den Mosbach-Sanden von Wiesbaden waren größer und schwerer als ihre schnellen asiatischen und afrikanischen Verwandten (*Acinonyx jubatus*) der Gegenwart. Das kann man aus ihren fossilen Resten schließen. Bisher sind in den Mosbach-Sanden drei Fossilien von Geparden entdeckt worden.

1969 erwähnte die Paläontologin Gerda Schütt einen Leoparden-Fund (*Panthera pardus*) aus den Mosbach-Sanden, der in einer Privatsammlung aufbewahrt wurde und zur Publikation durch den Weimarer Paläontologen Hans-Dietrich Kahlke vorgesehen war. Nach einem Hinweis von Kahlke wurde dieses Fossil 2002 von dem Paläontologen Jens Lorenz Franzen in der Mosbach-Sammlung der Sektion Paläanthropologie des Forschungsinstitutes Senckenberg in Frankfurt am Main aufgefunden. Es war durch den Kauf dieser Privatsammlung durch Gustav Heinrich Ralph von Koenigswald (1902–1982) zu Senckenberg gelangt. Der Mainzer Zoologe Helmut Hemmer identifizierte das rund sechs Zentimeter lange rechte Unterkieferbruchstück mit Resten zweier Zähne 2003 als Gepard. Nach seiner Ansicht stammt es von einem etwa 60 Kilogramm schweren Weibchen.

1970 beschrieb Gerda Schütt ein in den Mosbach-Sanden entdecktes linkes Oberarmknochenfragment von einem Gepard und ordnete es der Art *Acinonyx pardinensis* zu. Dieser 3,7 Zentimeter lange Fund von 1959 wird im Naturhistorischen Museum Mainz aufbewahrt. Es ist – laut Helmut Hemmer – ein Knochen von einem schätzungsweise rund 60 Kilogramm schweren Weibchen.

Lebensbilder des Gepard Acinonyx pardinensis aus dem Eiszeitalter vor etwa 600.000 Jahren. Das Bild oben stammt von dem deutschen Kunstmaler Fritz Wendler, das Bild unten von dem japanischen Künstler Shuhei Tamura aus Kanagawa.

Am 10. März 2000 glückte Anne Sander von der Abteilung Archäologische und Paläontologische Denkmalpflege des Landesamtes für Denkmalpflege Hessen in den Mosbach-Sanden von Wiesbaden der Fund eines rechten Oberschenkelknochens von einem Gepard. Von dem ursprünglich rund 31 Zentimeter langen Oberschenkelknochen waren 27,3 Zentimeter erhalten geblieben. Helmut Hemmer vermutet, dies sei ein Rest von einem männlichen Gepard mit einem Gewicht von etwa 90 Kilogramm.

Heutige Geparde haben eine Kopfrumpflänge bis zu etwa 1,35 Meter, wozu noch ein maximal 0,75 Meter langer Schwanz kommt, und oft nur ein Gewicht von etwa 60 Kilogramm. Wegen ihres höheren Gewichts dürften die früheiszeitlichen Geparde im Rhein-Main-Gebiet keine so schnellen Sprinter wie ihre jetzigen Verwandten gewesen sein, die auf kurzen Strecken eine Geschwindigkeit von bis zu 110 Stundenkilometern erreichen. Geparde sind ab der Mindel-Eiszeit (etwa 480.000 bis 330.000 Jahre) in Europa nicht mehr nachweisbar.

Heutiger Leopard (Panthera pardus) in seinem Versteck. Das Foto wurde von Jochen Zapfe aus Berlin im Okavango-Delta in Botswana aufgenommen.

Leoparden in den Mosbach-Sanden?

Vermutlich lebten im Cromer (etwa 800.000 bis 480.000 Jahre) auch am Main und Rhein in der Wiesbadener und Mainzer Gegend prächtige Leoparden der Unterart *Panthera pardus sickenbergi*, die aus Mauer bei Heidelberg (Baden-Württemberg) nachgewiesen ist. Jene Unterart wurde 1969 von der Paläontologin Gerda Schütt anhand eines linken Vorbackenzahns und eines rechten Unterkieferfragments aus Mauer beschrieben. Der Name dieser Unterart erinnert an den Hannoveraner Geologen Otto Sickenberg (1901–1974). Sicherlich haben Leoparden nicht nur am Ufer des eiszeitlichen Neckars gejagt. Irgendwann wird man auch in den Mosbach-Sanden einen Leopardenrest finden.

Heutige Leoparden verfügen über einen ungewöhnlich guten Gehörsinn. Sie können für Menschen nicht mehr hörbare Frequenzen bis zu 45.000 Hertz wahrnehmen. Ihre Augen sind nach vorn gerichtet und weisen eine breite Überschneidung der Sehfelder auf, was ihnen ein ausgezeichnetes räumliches Sehen ermöglicht. Bei Tageslicht verfügt der Leopard über ein Sehvermögen wie ein Mensch, doch in der Nacht über ein fünf- bis sechsfach besseres Sehvermögen. Auch der Geruchssinn ist hervorragend ausgeprägt.

Jetzige Leoparden fressen Käfer, Reptilien, Vögel und Säugetiere (meistens mittelgroße Huftiere). Als Jagdmethoden praktizieren sie die Anschleichjagd oder die passive Lauerjagd. Sie können bis zu 60 Stundenkilometer schnell sprinten und mit wenigen Sätzen etliche Meter weit springen, doch schon auf mittleren Distanzen sind ihre meisten Beutetiere schneller. Leoparden versuchen deswegen, unbemerkt so nahe wie möglich an ihr Opfer heranzuschleichen, um die Distanz vor dem Angriff zu verkürzen. Auf Bäume sitzende Leoparden lassen geduldig Beutetiere unter sich vorbeiziehen, bis ein geeigneter Moment für einen Angriff eintritt. Meistens klettern sie dann vorsichtig an der für das auserwählte Opfer nicht sichtbaren

Seite des Baumstammes herab oder springen – wenn der Baum nicht zu hoch ist – direkt von oben auf die Beute. Mitunter vertreiben sie auch schwächere Raubtiere – wie Geparde – von ihrer Beute oder benügen sich mit Aas.

Im Normalfall gehen Leoparden dem Menschen aus dem Weg, was wohl auch im Eiszeitalter der Fall gewesen sein könnte. Von 1918 bis 1926 gelangte aber der so genannte Leopard von Rudrapraya in Indien zu trauriger Berühmtheit, als er angeblich insgesamt 125 Menschen tötete, bevor ihn der Großwildjäger Jim Corbett erlegte. 1924 tötete ein anderer Leopard in Punani auf Sri Lanka (früher Ceylon) insgesamt ein Dutzend Menschen.

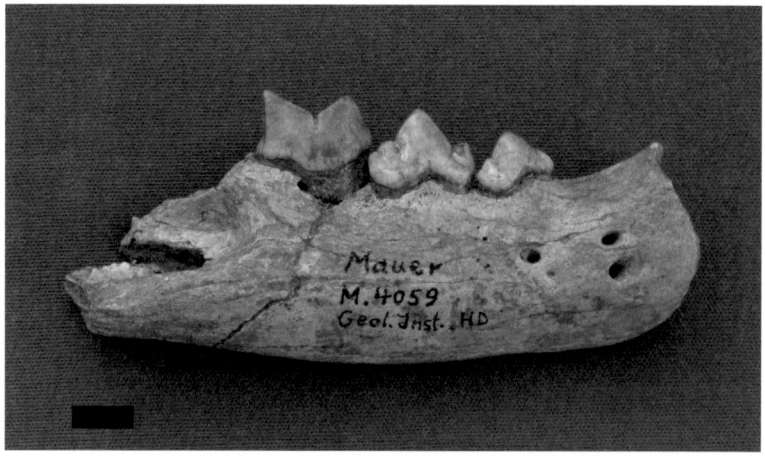

Rechtes Unterkieferfragment mit Zähnen eines fossilen Leoparden (Panthera pardus sickenbergi) von Mauer bei Heidelberg. Maßstab links unten: 1 Zentimeter. Original im Staatlichen Museum für Naturkunde, Karlsruhe.

*Der Arzt und Naturforscher Georg August Goldfuß (1782–1848)
beschrieb 1810 den Höhlenlöwen (Panthera leo spelaea) anhand eines Schädelfundes aus der Zoolithenhöhle von Burggaillenreuth bei Muggendorf in der Fränkischen Schweiz.*

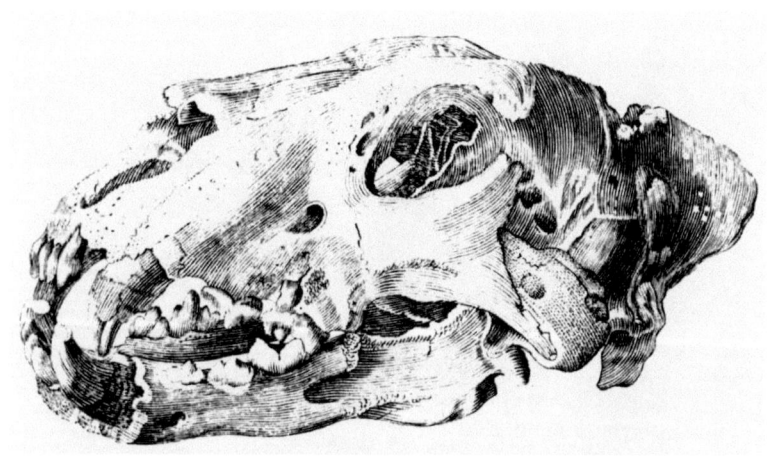

Zeichnung des Originalfundes aus der Zoolithenhöhle von Burggaillenreuth bei Muggendorf in der Fränkischen Schweiz (Bayern), nach dem der Europäische Höhlenlöwe (Panthera leo spelaea) 1810 erstmals beschrieben worden ist. Dieser so genannte Holotyp wird im Museum für Naturkunde Berlin der Humboldt-Universität aufbewahrt.

Der Europäische Höhlenlöwe
Panthera leo spelaea

Die Löwen aus dem Eiszeitalter vor etwa 300.000 Jahren bis zu dessen Ende vor etwa 10.700 Jahren werden in Europa als Höhlenlöwen (*Panthera leo spelaea*) bezeichnet. Sie sind – wie erwähnt – aus den riesigen Mosbacher Löwen (*Panthera leo fossilis*) hervorgegangen, den größten Löwen Deutschlands und Europas.

Der Arzt und Naturforscher Georg August Goldfuß (1782–1848) hat 1810, als er noch in Erlangen arbeitete, den Höhlenlöwen anhand eines Schädelfundes aus der Zoolithenhöhle im Wiesenttal von Burggaillenreuth bei Muggendorf in der Fränkischen Schweiz erstmals wissenschaftlich beschrieben. Goldfuß war ein besonders tüchtiger Gelehrter: Ihm ist die Entdeckung von etwa 200 Fossilien aus verschiedenen Fundstellen und Zeitaltern geglückt, die er wissenschaftlich untersuchte und publizierte.

Noch heute ist der so genannte Holotyp, nach dem der Europäische Höhlenlöwe (*Panthera leo spelaea*) erstmals beschrieben worden ist, im Museum für Naturkunde Berlin der Humboldt-Universität vorhanden. Nach Erkenntnissen des Paläontologen Cajus G. Diedrich aus Halle/Westfalen handelt es sich dabei um den recht großen Schädel eines erwachsenen männlichen Höhlenlöwen. Der 40,2 Zentimeter lange Schädel stammt aus der Würm-Eiszeit (etwa 115.000 bis 11.700 Jahre).

Der Holotyp des Höhlenlöwen aus der Zoolithenhöhle wurde aus Teilen von mindestens zwei Tieren zusammengesetzt, fand Diedrich heraus. So ist der linke Oberkieferast rund drei Zentimeter kürzer und auch, was seine Proportionen anbetrifft, merklich schlanker als der rechte. Offenbar stammt der rechte

Erforscher von Höhlen in der Fränkischen Schweiz: Pfarrer Johann Friedrich Esper (1732–1781) aus Uttenreuth bei Erlangen (oben), Paläontologin Brigitte Hilpert vom Geozentrum Nordbayern, Fachgruppe PaläoUmwelt, in Erlangen (unten)

Oberkieferast mit einem großen Eckzahn von einem Männchen, der linke dagegen von einem Weibchen.

Die Zoolithenhöhle wurde durch Unmengen fossiler Tierknochen berühmt. Dort fand man Reste von schätzungsweise etwa 800 Höhlenbären (*Ursus spelaeus*), aber auch zahlreichen Höhlenhyänen (*Crocuta crocuta spelaea*) und ungewöhnlich vielen Höhlenlöwen. Dieser Fundreichtum bewog den evangelischen Pfarrer Johann Friedrich Esper (1732–1781) aus Uttenreuth bei Erlangen, der 1771 seine erste Erkundungsreise in die geheimnisvolle Unterwelt unternommen hatte, die Höhle als „Kirchhof unter der Erde" zu bezeichnen.

Zur Zeit von Pfarrer Esper wurden in der Zoolithenhöhle erstaunlich viele Reste von Höhlenlöwen geborgen. Nach Angaben der Paläontologin Brigitte Hilpert vom Geozentrum Nordbayern, Fachgruppe PaläoUmwelt, in Erlangen hat man dort Fossilien von rund 25 Höhlenlöwen gefunden. Bei Grabungen ab 1971 kamen noch einige Schädel-, Kiefer- und Skelettreste dazu. Nirgendwo in der Welt sind mehr Höhlenlöwen entdeckt worden als in der Zoolithenhöhle!

Während bei den Mosbacher Löwen nie bezweifelt wurde, dass es sich um Überreste von Löwen handelt, hielt man anfangs die Höhlenlöwen aus dem Oberpleistozän (etwa 127.000 bis 11.700 Jahre) oft für Tiger und nannte sie „Höhlentiger". Dies lag daran, dass die Höhlenlöwen in dem einen oder anderen Merkmal dem Erscheinungsbild von Tigern ähnelten. Noch immer befinden sich in vielen Museen der Welt fehlbestimmte fossile „Tiger". Inzwischen kennen aber erfahrene Zoologen am Schädelknochen unter anderem einige sogar mit den Fingern ertastbare Nervenlöcher und Muskelansätze, die optisch nicht so sehr ins Gewicht fallen, an denen sich aber Löwe und Tiger sicher unterscheiden lassen.

2004 gelang es einem deutschen Forscherteam um den Geoarchäologen Wilfried Rosendahl (Mannheim), den Biologen Joachim Burger (Mainz) und den Zoologen Helmut Hemmer (Mainz), durch einen DNA-Test den Höhlenlöwen eindeutig

Der Paläontologe Cajus G. Diedrich aus Halle/Westfalen hat in vielen deutschen Museen fossile Reste von Höhlenhyänen (Crocuta crocuta spelaea) und Höhlenlöwen (Panthera leo spelaea) aus dem Eiszeitalter wissenschaftlich untersucht und beschrieben. Weil die Höhlenlöwen nachweislich keine Höhlen als Lebens- oder Geburtsort nutzten, bezeichnet er sie als „eiszeitliche Löwen" oder „spätpleistozäne Steppenlöwen".

als Unterart der Art *Panthera leo* zu identifizieren. Damit wurde ein seit der Erstbeschreibung von 1810 durch Goldfuß bestehender Streit endgültig entschieden, ob es sich bei den Fossilien um Reste eines Löwen oder eines Tigers handelt. Für diese aufsehenerregende Erbgutanalyse (DNA-Test) hatte man Höhlenlöwenfossilien aus Siegsdorf in Bayern (etwa 47.000 Jahre alt) und aus der Tischoferhöhle bei Kufstein in Tirol (etwa 31.000 Jahre alt) verwendet. Die Analyse belegte auch, dass der Höhlenlöwe keinerlei Beziehungen zu Löwen aus der Gegenwart aufweist.

Heute geht man davon aus, dass die eiszeitlichen Löwen des Nordens einen eigenen Rassekreis bilden, dem die Löwen Afrikas und Südasiens gegenüberstehen. Zur so genannten spelaea-Gruppe gehören der Mosbacher Löwe (*Panthera leo fossilis*), der Europäische Höhlenlöwe (*Panthera leo spelaea*), der Beringia-Höhlenlöwe bzw. Ostsibirische Höhlenlöwe (*Panthera leo vereshchagini*) und der Amerikanische Höhlenlöwe bzw. Amerikanische Löwe (*Panthera leo atrox*). Diese beiden Rassekreise sollen sich vor etwa 600.000 Jahren auseinanderentwickelt haben. Der Amerikanische Höhlenlöwe wurde früher gelegentlich für eine eigenständige Art gehalten und teilweise als Riesenjaguar betrachtet. Nach neueren Erkenntnissen war er sicherlich keine eigene Art, sondern wie der Höhlenlöwe eine Unterart des heutigen Löwen (*Panthera leo*).

Die Höhlenlöwen verdanken ihren falschen Namen dem Umstand, dass ihre Knochenreste häufig in Höhlen entdeckt wurden. In Wirklichkeit waren die Löwen aber Tiere der Steppe, der Busch- und Waldtundra und in Gebieten mit Höhlen genauso verbreitet wie in Landschaften ohne Höhlen. Weil die Höhlenlöwen nachweislich keine Höhlen als Lebens- oder Geburtsort nutzten, bezeichnet der Paläontologe Cajus G. Diedrich sie als „eiszeitliche Löwen" oder „spätpleistozäne Steppenlöwen".

Anders als Höhlenbären und Höhlenhyänen haben Höhlenlöwen vermutlich nur selten Höhlen als Versteck aufgesucht. Wahrscheinlich kamen vor allem geschwächte, kranke oder alte

*Der Wiener Paläontologe Gernot Rabeder
erklärt das Vorkommen
von Höhlenbären und Höhlenlöwen
in einer Höhe bis zu 2800 Metern damit,
dass es in der Zeit
zwischen etwa 55.000 und 40.000 Jahren
wesentlich wärmer war als heute.*

Höhlenlöwen in solche natürlichen Unterschlüpfe und suchten dort Schutz oder einen ruhigen Platz zum Sterben. Womöglich dienten Höhlen auch als Unterschlupf für Löwinnen, die dort ihren Nachwuchs zur Welt brachten und in der ersten Zeit aufzogen.

Sogar in hoch gelegenen alpinen Höhlen von Italien, Österreich und der Schweiz hat man Reste von Höhlenlöwen entdeckt. An erster Stelle ist hier die in etwa 2800 Meter Höhe liegende Conturineshöhle in Südtirol (Italien) zu nennen. In rund 2000 Meter Höhe befinden sich die Eingänge zur Salzofenhöhle bei Grundlsee im österreichischen Bundesland Steiermark. Der Haupteingang zur Ramesch-Knochenhöhle in Oberösterreich beginnt in etwa 1960 Meter Höhe. Die Höhle Wildkirchli im Ebenalpstock des Säntisgebirges im schweizerischen Kanton Appenzell erstreckt sich in ca. 1500 Meter Höhe. In jeder dieser Höhlen ist der Höhlenlöwe eindeutig durch Funde belegt.

„Das Vorkommen von Höhlenbären und Höhlenlöwen in einer Höhe von 2800 Metern lässt sich nur so erklären, dass es in der Zeit zwischen etwa 55.000 und 40.000 Jahren wesentlich wärmer war als heute. Wir nennen diese Zeit Mittelwürm-Warmzeit oder Ramesch-Warmzeit, weil sie bei der Grabung in der Rameschhöhle zum ersten Mal erkannt worden ist", sagt der Wiener Paläontologe Gernot Rabeder. Seine Meinung über das „warme Mittelwürm" wird aber von manchen Quartärgeologen, besonders aus dem norddeutschen Raum, nicht geteilt. Denn die globale Eiskurve zeigt für diese Zeit mehr Eis an als für heute. Rabeder geht dieser Frage in einem bereits begonnenen Projekt nach. Höhlenbärenreste aus jetzt vegetationslosen Alpengebieten, wie beispielsweise am Dachstein (Schreiberwandhöhle), im Steinernen Meer und im Toten Gebirge stammen ebenfalls aus dieser Zeit. Hinweise für ein warmes Klima im Mittelwürm gibt es auch an Lössfundstellen im Flachland wie Willendorf in der Wachau.

Teilweise sind Höhlenlöwen wohl durch Höhlenhyänen, denen sie zum Opfer gefallen waren, in Höhlen verschleppt worden.

Heutige Hyäne im Leipziger Zoo, fotografiert von Suzanne Hein-Hoffmann aus Frankfurt am Main. Zu den Beutetieren eiszeitlicher Hyänen gehörten auch Höhlenlöwen.

Die bis zu etwa 1,50 Meter langen und rund 0,90 Meter hohen Höhlenhyänen ernährten sich nicht nur von Aas, sondern waren wegen ihrer Körpergröße und Kraft auch fähig, im Rudel zu jagen. Sie fraßen nicht alles vor Ort, sondern schleppten Fleisch- und Knochenteile zu einem geschützten Fressplatz, der auch in einer Höhle liegen konnte. Dort bissen sie in Ruhe die Knochen auf, um so an das begehrte energiereiche Knochenmark zu gelangen.

Besonders häufig entdeckte man Reste von Höhlenhyänen in so genannten Hyänenhorsten, die sich in Höhlen befanden. Dort brachten sie offenbar über Generationen hinweg ihren Nachwuchs zur Welt und schleppten ihre Beutetiere ein. Hyänenhorste kennt man aus England, Frankreich, Deutschland und der Schweiz.

Ein solcher Hyänenhorst war die erwähnte Zoolithenhöhle in der Fränkischen Schweiz. Aus ihr stammt auch jener Schädel, anhand dessen 1823 Georg August Goldfuß erstmals die Höhlenhyäne beschrieb und jener Schädel anhand dessen 1794 der Chirurg Johann Christian Rosenmüller (1771–1820) aus Erlangen erstmals den Höhlenbären beschrieb. Der Holotyp der Höhlenhyäne befindet sich noch heute im Goldfuß-Museum Bonn.

Als Beutetiere der Höhlenlöwen gelten Wildpferde (Przewalski-Pferde), Steppenbisons, Saiga-Antilopen, Rot- und Riesenhirsche, Rentiere, Rehe und kleine Säugetiere. Auch Jungtiere von Mammuten und Fellnashörnern waren vor ihnen nicht sicher. Vermutlich mussten sogar menschliche Jäger und Sammler, die ihnen begegneten, trotz ihrer Waffen (Lanzen und Speere) auf der Hut sein. Pfeil und Bogen wurden wahrscheinlich erst vor mehr als 20.000 Jahren erfunden.

Die eiszeitlichen Höhlenlöwen lebten sicherlich in Rudeln, zu denen vielleicht – ähnlich wie bei heutigen Löwen – ein bis sechs Männchen und vier bis zwölf Weibchen gehörten. Wie in der Gegenwart dürften auch im Eiszeitalter nur die Löwinnen gemeinsam und überwiegend in der Nacht auf die Jagd gegan-

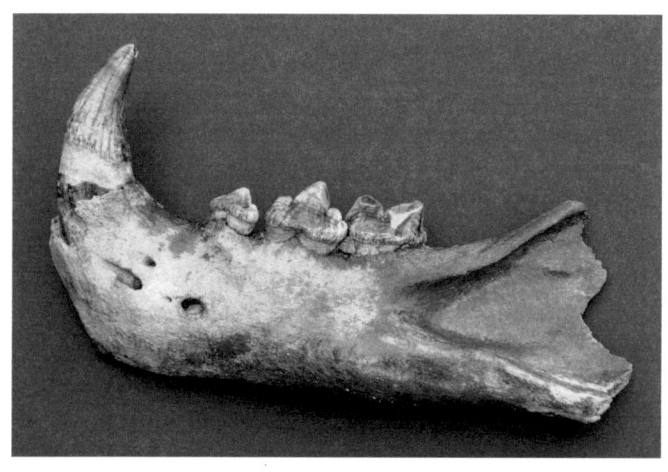

Unterkiefer eines Höhlenlöwen vom Grund der Nordsee (oben), die in der letzten Eiszeit teilweise Festland („Nordseeland") war. Original in der Sammlung Klaas Post, Urk. – Mammut-Experte Dick Mol (Mitte) aus Hoofddorp (Niederlande) mit Fossil aus der Nordsee (unten).

gen sein und das Rudel mit Beute versorgt haben. Beim Fressen hatten die größeren Löwenmännchen Vorrang vor den kleineren Weibchen.

Höhlenlöwen fraßen nur das Fleisch von Beutetieren und nicht deren Knochen. Anders als Höhlenhyänen besaßen sie keine zur Verwertung von Knochen geeigneten Zähne. Aus diesem Grund blieb von ihrer Mahlzeit immer viel für Aasfresser übrig.

Dass die Höhlenlöwen nicht nur Jäger, sondern manchmal auch Gejagte waren, belegt vielleicht das Hinterhaupt einer solchen Raubkatze, das in Kiesablagerungen der Lippe bei Haltern in Nordrhein-Westfalen entdeckt wurde. Eine kleine Knochenwucherung im Bereich des Scheitelkammes dieses Höhlenlöwen könnte nämlich von einer teilverheilten Bissverletzung stammen.

Zum riesigen Verbreitungsgebiet der Europäischen Höhlenlöwen gehörten Europa und Nordasien. In Deutschland müssen sie vor allem im Oberpleistozän (vor etwa 127.000 bis 11.700 Jahren) sehr zahlreich gewesen sein. Darauf deuten viele Funde aus Norddeutschland, dem Ruhrgebiet, Westfalen, Rheinhessen, dem Taunus, der Fränkischen Schweiz, dem Harz, aus Thüringen und Sachsen hin. Sie belegen, dass diese Raubkatzen in ganz Deutschland weit verbreitet waren. Allerdings traten Höhlenlöwen nie in so großen Mengen auf wie Höhlenbären.

Auch in Frankreich, Italien, Belgien, den Niederlanden, England, der Schweiz, Österreich, Tschechien und Osteuropa stellten Höhlenlöwen keine Seltenheit dar. Sie waren von Spanien bis nach Russland (Ural) weit verbreitet. Früher hieß es in der Fachliteratur, in Skandinavien habe es keine Höhlenlöwen gegeben. Doch 1994 erwähnte der Weimarer Paläontologe Ralf-Dietrich Kahlke einen Höhlenlöwenfund aus Südschweden.

Sogar auf dem Grund der Nordsee vor den Küsten der Niederlande und Englands hat man Fossilien von Höhlenlöwen entdeckt. Die Nordsee war in der letzten Eiszeit teilweise Festland

(„Nordseeland") gewesen. Etwa zehn Kilometer vor der Küste bei Den Haag (Niederlande) schaufeln Schwimmbagger, die in der seichten See eine Fahrrinne offen halten, Fossilien vom Mammut, Fellnashorn, Riesenhirsch, der Säbelzahnkatze und vom Höhlenlöwen frei. Oft holen niederländische Fischkutter mit ihren Netzen auch Zähne und Knochen eiszeitlicher Säugetiere vom Nordseegrund.

Die Größenangaben für Europäische Höhlenlöwen in der Literatur differieren stark. Für die Kopfrumpflänge reichen die Maße von etwa 1,45 bis 2,20 Meter, wozu noch der schätzungsweise etwa einen Meter lange Schwanz kommt, für die Schulterhöhe von 0,90 bis 1,50 Meter. Das Gewicht männlicher Höhlenlöwen wird auf mehr als 300 Kilogramm geschätzt.

Heutige männliche Löwen bringen es auf bis zu etwa 1,90 Meter Kopfrumpflänge, wozu noch der bis zu 0,90 Meter lange Meter lange Schwanz kommt, und eine Schulterhöhe von etwa 1 Meter. Das Gewicht der Löwenmännchen beträgt bis zu rund 190 Kilogramm.

Bei diesen erheblichen Maßunterschieden zwischen Höhlenlöwen und heutigen Löwen muss man eines bedenken: Säugetiere der gleichen Art werden zu den Kältegebieten hin größer. Denn große Körper haben eine verhältnismäßig kleinere wärmeabstrahlende Oberfläche als kleine Körper.

Nach Funden fossiler Skelettreste zu urteilen, dürften Höhlenlöwen mindestens etwa 5 bis 10 Prozent größer gewesen sein als heutige Löwen. Einige Autoren meinen, die Maße der Höhlenlöwen hätten sogar um ein Fünftel (Cajus G. Diedrich), Viertel (Helmut Hemmer), ein Drittel (Othenio Abel) oder die Hälfte (Internet) die von gegenwärtigen Löwen übertroffen.

Der deutsche Paläontologe Cajus G. Diedrich vermutet, dass die größten Höhlenlöwen Deutschlands in der Saale-Eiszeit (etwa 300.000 bis 127.000 Jahre) lebten. Die in der Eem-Warmzeit (etwa 127.000 bis 115.000 Jahre) und in der Würm-Eiszeit bzw. Weichsel-Eiszeit (etwa 115.000 bis 11.700 Jahre) existierenden Höhlenlöwen hätten deren Größe nicht mehr erreicht.

Aus einem klimatisch günstigen Abschnitt der norddeutschen Saale-Eiszeit stammen die Reste eines Höhlenlöwen-Skeletts aus dem Braunkohlen-Tagebau Neumark-Nord bei Frankleben im Geiseltal unweit von Merseburg in Sachsen-Anhalt. Das Skelett lag in der sandigen Uferzone eines Sees, wurde am 25. Juli 1996 von einem Bagger erfasst und von Peter Günther und einigen Arbeitern geborgen.

Nach Erkenntnissen des Berliner Paläontologen Karlheinz Fischer gehören die in Neumark-Nord verstreut vorgefundenen Knochen alle zu ein und demselben Skelett. Der Schädel des Höhlenlöwen war vom Bagger zertrümmert worden. Eine am rechten Oberkiefer sichtbare Knochenfraktur stammt aus jüngeren Jahren der Raubkatze und ist verheilt. Die geringe Größe der Kiefer könnte auf eine Höhlenlöwin hindeuten.

Der Höhlenlöwe von Neumark-Nord besaß kurze Backenzahnreihen, aber kräftige Reisszähne, wie sie bei modernen Löwen ausgebildet sind, erkannte Fischer. Außer einigen Schädelknochen fehlen auch größere Partien der Wirbelsäule, das Becken sowie Lenden- und Schwanzwirbel.

Das Höhlenlöwen-Skelett lag inmitten von zusammenhängenden Skelettresten von Waldelefanten. Zwischen den Skelettresten des Löwen befanden sich Fossilien vom Damhirsch und ein Element des Zungenbeinapparates eines Raubtieres. In Neumark-Nord sind bereits vorher einzelne Reste von Höhlenlöwen entdeckt worden. Das Höhlenlöwen-Skelett aus Neumark-Nord ist im Landesmuseum für Vorgeschichte in Halle/Saale zu sehen.

In die Eem-Warmzeit werden bestimmte Höhlenlöwen-Reste aus Baden-Württemberg (Gutenberg-Höhle bei Lenningen im Kreis Esslingen, Travertin-Steinbruch in Stuttgart-Untertürkheim), Niedersachsen (Einhornhöhle von Herzberg-Scharzfeld im Kreis Osterode), Thüringen (Burgtonna im Kreis Gotha, Weimar-Ehringsdorf, Weimar-Taubach) und Sachsen (Wiedemar-Rabutz) datiert.

Größere Teile von Höhlenlöwen-Skeletten aus der Eem-Warm-

Rekonstruktion des 1975 bei Siegsdorf (Kreis Traunstein) in Oberbayern entdeckten Höhlenlöwen im Naturkunde- und Mammut-Museum Siegsdorf

zeit kamen im Travertin-Steinbruch Biedermann in Stuttgart-Untertürkheim ans Tageslicht. Im „Baumstammschlot S1" im Unteren Travertin befanden sich Teile des Schädels, des Unterkiefers, Zähne und ein Schwanzwirbel eines jungen Höhlenlöwen. Im „Baumstammschlot S2" – ebenfalls im Unteren Travertin – lagen Teile des Beckens und ein Fersenbein von einem Höhlenlöwen. Der Untere Travertin von Stuttgart-Untertürkheim enthält Eichenmischwald-Fossilien und dokumentiert ein wärmeres Klima.

In der „Steppennagerschicht" des Steinbruchs Biedermann in Untertürkheim lagen große Teile des Skelettes eines Höhlenlöwen, aber nicht der Schädel. Die Steppennagerschicht mit Fossilien vom Pferdespringer (*Allactaga jaculus*) und Steppenlemming (*Lagurus lagurus*) markiert ein kühleres Klima und entstand später als der Untere Travertin.

Der Stuttgarter Paläontologe Fritz Berckhemer (1890–1954) vermutete, die im „Baumstammschlot S2" geborgenen Fersenbeine vom Höhlenlöwen, Riesenhirsch und Reh könnten von der „Fersenbein-Sammlung" eines Neandertalers stammen. Denn ein Fersenbein vom Riesenhirsch trug eine Reihe feiner Schnittspuren, wie sie entstehen, wenn man mit einem scharfen Gerät das Fleisch und die Sehnen von einem Knochen ablöst. Berckhemer hielt es für unwahrscheinlich, dass ein Tier die Fersenbeine in „Schlot 2" verschleppt haben könnte. In „Schlot 3" lagen eine Schneidespitze und ein Hohlkratzer sowie in „Schlot 4" ein Bohrgerät. Diese Geräte konnten nur vom Menschen hineingebracht worden sein, womit auch für die Knochen in „Schlot 2" keine andere Deutung möglich sei.

Relativ viele Höhlenlöwen-Reste kennt man aus der süddeutschen Würm-Eiszeit und der norddeutschen Weichsel-Eiszeit. Es liegen Funde aus Baden-Württemberg, Bayern, Rheinland-Pfalz, Hessen, Nordrhein-Westfalen, Niedersachsen, Thüringen, Sachsen-Anhalt, Sachsen, Brandenburg und Hamburg vor. Aus der Würm-Eiszeit stammt ein 1975 von dem Fossiliensammler Bernard Bredow bei Siegsdorf (Kreis Traunstein) süd-

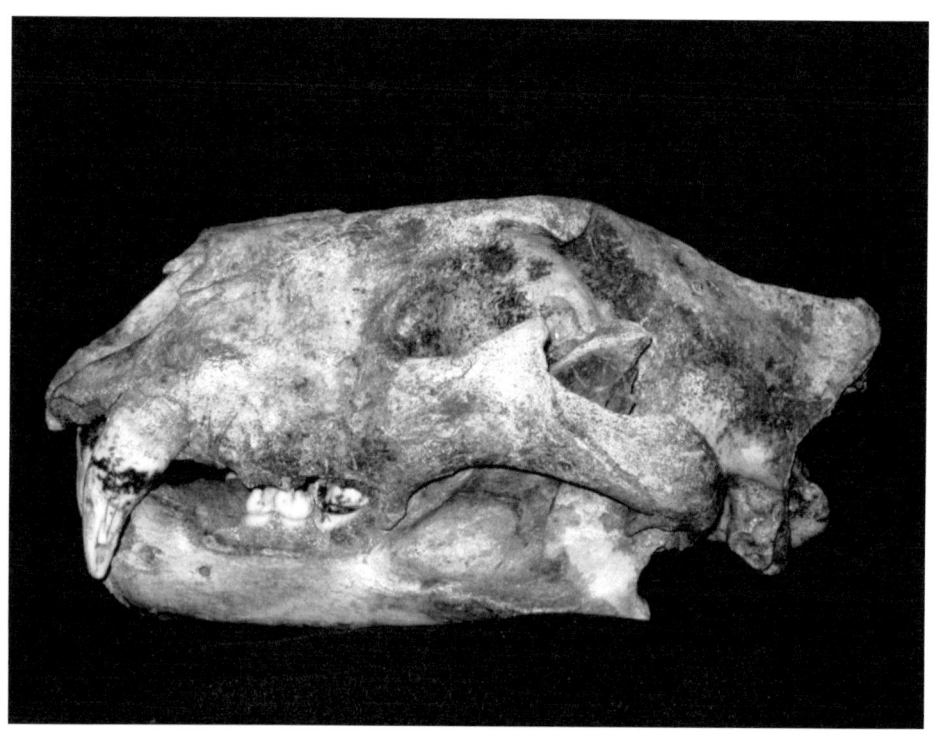

Schädelfund eines Höhlenlöwen aus der Gentnerhöhle von Weidelwang bei Pegnitz in Oberfranken aus dem Jahre 1932. Länge: 33 Zentimeter. Original im Geozentrum Nordbayern, Fachgruppe PaläoUmwelt, Erlangen (früher Institut für Paläontologie der Universität Erlangen-Nürnberg)

lich des Chiemsees in Bayern entdecktes Höhlenlöwenmännchen. Dieses verfügte über eine Schulterhöhe von etwa
1,20 Metern und eine Kopfrumpflänge von etwa 2,10 Metern.
Der Schädel dieses Höhlenlöwen ist etwa 38 Zentimeter lang.
Die Datierung des Siegsdorfer Höhlenlöwen-Skeletts mit der
Radiocarbon-Methode ergab ein geologisches Alter von etwa
47.000 Jahren. Sie wurde von dem Mannheimer Geoarchäologen Wilfried Rosendahl (Reiss-Engelhorn-Museum) und Ro-
bert Darga, dem Leiter des Naturkunde- und Mammut-Muse-
ums Siegsdorf, veranlasst.
An einigen Knochen des Siegsdorfer Höhlenlöwen sind 1992
von Carin Gross deutliche Schnittspuren erkannt worden. Weitere Hinweise auf die Anwesenheit von Urmenschen – wie etwa
Werkzeuge oder Waffen – fand man nicht.
Nach Ansicht von Wilfried Rosendahl haben Neandertaler
(*Homo sapiens neanderthalensis*) den Kadaver des Siegsdorfer
Höhlenlöwen ausgeweidet. Darauf weisen Schnittspuren auf der
Innenseite einiger Rippen und der Beckenknochen hin. Vermutlich hat man Fleischstücke aus dem Kadaver herausgeschnitten
und verzehrt. Weil Schnittspuren fehlen, die eindeutig das Ent-
häuten belegen könnten – zum Beispiel an der Außenseite der
Rippen oder an den Fingergliedern (Phalangen) –, ist fraglich,
ob diesem Höhlenlöwen das Fell über die Ohren gezogen wurde. Auch typische Skelettelemente, die beim Enthäuten fehlen
würden – wie etwa die Krallen –, sind noch vorhanden. Es gibt
aber auch Paläontologen, die bezweifeln, dass der Siegsdorfer
Höhlenlöwe geschlachtet wurde.
Die Todesursache des Siegsdorfer Höhlenlöwen ist unbekannt.
Man weiß nicht, ob er auf natürliche Weise am Wasserloch verendet ist oder ob er durch Neandertaler getötet wurde. Dieser
für die Wissenschaft so aufschlussreiche Höhlenlöwen-Fund
ist eine der Attraktionen im 1995 eröffneten Naturkunde- und
Mammut-Museum Siegsdorf.
Einer der prächtigsten Schädelfunde eines Höhlenlöwen kam
1932 beim Bau der neuen Straße von Pegnitz nach Weidelwang

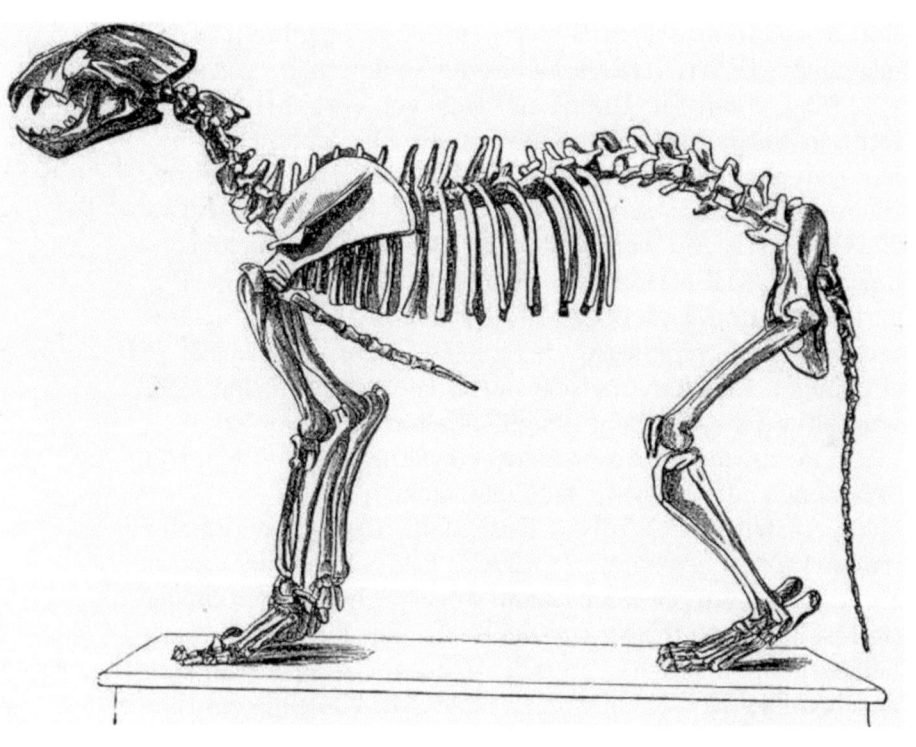

Abbildung des Skelettes eines Höhlenlöwen aus dem Mährischen Karst in Tschechien aus dem Jahre 1886. Früher hieß es irrtümlich, dieses Skelett stamme aus der Slouper-Höhle bei Brno (Brünn).

(Oberfranken) in einer zerstörten Höhle zum Vorschein. Damals wurde durch Felssprengungen eine kleine Höhle freigelegt, deren Ablagerungen etliche fossile Knochenreste enthielten. Der Höhleninhalt wurde nach Auskunft der Straßenbauarbeiter überwiegend als Füllmaterial beim Festwalzen der Schotterlage verwendet. Über die Knochenfunde wurde der Bürgermeister von Pegnitz, Hans Gentner (1877–1953), informiert. Einige Tage später erfuhr auch der damals in Gießen tätige Paläontologe Florian Heller (1905–1978) von diesen Funden. Er unternahm sofort mit Vermessungs-Obersekretär Spöcker aus Fischbach bei Nürnberg eine Ortsbesichtigung. Dabei wurde der Schädel des Höhlenlöwen gefunden, den Spaziergänger in der nahe der Straße vorbeifließenden Pegnitz gewaschen, fotografiert und in der prallen Sonne liegengelassen hatten. Die teilweise zerstörte Höhle war weitgehend ausgeräumt. Mit Bürgermeister Gentner (nach dem die Höhle benannt wurde) vereinbarte Heller, dass noch alle anfallenden Funde ihm zur Begutachtung und wissenschaftlichen Bearbeitung überlassen werden sollten. Tatsächlich erhielt er bald eine große Kiste mit zahlreichen Knochenresten, die er sofort konservierte und grob sichtete. Durch andere Aufgaben wurde Heller immer wieder von der Untersuchung der ihm übersandten Knochenreste abgehalten, so dass die Veröffentlichung hierüber erst 1953 erschien. Der Großteil der Knochenreste stammte von Höhlenbären. Daneben kamen aber auch zwei Unterkieferäste einer Großkatze und zwei weitere Skelettelemente zum Vorschein, die nach Hellers Ansicht ziemlich sicher demselben Höhlenlöwen angehören, von dem der Schädel herrührt. Nach dem Tode Hellers erhielt das Paläontologische Institut der Universität Erlangen-Nürnberg dessen Sammlung, zu der auch der Höhlenlöwe von Weidelwang gehört. Die Gentner-Höhle kann heute nicht mehr besichtigt werden. Sie wurde nach Fertigstellung der Straßenbauarbeiten aus Sicherheitsgründen verschlossen.
Ungewöhnlich gut erhalten ist das Skelett eines Höhlenlöwen

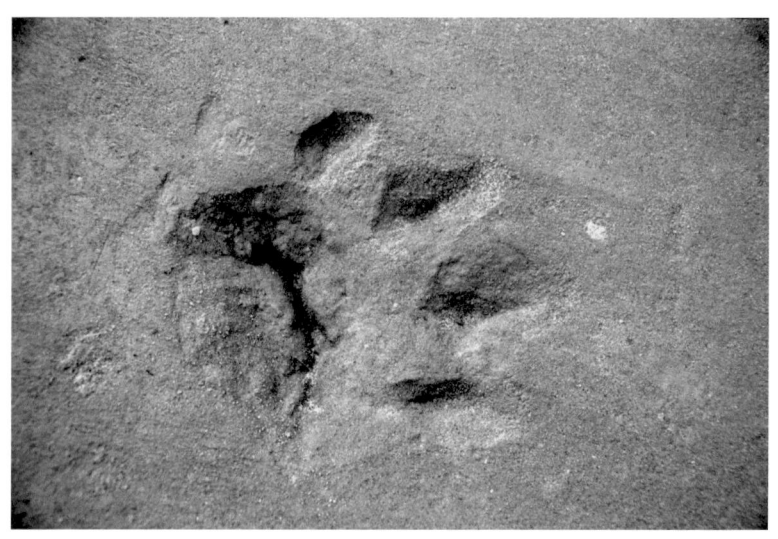

In der Würm-Eiszeit vor ca. 42.000 bis 35.000 Jahren entstanden in Bottrop-Welheim die ältesten Löwenspuren Europas. Sie stammen von einem Höhlenlöwen (Panthera leo spelaea).

aus dem Mährischen Karst in Tschechien. Früher hieß es, dieses Skelett stamme aus der Slouper-Höhle bei Brno (Brünn), doch das gilt heute als falsch. Eine Abbildung von der Ausstellung dieses Fundes im Wiener Hofmuseum ist in dem Werk „Entwicklungsgeschichte der Natur" (Band 2, 1886) von Wilhelm Bölsche (1861–1939) zu sehen.

Einen Eintrag ins „Guiness-Buch der Rekorde" wert ist ein Höhlenlöwen-Skelett aus einer Höhle im Sauerland. Denn dieser von Cajus G. Diedrich untersuchte Fund stammt vom einzigen erst wenige Monate alten Jungtier eines Höhlenlöwen. Die Geschichte des kleinen Höhlenlöwen klingt fast unglaublich: Seine Reste wurden anfangs auf verschiedene Museen verstreut. Dann landete ein Teil im Müllcontainer, wo es durch einen aufmerksamen Paläontologen gerettet wurde. Außerdem fügte man drei Knochen von diesem Jungtier fälschlicherweise in das Skelett einer Höhlenhyäne, das Diedrich wieder demontieren ließ. Interessanterweise ist dies der einzige Löwenrest in einem sehr bedeutenden Hyänenhorst im Sauerland.

In seinem Werk „Lebensbilder aus der Tierwelt der Vorzeit" (1921) erwähnte der österreichische Paläontologe Othenio Abel (1875–1946) ein in der Tischoferhöhle bei Kufstein in Tirol entdecktes Höhlenlöwen-Skelett. Diesen Fund deutete der Münchner Paläontologe Max Schlosser (1854–1933) als den Rest eines Eindringlings, der von den diese Höhle bewohnenden Höhlenbären überfallen und zerrissen worden sei.

In seinem Buch „Die vorzeitlichen Säugetiere" (1914) zeigte Othenio Abel den prächtigen Schädel eines Höhlenlöwen aus der Höhle von Mars bei Vence (Meeralpen) in Frankreich. Der Pariser Paläontologe Marcellin Boule (1861–1942) beschrieb diesen Fund als Löwen, während Jules René Bourguignat (1829–1892) ihn als Tiger verkannte.

Die ältesten Löwenspuren Europas wurden 1992 auf der Baustelle für ein Nachklärbecken der Emscher-Kläranlage Bottrop-Welheim von dem Paläontologen Martin Walders entdeckt und ausgegraben. Die etwa zehn Meter lange Fährte stammt von

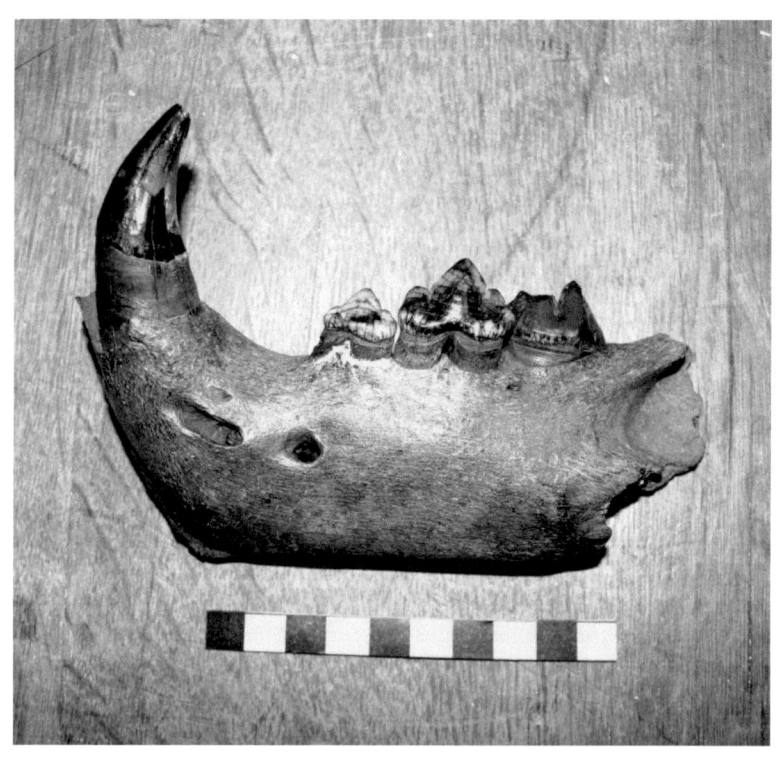

Unterkiefer eines Höhlenlöwen aus Südhessen
aus dem Hessischen Landesmuseum Darmstadt

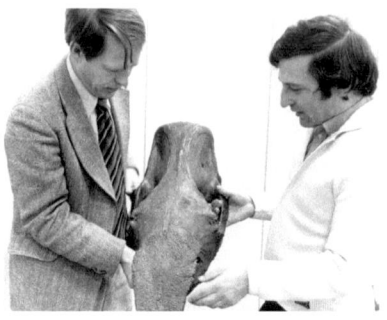

Der Paläontologe
Wighart von Koenigswald
(links) während seiner Zeit
am Hessischen Landesmuseum
Darmstadt und
Ernst Probst, der Verfasser
dieses Taschenbuches (rechts),
betrachten einen
fossilen Nashornschädel

einem Höhlenlöwen aus der Würm-Eiszeit und entstand vor schätzungsweise etwa 42.000 bis 35.000 Jahren. Sie wird aus 32 Pfotenabdrücken gebildet und von Wildpferd- und Wisentspuren gekreuzt. Aus der Schrittlänge der Fährte konnte die Laufgeschwindigkeit des Höhlenlöwen rekonstruiert werden. Demnach hat diese Raubkatze in ruhigem Lauf ihre Pfotenabdrücke hinterlassen. Es lag also keine unmittelbare Jagdsituation vor. Ein etwa 35 Quadratmeter großer Ausschnitt der Fährtenfläche ist im Museum für Ur- und Ortsgeschichte (Quadrat Bottrop) zu bewundern.

In Bottrop-Welheim sind auf einer Fläche von insgesamt ca. 150 Quadratmetern etwa 600 Trittsiegel von Tieren entdeckt worden. Etwa die Hälfte davon ließ sich zu rund 30 Fährten zusammenstellen. Davon stammen 16 Fährten vom Rentier, zwei von einem großen Rind, zehn von Huftieren (darunter zwei von Wildpferden), eine Fährte vom erwähnten Höhlenlöwen und eine vom Wolf. Auch ein Wasservogel hat Fußabdrücke erzeugt.

In oberpleistozänen Ablagerungen des Rheins von Hessenaue (Kreis Groß-Gerau) in Südhessen kam das Schienbein eines Höhlenlöwen zum Vorschein, an dem sich eine interessante Krankheitsgeschichte ablesen lässt. Trotz einer schweren Entzündung des Knochenmarks, die diese Raubkatze vorübergehend jagdunfähig machte, ist das Schienbein verheilt. Demnach muss dieser Höhlenlöwe noch längere Zeit mit dieser Behinderung überlebt haben. Er wurde von Artgenossen an der Beute geduldet oder mit Futter versorgt. Demnach könnte der Höhlenlöwe wie heutige Löwen ein Rudeltier gewesen sein. Über das aufschlussreiche Schienbein von Hessenaue berichteten 1987 der Bonner Paläontologe Wighart von Koenigswald und der Frankfurter Mediziner Erich Schmitt.

Figuren von Höhlenlöwen, die aus Mammut-Elfenbein geschnitzt waren – wie die etwa 32.000 Jahre alten Funde aus der Vogelherdhöhle auf der Schwäbischen Alb – sowie Darstellungen von Löwen in französischen Höhlen können als Hinweis

Höhlenlöwe auf einem Bild
des Tiermalers Heinrich Harder (1858–1935)

Der Ostsibirische Höhlenlöwe
oder Beringia-Höhlenlöwe
(Panthera leo vereshchagini)
ist nach dem verdienstvollen
russischen Forscher
Nikolai K. Vereshchagin
aus St. Petersburg benannt

dafür betrachtet werden, dass die eiszeitlichen Jäger diese Raubkatzen sehr gut kannten. Einem Jäger hat womöglich ein Löwen-Eckzahn, der beim Zigeunerfels bei Sigmaringen (Baden-Württemberg) geborgen wurde, sogar als Amulett gedient.

Eiszeitliche Darstellungen von Jägern und Sammlern präsentieren Höhlenlöwen immer ohne Mähne, was darauf hindeutet, dass männliche Tiere im Gegensatz zu ihren heutigen afrikanischen und indischen Verwandten mähnenlos waren. Vielleicht wurden auf den Höhlenbildern aber nur weibliche Tiere abgebildet. Das Fell scheint nach diesen Bildern einfarbig gewesen zu sein. Außerdem ist oft die für Löwen typische Schwanzquaste erkennbar.

Sogar während der Kaltzeiten des Eiszeitalters drangen die Höhlenlöwen weit nach Norden vor. Im Nordosten Asiens entstand als weitere Rasse der Ostsibirische Höhlenlöwe oder Beringia-Höhlenlöwe (*Panthera leo vereshchagini*), dessen Unterart nach dem verdienstvollen russischen Forscher Nikolai K. Vereshchagin aus St. Petersburg benannt ist.

Als der Meeresspiegel während einer Kaltzeit wieder einmal sank, konnten Höhlenlöwen und andere Tiere aus Asien (Sibirien) über die Landbrücke Beringia und die trockengefallene Bering-Landbrücke auch Nordamerika (Alaska) erreichen. Von dort aus wanderten sie vermutlich weiter nach Süden und entwickelten sich allmählich zu Amerikanischen Höhlenlöwen bzw. Amerikanischen Löwen (*Panthera leo atrox*).

Nach gegenwärtigem Wissensstand verschwand der Ostsibirische Höhlenlöwe gegen Ende der letzten großen Vereisungsphase der süddeutschen Würm-Eiszeit bzw. der norddeutschen Weichsel-Eiszeit vor etwa 10.000 Jahren. Der Europäische Höhlenlöwe starb vermutlich etwa gleichzeitig aus. Löwen konnten sich aber möglicherweise auf der Balkanhalbinsel bis weit in die Nacheiszeit behaupten. Bei diesen Raubkatzen vom Balkan ist aber unklar, ob sie wirklich zur Unterart des Höhlenlöwen zählten.

Das Verschwinden der Löwen in Amerika, Asien und Europa

wurde vermutlich dadurch bewirkt, dass ihre Beutetiere aus-
starben. Zum Ende des Eiszeitalters wuchsen da, wo vorher
Graslandschaft war, wieder die Wälder. Das Aussterben oder
Abwandern der an Futternot leidenden Steppenhuftiere könnte
den großen Raubkatzen die Nahrungsbasis entzogen haben. Es
ist aber nicht völlig auszuschließen, dass die oberpleistozänen
Höhlenlöwen in Deutschland die letzte Kaltphase in der Würm-
Eiszeit nicht überlebten. Denn aus kühlen Abschnitten des
Eiszeitalters kennt man nur wenig Löwenüberreste.
Nach dem Ende des Eiszeitalters nahm der Löwenbestand rasch
ab, nachdem sich diese Tiere zuvor geradezu explosionsartig
ausgebreitet hatten.
Im Buch „Deutschland in der Urzeit" (1986) von Ernst Probst
heißt es, als die Jäger in der Jungsteinzeit zu Ackerbau und
Viehzucht übergegangen seien, wäre der Löwe zum Nahrungs-
konkurrenten des Menschen geworden. Die letzten europäischen
Löwen hätten im antiken Griechenland gelebt. Davon zeugten
nicht nur die Sage von der Tötung des Nemeischen Löwen durch
den Halbgott Herkules, sondern auch Funde und Darstellungen
von Löwen auf Kunstgegenständen und Waffen der Bronzezeit, der Zeit der homerischen Helden.

Lebensbild eines Höhlenlöwen
aus dem Eiszeitalter
aus der Hand des Künstlers Shuhei Tamura
aus Kanagawa in Japan

Rekonstruktionen des Amerikanischen Höhlenlöwen (Panthera leo atrox, oben) und der Dolchzahnkatze (Smilodon fatalis, unten) durch den Künstler Sergio De la Rosa Martinez aus Toluca in Mexiko

Der Amerikanische Höhlenlöwe
Panthera leo atrox

Ein Zeitgenosse des Europäischen Höhlenlöwen war der Amerikanische Höhlenlöwe (*Panthera leo atrox*), der im Eiszeitalter vor etwa 100.000 bis 10.000 Jahren in Nord- und Südamerika lebte. Er geht mit dem Ostsibirischen Höhlenlöwen (*Panthera leo vereshchagini*), der auch Beringia-Höhlenlöwe genannt wird, wahrscheinlich auf einen gemeinsamen Vorfahren im sibirischen Raum zurück.

Der Amerikanische Höhlenlöwe tauchte in der Sangamon-Warmzeit erstmals südlich von Alaska in Amerika auf. Das Sangamon (Sangomonian) entspricht etwa der Eem-Warmzeit (ca. 127.000 bis 115.000 Jahre).

Während der Wisconsin-Eiszeit (etwa 80.000 bis 10.000 Jahre bedeckten zwei riesige Eisschilde bis vor etwa 20.000 Jahren fast die Hälfte von Nordamerika. Das Wisconsin (Wisconsinan) entspricht etwa der süddeutschen Würm-Eiszeit und der norddeutschen Weichsel-Eiszeit (etwa 115.000 bis 11.700 Jahre). Der Name dieser Eiszeit erinnert an den US-Bundesstaat Wisconsin, wo die Spuren der einstigen Vereisung besonders gut zu beobachten sind.

Als Eisschild oder Inlandeis bezeichnet man eine ausgedehnte, festes Land bedeckende Eismasse mit einer Fläche von reichlich 50.000 Quadratkilometern.

Von Nordosten aus erstreckte sich der kanadische Eisschild (auch Laurentischer Eisschild genannt) von der Arktis bis in die Mitte des nordamerikanischen Kontinents. Er bedeckte Kanada und weite Teile Nordamerikas. Seine südliche Grenze erreichte das Gebiet um New York City und Chicago und verlief entlang des Missouri nach Westen zu den nördlichen Ausläu-

Joseph Leidy (1823–1891) beschrieb 1853 erstmals den Amerikanischen Höhlenlöwen (Panthera leo atrox). Dem Forscher hatte der Fund eines Unterkiefers aus Natchez in Mississippi vorgelegen.

fern der Cypress Hills. Hinter diesen verband sich der kanadische Eisschild mit dem Kordilleren-Eisschild, der sich von den Gebirgsketten des Westens ausdehnte.

In der Wisconsin-Eiszeit gab es mehrere Warm- und Kaltzeiten, in denen es zu enormen Schwankungen des Meeresspiegels kam. Durch die Bindung der Niederschläge in Gletschern fiel der Meeresspiegel um bis zu 125 Meter. Dies hatte zur Folge, dass die Beringstraße von etwa 75.000 bis 45.000 Jahren sowie etwa von 25.000 bis 15.000 Jahren Festland war. Über die Beringbrücke – entlang der Kommandeursinseln (Russland) und der langgestreckten Aleuten (USA) – sowie über die mehr als 1500 Kilometer nördlich davon entfernte Landbrücke Beringia konnten Tiere und Menschen von Sibirien (Asien) nach Alaska (Nordamerika) und umgekehrt wandern.

Nördlich des kanadischen Eisschildes besiedelte zeitweise der Ostsibirische Höhlenlöwe (auch Beringia-Höhlenlöwe genannt) als eine relativ kleine Form die Mammutsteppe von Jakutien bis Alaska und zum Yukon in Kanada.

Gegen Ende der Wisconsin-Eiszeit gelangten Amerikanische Höhlenlöwen nach Florida, Mexiko und Peru (Talara). Zahlreiche Fossilien dieses Höhlenlöwen wurden in Kalifornien, Florida, Kansas, Nebraska, Texas und Süd Dakota (alle USA) entdeckt. Bekannte Fundorte sind Natchez (Mississippi), Rancho La Brea (Kalifornien) sowie Santa Fe und Ichetucknee (Florida).

Wie der Europäische Höhlenlöwe wird auch der Amerikanische Höhlenlöwe als Unterart des heutigen Löwen (*Panthera leo*) betrachtet. Er entwickelte sich vermutlich aus dem Eurasischen Höhlenlöwen, nachdem dieser während des Eiszeitalters die Landbrücke Beringia oder die Beringbrücke überquert hatte.

Der amerikanische Forscher Joseph Leidy (1823–1891) hat 1853 einen Unterkiefer aus Natchez (Mississippi) als Löwen (*Felis atrox*) beschrieben. Dies war die erste wissenschaftliche Beschreibung des Amerikanischen Höhlenlöwen (heute *Panthera*

Heutige Afrikanische Löwen können nicht so schnell laufen wie eiszeitliche Amerikanische Höhlenlöwen. Obiges Foto von Milan Kuminowski aus Berlin zeigt einen jetzigen männlichen Löwen im Tierpark Berlin-Friedrichsfelde.

leo atrox), der in der Folgezeit von anderen Autoren unter verschiedenen wissenschaftlichen Namen beschrieben wurde. Heute noch wird diskutiert, ob der Amerikanische Höhlenlöwe eine Unterart (*Panthera leo atrox*) oder eine Art (*Panthera atrox*) ist.

Dass es sich um einen Löwen handelte, war die erste und richtige, doch nicht die letzte Vermutung. Denn 1941 beschrieb der amerikanische Paläontologe George Gaylord Simpson (1902–1984) ein derartiges Skelett als das eines Riesenjaguars. Damit setzte er einen Irrtum in die Welt, der erst 1971 korrigiert wurde, als der russische Forscher Nikolai K. Vereshchagin und der Mainzer Zoologe Helmut Hemmer unabhängig voneinander zu dem Schluss kamen, dass diese „nordamerikanische Pantherkatze" doch ein Löwe sei.

Die Amerikanischen Höhlenlöwen hatten eine Kopfrumpflänge von bis zu 2,50 Metern, zu denen noch ein mindestens 1,20 Meter langer Schwanz hinzugerechnet werden muss. Das ergab eine respektable Gesamtlänge von bis zu 3,70 Metern. Ein Vergleich mit Löwen, die von 1700 bis heute erlegt wurden, zeigt auf, dass diese allenfalls eine Gesamtlänge von etwa 3,25 Meter (Kapland) oder 3,33 Meter (Ostafrika) hatten. Doch das waren Rekordmaße und keine Durchschnittsgrößen.

Das maximale Gewicht männlicher Amerikanischer Höhlenlöwen wird auf bis zu 300 Kilogramm geschätzt. Weibliche Tiere sollen etwa 175 Kilogramm gewogen haben.

Die Zähne des Amerikanischen Höhlenlöwen ähneln stark denjenigen heutiger Löwen, aber sie waren merklich größer. Im Vergleich mit Löwen der Gegenwart wirken die Gliedmaßen Amerikanischer Höhlenlöwen graziler, weswegen diese Raubkatzen schneller als jetzige Afrikanische Löwen laufen konnten.

Im Vergleich zu ihrer Körpergröße besaßen Amerikanische Höhlenlöwen das größte Gehirn aller Löwen. Ihnen werden deswegen komplexe soziale Verhaltensweisen zugeschrieben. Wie heutige Löwen soll auch der Amerikanische Höhlenlöwe

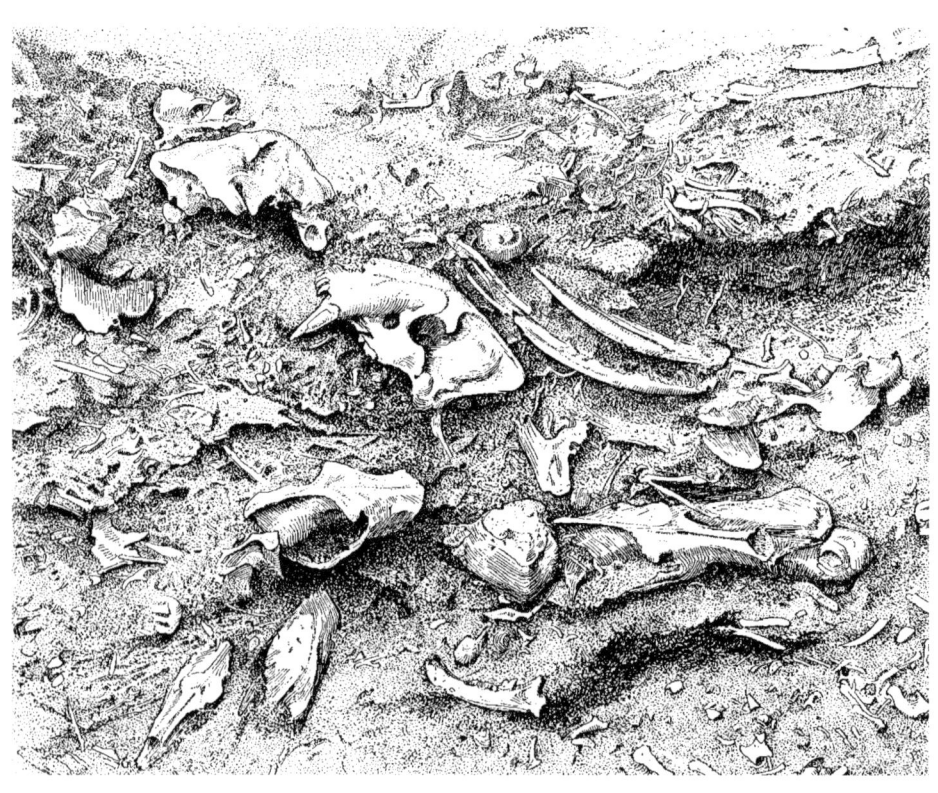

Knochenlager in einer Teergrube von Rancho La Brea im Stadtgebiet von Los Angeles in Kalifornien mit Schädeln von Dolchzahnkatzen, Wölfen und wolfsartigen Wildhunden sowie einem Pferdeunterkiefer

ein einfarbiges Fell getragen haben. Ob die männlichen Tiere eine ebenso stattliche Mähne wie die meisten Löwen der Gegenwart besaßen, ist unbekannt. Höhlenmalereien des nahe verwandten Europäischen Höhlenlöwen in Frankreich zeigen diese Raubkatzen stets ohne Mähne.

In Schlechtwetterzeiten suchten die Amerikanischen Höhlenlöwen vermutlich in Höhlen und Felsspalten Schutz vor der Kälte. Womöglich haben sie ihr Lager in Höhlen – wie Sibirische Tiger – mit Gras oder Blättern gepolstert.

Die Amerikanischen Höhlenlöwen jagten vor allem Bisons, Hirsche, Wildpferde, Westkamele (*Camelopus hesternus*) und Buschochsen (*Eucheratherium*). Möglicherweise erbeuteten sie gelegentlich auch Jungtiere von Mammuts (*Mammuthus primigenius*), Mastodonten und Präriemammuts (*Mammuthus colombi*).

Zu den Konkurrenten der Amerikanischen Höhlenlöwen rechnet man Dolchzahnkatzen und Säbelzahnkatzen, riesige Kurznasenbären (*Arctodus simus*) und wolfsähnliche Wildhunde (*Canis dirus*). Der vor etwa 44.000 bis 14.000 Jahren in Nordamerika lebende Kurznasenbär oder Kurzschnauzenbär war vermutlich das größte Raubsäugetier des Eiszeitalters. Nach Skelettfunden zu schließen, erreichte er eine Schulterhöhe bis zu 1,80 Metern und aufgerichtet eine Höhe von etwa 3,40 Metern. Die größten Männchen wogen wahrscheinlich bis zu 1000 Kilogramm. Der Kurznasenbär hatte eine besonders kurze Schnauze und von allen Bären das am stärksten auf eine fleischfressende Lebensweise ausgerichtete Gebiss. Seine kräftigen Eckzähne ermöglichten ihm zusammen mit der enormen Kiefermuskulatur einen kräftigen Todesbiss.

Vom Amerikanischen Höhlenlöwen wurden Skelettreste von schätzungsweise mehr als 80 Tieren aus den oberpleistozänen Asphaltsümpfen von Rancho La Brea im Stadtgebiet von Los Angeles entdeckt. Die so genannten „Rancho La Brea Tar Pits" (spanisch: La Brea ist Teer, englisch: tar pits = Teergruben) sind eine Ansammlung von mit natürlichem Asphalt gefüllten Gru-

Denkmal zweier Amerikanischer Höhlenlöwen (Panthera leo atrox) von Rancho La Brea in Los Angeles (Kalifornien)

Denkmal der Dolchzahnkatze Smilodon vor dem Eingang des Museo de La Plata in Argentinien

ben unterschiedlicher Größe im Hancock Park inmitten der kalifornischen Großstadt Los Angeles.

Laut Online-Lexikon „Wikipedia" ist Rancho La Brea „eine der an Fossilien reichsten Fundstellen aus dem Pleistozän oder Eiszeitalter". Weiter heißt es: „Dieser Ort kann daher als eine Konzentratlagerstätte betrachtet werden, in der ein vollständiges Ökosystem aus der Zeit von 40.000 bis 10.000 Jahren konserviert worden ist." Bis heute hat man mehr als 100 Tonnen Fossilien, 1,5 Millionen Knochen und 2,5 Millionen Überreste aus den Teergruben geborgen, die für viele Tiere zur tückischen Falle geworden waren.

Zum Fundgut von Rancho La Brea gehören mehr als 60 Arten von Säugetieren. Darunter sind bis zu etwa vier Meter hohe „Kaisermammute" (*Mammuthus imperator*), bis zu etwa 1,90 Meter große Riesenfaultiere (*Paramylodon harlani*), Dolchzahnkatzen (*Smilodon fatalis*), Amerikanische Höhlenlöwen, Puma, Jaguar, Rotluchs, wolfsähnliche Wildhunde (*Canis dirus*), Fische, Amphibien, Reptilien, Weichtiere, Insekten, Spinnen, Pflanzen sowie deren Pollen und Samen.

In Rancho La Brea sind männliche und weibliche Amerikanische Höhlenlöwen gleichmäßig im Fundgut vertreten. Das deutet darauf hin, dass diese Raubkatzen allein oder zu zweit jagten. Im Vergleich zu anderen Raubtieren sind verhältnismäßig wenig Höhlenlöwen in den Asphaltlöchern ums Leben gekommen. Deshalb spekuliert man, das könne an der Intelligenz und den Jagdmethoden dieser Höhlenlöwen gelegen haben.

Normalerweise gibt es in einer weitgehend ökologisch stabilen Lebensgemeinschaft immer mehr pflanzen- als fleischfressende Tierarten. In der fossilen Tierwelt von Rancho La Brea dagegen sind die Fleischfresser im Verhältnis zu den Pflanzenfressern so häufig, dass sich in einer lebenden Tierwelt kein natürliches Gleichgewicht hätte bilden können. Als Ursache dieser Diskrepanz gilt, dass die Pflanzenfresser bei der Suche nach Wasser oder beim zufälligen Vorbeikommen an den Asphaltlöchern dort – ähnlich wie in einem Moor – gefangen

Schädel der Dolchzahnkatze Smilodon mit langen Eckzähnen
im Natural History Museum in New York

blieben. Steckten sie erst einmal im Asphalt fest, bildeten sie eine leichte Beute für Fleischfresser, die dann selbst in der tödlichen Falle starben.

Der natürliche Asphalt von Rancho La Brea wird auch Erdpech oder Bergteer genannt. Er stammt aus großen unterirdischen Vorkommen im Becken von Los Angeles und wurde von ersten europäischen Siedlern aus diesem Gebiet verwendet. Diese Pioniere haben Fossilfunde als Rinderknochen fehlgedeutet.

Dass die riesigen Amerikanischen Höhlenlöwen in Kalifornien zu Zeiten lebten, in denen Menschen (so genannte Paläo-Indianer) bereits von Nordamerika Besitz ergriffen hatten, beweist der Fund einer Dolchzahnkatze, in deren Knochen eine Pfeilspitze steckte. Und eben jene Dolchzahnkatze war aus einem Asphaltloch geborgen worden, in dem auch Höhlenlöwen-Reste lagen.

Die damaligen Jäger erlegten auch Amerikanische Höhlenlöwen. Einen Hinweis hierfür fand man in der Jaguar Cave in Idaho. Dabei handelt es sich um Knochen von Höhlenlöwen, die vor etwa 10.300 Jahren von Jägern erlegt und verzehrt wurden.

In Rancho La Brea hat man allein von der Dolchzahnkatze (*Smilodon fatalis*) mehr als 160.000 Knochen geborgen. Diese Raubkatze gilt als das bekannteste Säugetier von dort und als Staatsfossil von Kalifornien. Nach Berechnungen von Wissenschaftlern sind innerhalb von etwa 25.000 Jahren mindestens 2500 Dolchzahnkatzen in den Teergruben verendet. Vielleicht waren sie von anderen im Teer gefangenen Tieren angelockt und dabei selbst zum Opfer geworden.

Seltener als *Smilodon fatalis* war die in weiten Teilen Nordamerikas verbreitete Säbelzahnkatze *Homotherium serum*. Sie hatte etwa die Größe eines Löwen, aber einen leichteren Körperbau. Ihre großen oberen Eckzähne (Fangzähne) trugen gezackte Ränder wie Steakmesser. In der Friesenhahn-Höhle in Texas hat man Reste von 13 jungen und 20 erwachsenen Säbelzahnkatzen dieser Art geborgen. Dort lagen auch Reste von 300 bis 400 jugendlichen Mammuten, die als Jagdbeute der Säbelzahnkatzen gelten.

Ein Fund aus der Natural Trap Cave in Wyoming deutet darauf hin, dass die Amerikanischen Höhlenlöwen unter mancherlei Krankheiten litten. Er zeigt Schwellungen in der Knieregion, die von Gicht herrühren.

Dem Amerikanischen Höhlenlöwen hat man in den USA sogar Denkmäler gesetzt. Ein Denkmal in Rancho La Brea (Kalifornien) zeigt zwei solcher riesiger Raubkatzen. Und vor der Academy of Natural Sciences in Philadelphia steht eine Statue des Paläontologen Joseph Leidy, der eine Kopie jenes Unterkiefers des Amerikanischen Höhlenlöwen in der Hand hält, der als erster gefunden, von ihm untersucht und beschrieben wurde.

Originalfund des Unterkiefers aus Natchez (Missisippi), der dem amerikanischen Forscher Joseph Leidy (1823–1891) vorgelegen hatte, als er 1853 erstmals den Amerikanischen Höhlenlöwen beschrieb.

Denkmal vor der Academy of Natural Sciences in Philaldelphia: Sie zeigt Joseph Leidy mit einer Kopie jenes Unterkiefers des Amerikanischen Höhlenlöwen in der Hand, der von ihm untersucht und beschrieben wurde.

*Russischer
Paläontologe
Gennady
F. Baryshnikov
aus St. Petersburg.
Er und
Gennady Boeskorov
beschrieben 2001
den Ostsibirischen
Höhlenlöwen oder
Beringia-Höhenlöwen
(Panthera leo
vereshchagini).*

*Russischer
Paläontologe
Gennady
Boeskorov
aus Jakutsk*

Der Beringia-Höhlenlöwe
oder Ostsibirische Höhlenlöwe
Panthera leo vereshchagini

In Nordostasien und auf Beringia existierte im Eiszeitalter vor etwa 40.000 bis 10.000 Jahren der Beringia-Höhlenlöwe (*Panthera leo vereshchagini*), der erst 2001 von den russischen Forschern Gennady F. Baryshnikov und Gennady Boeskorov beschrieben und somit der Fachwelt bekannt wurde. Diese Löwenunterart wird auch als Ostsibirischer Höhlenlöwe bezeichnet. Baryshnikov leitet das „Faunas Department" am „Zoological Institute of Russian Academy of Sciences" in St. Petersburg und ist Spezialist für Säugetiere aus dem Quartär (etwa 2,3 Millionen Jahre bis heute). Boeskorov wirkt am „Mammoth Museum of the Institute of Applied Ecology of the Academy of Sciences of The Sakha Republic (Yakutia)" in Jakutsk. Untersuchungen von Schädeln und Oberkiefern dieser eiszeitlichen Großkatze zeigten, dass es sich um eine bisher unbekannte Unterart handelt, die sich von anderen prähistorischen Löwen unterscheidet. Bereits 1985 waren dem finnischen Paläontologen Björn Kurtén (1924–1988) Unterschiede zwischen den Beringia-Höhlenlöwen und anderen Unterarten der Höhlenlöwen aufgefallen.

Die Aufstellung der neuen Höhlenlöwen-Unterart *Panthera leo vereshchagini* findet in der Fachwelt aber nicht nur Gegenliebe. Nach Ansicht des kanadischen Paläontologen Charles Richard (Dick) Harington aus Ottawa gehören die Höhlenlöwen aus Kanada und Alaska der Unterart *Panthera leo spelaea* an. Er sagt: „I think that the name *Panthera leo vereshchagini* is a case of taxonomic ‚splitting'".

Im Vergleich zum bis zu 3,20 Meter langen Europäischen

Kanadischer Paläontologe Charles Richard (Dick) Harington aus Ottawa mit Schädelrest eines Steppenwisents (Bison priscus) aus dem Old Crow Basin im Yukon (Kanada). Nach seiner Ansicht gehören die Höhlenlöwen aus Kanada und Alaska der Unterart Panthera leo spelaea an.

Höhlenlöwen (*Panthera leo spelaea*) ist der Beringia-Höhlen-löwe größer. Vom bis zu 3,70 Meter langen riesigen Amerika-nischen Höhlenlöwen (*Panthera leo atrox*) dagegen unterschei-det er sich durch seine geringere Größe und andere Schädel-proportionen. Sein Schädel ist kürzer als derjenige des Ameri-kanischen Höhlenlöwen.

Bei den Untersuchungen von Baryshnikov und Boeskorov hat-ten zwei Höhlenlöwenschädel vom Fluss Kolyma in Jakutien vorgelegen, die beide im Sommer entdeckt worden waren. Diese Schädel sind 30 bzw. 31 Zentimeter lang. Bei einem dieser Höhlenlöwenschädel wurde mit Hilfe der Radiocarbon-Methode ein Alter von etwa 36.000 Jahren ermittelt.

Auf Anfrage des Wiesbadener Wissenschaftsautors Ernst Probst teilte der russische Paläontologe Gennady Boeskorov per E-Mail mit, dass bisher noch kein komplettes Skelett und keine Mumie des Beringia-Höhlenlöwen gefunden worden sind. Des-sen großer Schädel habe eine ähnliche Dimension wie der ei-nes heutigen Amur-Tigers.

Als Fundorte von *Panthera leo vereshchagini* werden in der Literatur erwähnt: der Kolyma-Fluss (Sibirien/Russland), Fair-banks Creek, Lost Chicken Creek, Kaolak River (alle drei in Alaska/USA) sowie Hunker Creek und Last Chance Creek bei Dawson City, Thistle Creek und Bluefish Caves (alle vier in Kanada).

An der etwa 36.000 Jahre alten Mumie eines Steppenwisents, die 1979 von einem Goldsucher im Dauerfrostboden von Fairbanks Creek (Alaska) entdeckt wurde, fand man Hinweise darauf, dass dieses Tier von einem Beringia-Höhlenlöwen an-gegriffen und getötet worden war. In der Mumie des etwa acht-bis neunjährigen Steppenwisents steckte ein Stück vom Zahn eines Höhlenlöwen. Auf der Haut des Steppenwisents sind Krat-zer sichtbar, die von einem Höhlenlöwen stammen. Am Maul erkannte man die Abdrücke des typischen Todesbisses, wie Großkatzen ihn oft bei großen Beutetieren praktizieren. Dieser Steppenwisent wird wegen blauer Mineralien (Vivianite), die

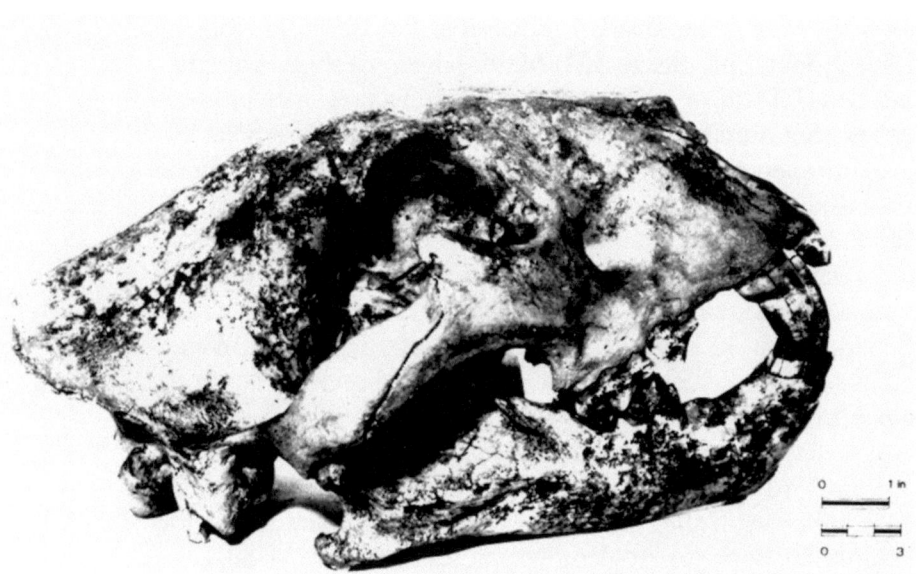

Kompletter Schädel eines Höhlenlöwen vom Fundort Hunker Creek bei Dawson City im Yukon (Kanada). Länge des Fossils: etwa 45 Zentimeter. Orginal in der Quaternary Zoology Collection des Canadian Museum of Nature in Ottawa (Katalognummer: CMN 13472).

größtenteils seinen Körper umgaben, „Blue Babe" genannt. Der eindrucksvolle Fund ist im Museum der University of Alaska in Fairbanks zu bewundern.

Am Fundort Lost Chicken Creek (Alaska) kamen ein Oberkiefer- und ein Extremitätenrest von einem männlichen Beringia-Höhlenlöwen zum Vorschein. Diese Fossilien wurden neben Resten anderer Eiszeittiere (Mammut, Bison, Wildesel, Rentier, Rothirsch, Saiga-Antilope, Vielfraß, Wolf) auf dem Gelände einer Goldmine entdeckt.

Am Kaolak River (Alaska) hat man den fragmentarisch erhaltenen rechten Oberkieferast eines Beringia-Höhlenlöwen entdeckt. Diese Lokalität wird in der Literatur als der nördlichste Fundort eines Höhlenlöwen bezeichnet. Etwa 1600 Kilometer vom Kaolak-River entfernt liegt der Alazeja-Fluss in Sibirien, ein weiterer Fundort des Beringia-Höhlenlöwen.

Als eines der am besten erhaltenen Fossilien des Beringia-Höhlenlöwen gilt ein vollständiger Schädel vom Fundort Hunker Creek bei Dawson City im Yukon (Kanada). Der bemerkenswert große Schädel ist etwa 45 Zentimeter lang. Das Yukon – bis 2003 offiziell Yukon Territory genannt – ist ein Territorium im Nordwestteil von Kanada. Es grenzt im Westen an das Gebiet von Alaska (USA), im Osten an die Nordwest-Territorien und im Süden an die Provinz British Columbia (beide Kanada). Rund 75 Prozent der etwa 31.000 Einwohner des Yukon leben in der Hauptstadt Whitehorse.

Am Höhlenlöwen-Fundort Last Chance Creek bei Dawson City (Kanada) im Yukon haben zwei Goldgräber 1993 den teilweise erhaltenen Kadaver eines kleinen Wildpferdes (*Equus lambei*) entdeckt. Dabei handelt es sich um den am besten konservierten Kadaver eines größeren Eiszeittieres in Kanada. Der größte Teil des rechten Vorderbeins, einschließlich getrocknetem Fleisch, Haut und Haaren im unteren Bereich, und ein Großteil des Felles und der Mähne waren intakt. Datierungen mit der Radiocarbon-Methode (C14-Methode) ergaben ein Alter von etwa 26.000 Jahren.

Die Paläontologen Nikolai K. Vereshchagin (mit Stock) aus St. Petersburg und Pavel Putchkov aus Kiew suchen bei einer Exkursion während der „2nd International Mammoth Conference" in der Maasvlakte bei Rotterdam (Niederlande) nach eiszeitlichen Fossilien. Nach Vereshchagin ist der Ostsibirische Höhlenlöwe oder Beringia-Höhlenlöwe (Panthera leo vereshchagini) benannt.

Vom Fundort Thistle Creek im Klondike-Bezirk im Yukon ist ein Fossil des Beringia-Höhlenlöwen aus der Zeit vor etwa 32.750 Jahren – also vor dem Höhepunkt der letzten Eiszeit – bekannt. Das geologische Alter dieses Fundes wurde mit Hilfe der Radiocarbon-Methode ermittelt.

Zu den bekannten Fundorten des Beringia-Höhlenlöwen im Yukon zählen die Bluefish Caves (Blaufisch-Höhlen) am Bluefish River. Diese Höhlen befinden sich etwa 50 Kilometer südwestlich von Old Crow (mehr als 260 Einwohner) im nördlichen Yukon. Sie wurden 1976 von Fischern entdeckt. 1978 und 1979 nahm der kanadische Archäologe Jacques Cinq-Mars aus Quebec dort Ausgrabungen vor. Zum Fundgut gehören Knochen vom Wildpferd, Bison, Rentier, der Antilope und vom Höhlenlöwen.

An einigen Tierknochen aus den Bluefish Caves sind Schnittspuren erkennbar, welche die Anwesenheit menschlicher Jäger in dieser Gegend bezeugen. Ein 1985 in den Bluefish Caves entdeckter großer Mammutknochen mit menschlichen Bearbeitungsspuren konnte auf ein Alter von etwa 24.500 Jahren datiert werden.

Der Wortteil Beringia im Begriff Beringia-Höhlenlöwe erinnert an eine Landbrücke im Eiszeitalter zwischen Sibirien (Russland) und Alaska (USA). Mit dem Artnamen *vereshchagini* wird der russische Wissenschaftler Nikolai K. Vereshchagin, der sich um die Erforschung fossiler Raubkatzen verdient gemacht hat, geehrt. Vereshchagin wirkte am „Zoological Institute of Russian Academy of Sciences" in St. Petersburg.

Der Beringia-Höhlenlöwe lebte in einem Gebiet, welches heute Jakutien in Nordostsibirien (Russland), Alaska (USA) und das Yukon (Kanada) umfasst. Dort herrscht gegenwärtig ein kaltes Klima und leben verhältnismäßig wenig Menschen (in Alaska rund 16 Prozent Eskimos und Indianer).

Beringia heißt eine zeitweise durchgängige Landbrücke zwischen Asien und Nordamerika. Über diese konnten wahrscheinlich irgendwann zwischen etwa 40.000 und 14.000 Jahren auch die ersten Menschen (Paläo-Indianer) nach Nordamerika einwandern.

Der Begriff Beringia wurde 1937 von dem schwedischen Botaniker Eric Hultén (1894–1981) geprägt. Ihm war die erstaunliche Ähnlichkeit der Pflanzen zu beiden Seiten der Beringstraße aufgefallen. Aus diesem Grund vermutete er, Sibirien (Russland) und Alaska (USA) seien einst durch eine Landbrücke verbunden gewesen, die er Beringia nannte. Hulténs Theorie wurde eindrucksvoll bestätigt, als man vom heutigen Meeresboden in der Beringsee Bodenproben nahm. Die Proben enthielten Reste von Landpflanzen, die auf dem einst trockenen Meeresboden wuchsen.

Die Landbrücke Beringia lag dort, wo heute die Beringstraße den nördlichen Abschluss des Beringmeeres bildet. Beringia war Teil eines fast 35 Millionen Quadratkilometer umfassenden eisfreien Gebietes. Es reichte vom Fluss Lena in Ostsibirien bis zum Mackenzie River in Kanada und nahm einen Teil des heutigen Nordpolarmeeres ein.

Mehrfache Eisvorstöße und -rückzüge sowie die damit verbundenen Änderungen des Meeresspiegels bewirkten in den letzten 100.000 Jahren, dass Beringia wiederholt aus dem Meer auftauchte und wieder versank. Zeitweise war der Meeresspiegel durch die Eismassen, die große Wassermengen der Ozeane in sich banden, um bis zu etwa 125 Meter abgesunken. Deswegen konnte eine rund 40 bis 50 Kilometer breite und bis zu 85 Kilometer lange, wellenartige Landschaft entstehen, welche die beiden Festländer miteinander verband.

Auf der Landbrücke Beringia bildete sich eine Grassteppe bzw. Mammutsteppe, in der Gräser und krautartige Gewächse gediehen, aber kaum Bäume wuchsen. In dieser Steppe lebten Mammute, Fellnashörner, Wildpferde, Steppenwisente, Rentiere und Moschusochsen. Ihnen folgten Raubtiere – wie Wölfe, Höhlenlöwen und Säbelzahnkatzen (*Homotherium serum*) – sowie menschliche Jäger und Sammler.

Nach Ansicht des Deutschen Hans Krause, der acht Jahre lang

im Yukon (Kanada) gewohnt hat, haben Mammute, Höhlenlöwen und andere Tiere auf Beringia nicht in einem strengen, arktischen Klima ausschließlich auf einer Steppe gelebt. Stattdessen vermutet er ein mildes, gemäßigtes Klima ohne arktischen Winter, ohne Eis und Schnee sowie gebietsweise hohes Grasland mit Inseln von Bäumen und Sträuchern.

Der erste bekannte Fund der Säbelzahnkatze *Homotherium serum* im Gebiet der ehemaligen Landbrücke Beringia glückte am 28. Juli 1968 am Ufer des Old Crow-Flusses im nördlichen Yukon in Kanada. Es war ein kühler, wolkiger Nachmittag, erinnert sich Hans Krause. Bei diesem seltenen Fund handelte es sich um einen rechten Unterkieferast mit Backenzähnen.

Welche Pflanzen auf Beringia gediehen, verrät die Magenanalyse einer Mammutmumie: Salbei (*Artemisia alaskana*), Vielblättrige Schafgarbe (*Archillea millefolium*), Fünffingerkraut (*Aquilegia formosa*), Jakobsleiter (*Polemonium pulcherriumum*), Arktische Lupine (*Lupinus arcticus*), Windblume (*Anemone parviflora*), Balsam-Pappel (*Populus balsamifera*), Zwergweide (*Salix alexensis*), Zwergbirke (*Salix glandulosa*) und Wollgras (*Eriophorium scheuchzeri*).

Eine weitere Landbrücke zwischen Asien und Nordamerika war im Eiszeitalter die Beringbrücke. Sie befand sich – mehr als 1500 Kilometer südlich von Beringia – entlang der Kommandeursinseln (Russland) und der langgestreckten Aleuten (USA). Diese Landbrücke verband die Ostküste des heutigen Sibirien (Russland) mit der Westküste des jetzigen Alaska (USA).

Während der Wisconsin-Eiszeit (etwa 80.000 bis 10.000 Jahre) breitete sich der kanadische Eisschild immer mehr aus. Zur Zeit des Höhepunktes dieser Eiszeit war fast die Hälfte Nordamerikas vom Eis bedeckt.

Durch den kanadischen Eisschild sind Yukon (Kanada) und Alaska (USA) vom übrigen Nordamerika getrennt worden. Dadurch wurden die Höhlenlöwen nördlich und südlich des Eisschildes isoliert. Im Norden lebten die Beringia-Höhlenlöwen und im Süden die Amerikanischen Höhlenlöwen.

In Sibirien tanzen heute noch wie ehedem Schamanen

Im Yukon (Kanada) jagten einst Beringia-Höhlenlöwen

In Jakutien (Sibirien), das seit 1991 Republik Sacha heißt, einem der Fundgebiete des Beringia-Höhlenlöwen, herrschen heute noch teilweise Verhältnisse wie im Eiszeitalter bzw. wie in der Steinzeit. Im Dreieck, das die Orte Jakutsk, Oimjakon und Werchojansk bilden, liegt der Kälte-Nordpol der nördlichen Erdhalbkugel. Oimjakon wird im „Guiness Buch der Rekorde" als kältestes Dorf der Welt erwähnt, weil dort minus 72 Grad gemessen wurden. Im Nordwesten von Jakutien, im Lenabassin und an der östlichen Eismeerküste, reicht der Permafrost (Dauerfrost) bis in 250 Meter Tiefe.

Wenn im Frühjahr das Schmelzwasser die Böschungen in den Flussbiegungen freilegt, kommen in Jakutien gefrorene Mammute zum Vorschein. Die Ewenen, Jakugiren und Jakuten tragen gerne Schmuckstücke aus Mammutelfenbein. Pelztierfang, Jagd und Fischfang mit aus der Steinzeit stammenden Techniken haben eine gewisse Bedeutung im Norden Jakutiens. Die Ewenen bitten immer noch das Feuer um Jagderfolg sowie Glück und Erfolg in der Familie. Es gibt sogar in der Gegenwart einige Schamanen (Zauberer).

Beringia-Höhlenlöwen jagten in der Steppe vor allem Wildpferde, Steppenwisente und Rentiere. Gelegentlich brachten sie wohl auch junge Mammute zur Strecke.

Für Beringia-Höhlenlöwen war mitunter die Jagd auf große Beutetiere gefährlich. Das belegen Funde von Höhlenlöwen-Kieferknochen mit großen Schwellungen aus dem Yukon in Kanada. Die Schwellungen waren wohl die Folge davon, dass von Höhlenlöwen attackierte Wildpferde mit ihren Hufen den Angreifer am Kopf getroffen hatten.

Der Höhepunkt der letzten Eiszeit war vor etwa 27.000 bis 14.000 Jahren. Die Tierwelt während dieser Zeitspanne ist durch zahlreiche Fossilfunde aus dem Klondike-Bezirk im Yukon in Kanada gut bekannt. Dazu gehören beispielsweise Kurznasenbär (*Arctodus simus*), Wildpferd (*Equus lambei*), Mammut (*Mammuthus primigenius*), Amerikanisches Mastodon (*Mammut americanum*), Westliches Kamel (*Camelops hesternus*),

Mumie eines Steppenwisents („Blue Babe") von Fairbanks Creek (Alaska), der von einem Höhlenlöwen getötet wurde. Original im Museum der University of Alaska in Fairbanks.

Dall-Schaf (*Ovis dalli*), Waldland-Moschusochse (*Bootherium bombifrons*) und Tundra-Moschusochse (*Ovibus moschatus*).

Für viele Funde aus dem Klondike-Bezirk und Sixtymile-River-Gebiet in Kanada hat man das geologische Alter mit der Radiocarbon-Methode ermittelt.

Beringia ist gegen Ende der letzten Eiszeit teilweise verschwunden. Vor etwa 14.000 Jahren wurde es merklich wärmer. Die Gletscher in der nördlichen Hemisphäre schmolzen und es entstanden riesige Mengen von Schmelzwasser. Der Meeresspiegel stieg weltweit an und tiefliegende Gebiete – wie große Teile von Beringia – wurden vom Meer überflutet.

Das wärmere Klima hatte zur Folge, dass die Niederschläge zunahmen. Nun breiteten sich immer stärker Moose und kleine Bäume aus. Die Wälder verdrängten die Grasländer der Mammutsteppe.

Mit den Steppen verschwanden die Herden der auf Gräser spezialisierten Tiere wie Mammut, Steppenbison und Wildpferd. Dadurch verloren auch deren Jäger wie der riesige Kurznasenbär, der aufgerichtet eine Höhe von etwa 3,40 Metern erreichte, der Beringia-Höhlenlöwe und die Säbelzahnkatze (*Homotherium serum*) ihre Nahrungsgrundlage. Einige Tiere wie der Moschusochse zogen in andere Gegenden. Wolf, Luchs, Rotfuchs, Karibou, Vielfraß und Schneehase dagegen blieben.

Teilgebiete der im Meer untergegangenen Landbrücke Beringia sind heute noch in Sibirien sowie in den nördlichen und zentralen Teilen Alaskas und des Yukon in Kanada sichtbar.

Schöpfungsgeschichten der Indianer im Yukon schildern Ereignisse am Ende der letzten Eiszeit. Zudem reflektieren sie Umweltveränderungen und gewaltige Fluten.

Im Dauerfrostboden von Beringia, der seit der letzten Eiszeit gefroren ist, blieben viele Reste von Eiszeittieren erhalten. Goldsucher in Alaska und in Kanada (Yukon) finden immer wieder Fossilien, wenn sie den Dauerfrostboden abtragen, um an darunter liegende goldhaltige Schotter zu gelangen. Vielleicht entdecken sie irgendwann auch die Mumie eines Beringia-

Höhlenlöwen oder einer Säbelzahnkatze oder sogar eines Eiszeit-Menschen.

Über die Landschaft, Pflanzen- und Tierwelt sowie die Eiszeit-Menschen von Beringia informiert das „Yukon Beringia Interpretive Centre" in Whitehorse im Yukon (Kanada). Dieses ist unter der Adresse http://beringia.com/centre_info/index.html im Internet zu finden.

Nachbildung einer Höhlenmalerei mit Höhlenlöwen in der Chauvet-Höhle bei Vallon-Pont-d'Arc im französischen Departement Ardèche. Die Nachbildung befindet sich im „Anthropos-Pavillon"in Brno (Brünn) in Tschechien.

Höhlenlöwen
in der Kunst der Eiszeit

Höhlenlöwen spielten in der Gedankenwelt der eiszeitlichen Jäger und Sammler sicherlich eine große Rolle. Kein Wunder: Waren doch Begegnungen mit solchen Raubkatzen oft lebensgefährlich. Auf eiszeitlichen Kunstwerken aus Europa in Form von Höhlenmalereien, Gravierungen und Schnitzereien sind Höhlenlöwen eindrucksvoll dargestellt. Ihre Kraft, Wildheit und Gefährlichkeit übten wohl eine große mystische Anziehungskraft aus.

Besonders eindrucksvolle Löwendarstellungen befinden sich unter den Tierbildern aus der Chauvet-Höhle in Nähe der südfranzösischen Kleinstadt Vallon-Pont-d'Arc im Departement Ardèche. Diese im Dezember 1994 durch die französischen Speläologen Jean-Marie Chauvet, Eliette Brunel Deschamps und Christian Hillaire im Tal der Ardèche entdeckte Höhle enthält Bilder von Fellnashörnern, Wildpferden, Höhlenlöwen und anderen eiszeitlichen Tieren. Der schmale Einstieg in die Höhle hatte sich durch einen Luftzug verraten.

Mit Hilfe der Radiocarbon-Methode (C14-Methode) konnten die mehr als 300 Wandbilder mit über 400 Tierdarstellungen in der Chauvet-Höhle auf ein Alter zwischen etwa 33.000 und 30.000 Jahren datiert werden. Sie gelten als die ältesten bekannten Höhlenmalereien und Höhlenzeichnungen.

Wegen ihrer schier unglaublich hohen Qualität drängt sich zunächst der Eindruck einer Fälschung auf, doch eine solche ist – laut Online-Lexikon „Wikipedia" – allein schon auf Grund der Versinterung der Farbaufträge auszuschließen. Trotzdem gibt es von Seiten prominenter Chronologie-Kritiker nach wie vor Fälschungsvorwürfe, die von der Fachwelt aber allgemein als abwegig betrachtet werden.

Früher Jetztmensch (Homo sapiens sapiens) aus der Zeit des Aurignacien vor etwa 32.000 Jahren beim Schnitzen eines „Löwenmenschen" aus Mammutelfenbein, wie er in der Höhle Hohlenstein-Stadel bei Asselfingen (Alb-Donau-Kreis) in Baden-Württemberg gefunden wurde, Zeichnung von Fritz Wendler (1941–1995)

Unter den Tierbildern der Chauvet-Höhle befinden sich 71 Darstellungen von Höhlenlöwen mit unterschiedlicher Körperhaltung – von aufmerksam-lauernd bis drohend-aggressiv. Weil die männlichen Höhlenlöwen im Gegensatz zu heutigen Löwen keine Mähne trugen, kann man sie nur wegen ihrer größeren Maße und teilweise wegen der Darstellung ihres Geschlechtsteils von den weiblichen unterscheiden. Bei einer Raubkatze mit geflecktem Fell aus der Chauvet-Höhle soll es sich um einen Leoparden handeln.

Die Tierbilder in der Chauvet-Höhle sind von Jägern und Sammlern aus der Kulturstufe des Aurignacien (vor etwa 35.000 bis 29.000 Jahren) geschaffen worden. Der Begriff Aurignacien wurde 1869 durch den französischen Prähistoriker Gabriel de Mortillet (1821–1898) eingeführt. Namengebender Fundort ist die Höhle von Aurignac im Departement Haute-Garonne. Außer in Frankreich war diese Kulturstufe auch in Italien, Österreich, Deutschland und Tschechien verbreitet. Im Nahen und Mittleren Osten trat das Aurignacien sogar schon vor etwa 40.000 Jahren auf.

Als geheimnisvollstes Kunstwerk aus dem Aurignacien in Deutschland gilt ein 29,6 Zentimeter hohes, aus Mammutelfenbein geschnitztes Mensch-Tier-Wesen aus der Höhle Hohlenstein-Stadel im Lonetal bei Asselfingen (Alb-Donau-Kreis) in Baden-Württemberg. Die vor etwa 32.000 Jahren geschaffene Figur steht aufrecht wie ein Mensch, trägt den Kopf einer Höhlenlöwin mit nach vorn gerichteten Ohren, sie blickt aufmerksam in die Ferne, hat einen ruhig herabhängenden linken Arm (der rechte fehlt), gespreizte Beine und Füße mit Hufen.

Auf dem linken Arm des „Löwenmenschen" wurden Einschnitte vorgenommen. Im Bereich des Bauches schließt eine scharf geschnittene Querrille fast in der Mitte zwischen Nabel und Schritt den Schamberg oben ab. Dessen Dreieck tritt durch die markant geschnittenen Leisten- und Schenkellinien deutlich hervor. Das Mensch-Tier-Wesen besitzt demnach weibliches Ge-

Aus Mammutelfenbein geschnitzte Figur eines „Löwenmen-
schen" aus der Höhle Hohlenstein-Stadel bei Asselfingen (Alb-
Donau-Kreis) in Baden-Württemberg. Höhe: 29,6 Zentimeter.
Original im Ulmer Museum, Prähistorische Sammlung

schlecht. Die schräg gestellten Fußsohlen eigneten sich nicht als Standflächen. Man weiß nicht, ob diese Figur einst gestützt, aufgehängt, gelegt oder getragen wurde.

Die Entdeckungsgeschichte dieses „Löwenmenschen" ist ungewöhnlich. 1937 begann der Tübinger Prähistoriker Robert Wetzel (1898–1962) mit systematischen Grabungen im Hohlenstein-Stadel. Zwei Jahre später bewirkte der Ausbruch des Zweiten Weltkrieges das abrupte Ende der Untersuchungen. Der Geologe Otto Völzing (1910–2001), der Grabungsleiter vor Ort, packte die Funde eilig zusammen und ließ sie abtransportieren. Zum Fundgut gehörten rund 200 Bruchstücke eines Mammutstoßzahns, der zwei Tage zuvor – am 25. August 1939 – etwa 27 Meter hinter dem Höhleneingang in etwa einem Meter Tiefe geborgen worden war. Die Funde kamen ins Ulmer Museum, dem Wetzel später seine Sammlung – darunter die Bruchstücke – vermachte.

Bei der Inventarisierung des Fundgutes aus dem Hohlenstein-Stadel im Ulmer Museum wurden 1970 die Bruchstücke des Mammutstoßzahns in einem Karton voller Tierreste wieder entdeckt. Die Tübinger Prähistoriker Joachim Hahn (1942–1997), Hartwig Löhr und Gerd Albrecht bemerkten an den Bruchstücken deutliche Bearbeitungsspuren.

Unter den Händen von Joachim Hahn entstand allmählich eine menschenähnliche Figur, an der man einen Kopf, einen Arm und zwei Beine erkennen konnte. Ein hoch gesetztes rundes Ohr deutete eher auf ein Tier als auf einen Menschen hin. Weil das Gesicht fehlte, blieb unklar, ob es sich um einen Bären oder um eine große Raubkatze handelte.

1972 wurde der Torso der Figur bei einer Tagung von Eiszeitforschern vorgestellt. Dabei erinnerte sich ein ehemaliger Grabungsteilnehmer an einige Bruchstücke aus dem Hohlenstein-Stadel, die der inzwischen verstorbene Robert Wetzel in seinem Arbeitszimmer an der Universität Tübingen aufbewahrt hatte. Diese Bruchstücke erwiesen sich als der rechte Teil des Hinterkopfes und ein Teil des rechten Armes der Figur.

Etliche Jahre später lieferte eine Mutter im Ulmer Museum einige Funde ab, die ihr kleiner Sohn bei einer Wanderung im Hohlenstein-Stadel entdeckt hatte. Darunter befand sich ein Bruchstück, das der Figur ihr Gesicht gab: Es war das Antlitz eines Höhlenlöwen. 1982 stand fest, dass Jäger und Sammler aus der jüngeren Altsteinzeit ein Mischwesen mit Merkmalen von Mensch und Löwe geschaffen hatten. Ob es sich um einen Mann oder um eine Frau handelte, wusste man damals noch nicht.

Das Rätsel über das Geschlecht der Figur löste man erst, als Fehler beim ersten Zusammenfügen der Figur korrigiert wurden. Ein bis dahin recht männlich wirkender dreieckiger Fortsatz zwischen den Beinen wanderte in der merklich kompakteren neuen Zusammensetzung von 1987/1988 weiter nach oben. Weil das Dreieck von einer waagrechten Bauchkerbe abgeschlossen wird, wie sie für weibliche Aktdarstellungen typisch ist, deutete die Basler Paläontologin Elisabeth Schmid (1912–1994) es als weibliche Scham.

In der Folgezeit bezeichnete man die Figur aus dem Hohlenstein-Stadel als Figur einer Frau mit dem Kopf einer Löwin. Weil an der gesamten Vorderfront der Figur die originale Oberfläche abgeplatzt ist, entschied sich das Ulmer Museum für die geschlechtsneutrale Bezeichnung „Löwenmensch", die bis heute üblich ist.

Das mysteriöse Mischwesen aus dem Hohlenstein-Stadel könnte sich vielleicht einmal als Schlüsselfigur für das Verständnis der Aurignacien-Leute erweisen. Noch weiß man nicht, was die damaligen Jäger und Sammler bewogen hat, solche „Löwenmenschen" bildlich darzustellen. Handelte es sich dabei um das Abbild eines Schamanen, also eines Zauberers, der sich ein Löwenfell übergestülpt hatte? Oder sollte der „Löwenmensch" eine Gottheit darstellen, der man mit solchen Figuren gehuldigt hat? Der Originalfund des „Löwenmenschen" ist im Ulmer Museum zu bewundern.

Nur wenige hundert Meter vom Fundort des Mischwesens aus

114

dem Hohlenstein-Stadel entfernt wurde am 5. Mai 2007 in der ehemaligen Mönchsklause des Weilers Lindenau beim Lonetal die „Höhle des Löwenmenschen" eröffnet. Diese Höhle präsentiert eine ständige Ausstellung über den mysteriösen „Löwenmenschen".

Als weitere „Löwenmenschen" werden aus Mammutelfenbein geschnitzte kleine Figuren aus den Höhlen Geißenklösterle bei Blaubeuren-Weiler im Lonetal und Hohler Fels im Achtal bei Schelklingen (beide im Alb-Donau-Kreis) aus Baden-Württemberg diskutiert. Bei der 1979 entdeckten, 3,8 Zentimeter hohen Figur mit erhobenen Armen aus dem Geißenklösterle ist die oberste Schicht, die das Gesicht enthielt, abgeplatzt. Zwischen den gespreizten Beinen dieses Wesens befindet sich etwas wie ein drittes Bein, das womöglich den Schwanz eines Höhlenlöwen darstellt. Nur 2,5 Zentimeter groß ist die 2002 im Hohlen Fels gefundene Figur. An ihr fehlen die Beine, mit denen zusammen sie wohl knapp doppelt so hoch gewesen sein dürfte. Diese kleine Figur lässt Einzelheiten schlechter erkennen als die große Statuette aus dem Hohlenstein-Stadel. Doch man kann Augen, ein rundes Ohr, die Schnauze und den Mund erkennen.

Das Mischwesen aus dem Hohlenstein-Stadel repräsentiert vielleicht ein Maximum an Kraft und Stärke. Wenn diese Vermutung zuträfe, könnte es sich dabei um die Darstellung einer Gottheit handeln, vielleicht um den Herrn der Tiere oder des Jagdreviers. Daneben werden die Löwenfiguren aus der Vogelherdhöhle (Kreis Heidenheim) sowie die Bärenfigur aus dem Geißenklösterle bei Blaubeuren-Weiler (alle in Baden-Württemberg) als Sinnbild für Kraft und Stärke angesehen. Sie dürften wohl als bewegliche Heiligtümer gedient haben. Manche Prähistoriker spekulieren darüber, ob die Aurignacien-Leute bestimmte Tiere als Schutzgeist – sozusagen als zweites Ich – betrachteten. Vielleicht haben sich die damaligen Jäger sogar mit den von ihnen getöteten Wildtieren durch bestimmte Riten versöhnt.

Aus Mammutelfenbein geschnitzter Kopf eines Höhlenlöwen aus der Vogelherdhöhle (Kreis Heidenheim) in Baden-Württemberg. Länge 2,9 Zentimeter, Höhe 2,1 Zentimeter, größte Dicke 0,6 Zentimeter. Original im Landesmuseum Württemberg, Stuttgart

Besonders gelungene Tierfiguren aus Elfenbein wurden vor etwa 32.000 Jahren in der erwähnten Vogelherdhöhle zu unterschiedlichen Zeiten abgelegt. Bei den ersten Ausgrabungen des Tübinger Prähistorikers Gustav Riek (1900–1976) im Jahre 1931 kurz nach der Entdeckung des Höhleneingangs hat man dort elf Tierfiguren entdeckt. Diese Kunstwerke lagen in zwei unterschiedlich alten Grabungsschichten und sind nur wenige Zentimeter groß.

In der unteren Grabungsschicht kamen sechs Tierfiguren zum Vorschein: zwei Mammute, ein Wildpferd, ein Rentier, ein Bär und eine Raubkatze, die von Riek zunächst als Panther, später als Höhlenlöwe gedeutet wurde.

In der oberen Grabungsschicht fand man vier Figuren: ein Mammut, einen Bison, einen mutmaßlichen Höhlenlöwen und eine Figur, die vielleicht eine menschliche Gestalt darstellen könnte. Ein kleiner Löwenkopf mit 2,9 Zentimeter Länge, 2,1 Zentimeter Höhe und 0,6 Zentimeter Dicke konnte keiner der beiden Fundschichten zugeordnet werden.

Bei Nachgrabungen in der Vogelherdhöhle entdeckte der Prähistoriker Nicholas Conrad von der Universität Tübingen 2007 im Abraum der Grabung von 1931 weitere Tierfiguren: ein Mammut, einen lauernden Höhlenlöwen, der auch als Schnee-Leopard diskutiert wird, und weitere Bruchstücke von Tierfiguren. Conrad gräbt und forscht seit Jahren am Südrand der Schwäbischen Alb.

Die Tierfiguren aus der Vogelherdhöhle wirken erstaunlich realistisch, obwohl Details manchmal fehlen oder übertrieben dargestellt sind. Da an etlichen der Tierfiguren aus der Vogelherdhöhle Reste von Ösen erkennbar sind, dürften sie als Amulette gedient haben, die dem Träger vielleicht magische Kraft für die Jagd oder für den Wettbewerb mit anderen Stammesgenossen verleihen sollten. Möglicherweise waren diese wertvollen Objekte nur Schamanen (Zauberern) vorbehalten. Viel plumper als die meisterhaften Tierfiguren ist eine Menschendarstellung mit knopfartigem Kopf vom gleichen Fundort.

Im Gegensatz zum Aurignacien konnte man bisher aus der Kulturstufe des Gravettien (vor etwa 28.000 bis 21.000 Jahren) in Deutschland keine Tierfiguren von Höhlenlöwen entdecken. Der Begriff Gravettien wurde 1938 von der englischen Archäologin Dorothy Garrod (1892–1968) in Cambridge geprägt. Namengebender Fundort ist die Halbhöhle La Gravette bei Bayac im französischen Departement Dordogne. Das Gravettien war in Frankreich, Spanien, Italien, Belgien, Österreich, Deutschland und Tschechien vertreten. Es verschwand in Deutschland vor dem Höchststand der Gletscher, der etwa vor 20.000 Jahren erreicht wurde.

Eine berühmte Fundstelle aus dem Gravettien in Tschechien ist Dolni Vestonice (Unter-Wisternitz) unweit des Zusammenflusses der Svratka und Dyje in Südmähren, etwa 10 Kilometer von der Stadt Mikulov entfernt. Dort hatten sich einst Mammutjäger aufgehalten, von denen bei Ausgrabungen ab 1924 Reste ihrer Behausungen, Jagdbeute und Kunstwerke entdeckt wurden. Zum Fundgut gehören neben einer Frauenfigur aus gebranntem Ton, der so genannten „Venus von Dolni Vestonice", zahlreiche Tierfiguren aus Ton, darunter auch der Kopf einer Höhlenlöwin mit angedeuteten Verwundungen. Aus Pavlov in Tschechien kennt man eine 21,4 Zentimeter lange Elfenbeinfigur, die eine sprungbereite Höhlenlöwin darstellt.

Unter den Tierköpfen aus Ton von der russischen Fundstelle Kostenki I befindet sich ein besonders schöner Kopf einer Höhlenlöwin. Auffälligerweise hat man in Kostenki I viele Knochen von Höhlenlöwen entdeckt, vor allem Schwanzwirbel und Tatzen in richtiger anatomischer Lage. „Das legt die Vermutung auf einen kultischen Brauch nahe", schrieb Rudolf Drößler in seinem Buch „Kunst der Eiszeit. Von Spanien bis Sibirien" (1980).

Die Kulturstufe des Solutréen (vor etwa 22.000 bis 16.500 Jahren) war vor allem in Frankreich, Portugal und Spanien vertreten. Sie ist nach einer Fundstelle bei Solutré-Puilly nahe Mâcon im Departement Saône-et-Loire in Burgund (Frankreich) bezeichnet. Dort fand man an einem steilen Berghang die Knochen von mehr als 100.000 Wildpferden, bei denen es sich um Jagdbeutereste handelt.

Zu den Tierfiguren aus dem Solutréen oder Magdalénien aus der Höhle Isturitz bei Biarritz im Departement Pyrénées-Atlantiques (Frankreich) gehört eine etwa 16 Zentimeter lange Großkatze, die unterschiedlich als Höhlenlöwe oder Säbelzahnkatze gedeutet wird. Der Originalfund dieses 1896 entdeckten Kunstwerkes gilt bereits seit Anfang des 20. Jahrhunderts als verschollen. Davon liegt aber eine Zeichnung aus einer Publikation des französischen Pfarrers und Archäologen Henri Breuil (1877–1961) vor, die der tschechische Forscher Vratislav Mazak (1937–1987) aus Prag 1970 als Säbelzahnkatze deutete.

In der Kulturstufe des Magdalénien sind in Frankreich und Spanien die schönsten und meisten Höhlenmalereien entstanden, von denen manche auch Höhlenlöwen zeigen. Der Begriff Magdalénien wurde 1869 von dem erwähnten Prähistoriker Gabriel de Mortillet geprägt. Benannt wurde es nach dem Abri (Halbhöhle) La Madeleine gegenüber von Tursac in der Dordogne (Frankreich). Urspünglich hat man das Magdalénien auch „Zeitalter der Rentiere" genannt, weil damals vor allem Rentiere erlegt wurden.

Das Magdalénien währte in Südfrankreich und Nordspanien vor etwa 18.000 bis 11.500 Jahren in einem Gebiet, das während der gesamten jüngeren Altsteinzeit eisfrei war. Deshalb konnten sich dort Menschen selbst zu Zeiten aufhalten, in denen Deutschland vermutlich menschenleer war.

Vor etwa 15.000 Jahren wanderten Magdalénien-Leute auch in Nordfrankreich, Belgien, Südengland, Deutschland und in der Nordostschweiz ein. Vielleicht sind sogar schon vorher vereinzelte Magdalénien-Jäger eingesickert. In Deutschland rechnet man die Zeit vor etwa 15.000 bis 11.500 Jahren dem Magdalénien zu.

Aus dem Magdalénien kennt man in Frankreich und Spanien mehr als 150 Höhlen, die Malereien und Zeichnungen von Wild-

Gravierungen von Höhlenlöwen aus dem Magdalénien in der Höhle von Lascaux im Tal der Vézère bei Montignac im Departement Dordogne (Frankreich). Maßstab unten rechts: 25 Zentimeter

tieren und ganz selten auch von Menschen zeigen. Zu den grandiosesten Höhlenmalereien aus dem Magdalénien gehören diejenigen von Lascaux im Tal der Vézère bei Montignac im Departement Dordogne (Frankreich) und von Altamira bei Santillana del Mar westlich von Santander in Kantabrien (Spanien).

In Lascaux wurden vor etwa 17.000 bis 15.000 Jahren Auerochsen, Höhlenbären, Wisente, ein „Einhorn"-ähnliches Wesen, Hirsche, Fellnashörner, Wildpferde, Esel, Steinböcke, Moschusochsen, Rentiere, Vögel und Raubkatzen dargestellt. Einer der verschiedenen Höhlenräume heißt „Kabinett der Katzentiere". In Lascaux sind insgesamt elf Höhlenlöwen abgebildet. Auf einem Wandbild von Lascaux sind drei Höhlenlöwen zu sehen, von denen zwei von Pfeilen oder Speeren getroffen sind, während beim dritten Tier mutmaßlich Blut aus dem Maul spritzt.

Die Höhle von Lascaux wurde am 12. September 1940 von Marcel Ravidat, Jacques Marsal, George Agnel und Simon Coencas entdeckt und ab 1948 für Besucher geöffnet. Weil das von täglich etwa 1200 Besuchern ausgeatmete Kohlendioxid die eiszeitlichen Bilder beschädigte, hat man die Höhle 1963 für Besucher wieder geschlossen sowie mit einem Belüftungs- und Klimaregulierungssystem ausgestattet. 1983 ist eine exakte Nachbildung der Höhle („Lascaux II") für Besucher eröffnet worden.

Die Höhle von Altamira enthält mehr als 100 Bilder (Gravierungen, Kohlezeichnungen und Farbbilder) mit Darstellungen von Hirschen, Hirschkühen, Bisons, Wildpferden und Wildschweinen, jedoch nicht von Höhlenlöwen. Sie wurde 1879 von einem Jäger durch das Verschwinden eines Jagdhundes entdeckt. Als der Grundbesitzer Don Marcelino Sanz de Sautuola (1831–1888) davon erfuhr, begann er mit Ausgrabungen. Als erste erkannte seine achtjährige Tochter Maria 1879 Bilder von „Rindern" an der Höhlendecke. Nicht lange danach stürzte die Höhle ein. Weil Wissenschaftler jener Zeit die Echtheit und das Alter der Höhlenbilder von Altamira bezweifelten, musste Sautuola

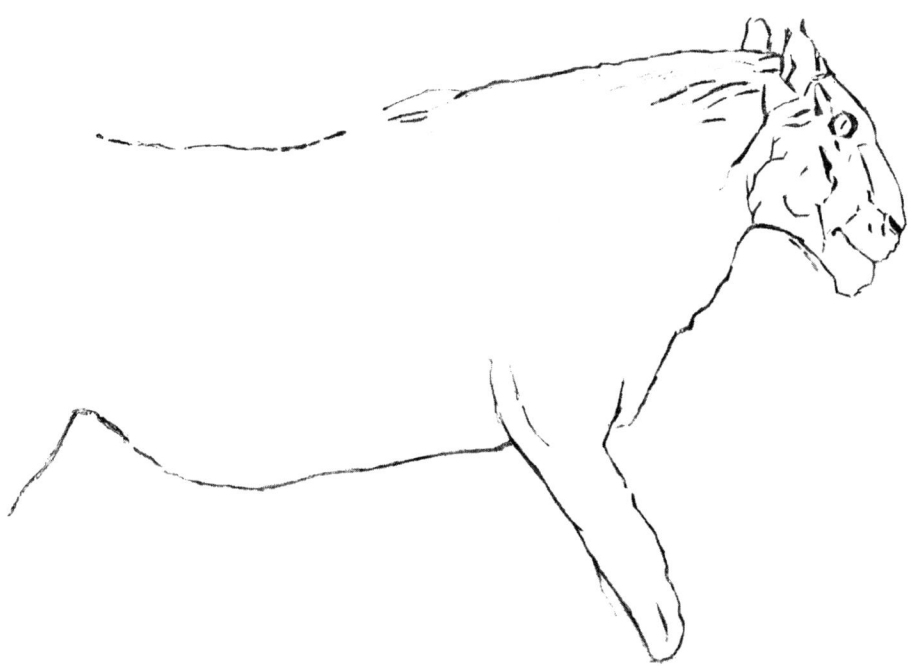

*Zeichnung eines Höhlenlöwen aus dem Magdalénien an einer
Felswand der Grotte von Les Combarelles bei Les Eyzies-de-
Tayac-Sireuil im Departement Dordogne (Frankreich), Länge
der Zeichnung etwa 70 Zentimeter, Schulterhöhe ungefähr 68
Zentimeter*

fast 23 Jahre auf die Anerkennung warten. 1902 entschuldigte sich der französische Prähistoriker Èmile Cartailhac (1843–1921) in einem Aufsatz („Mea culpa d'un sceptique") bei Sautuola, nachdem 1901 ähnliche Malereien in der Höhle von Font-de-Gaume bei Les Eyzies-de-Tayac-Sireuil im Department Dordogne entdeckt worden waren. Die Höhle von Altamira steht seit 1979 nicht mehr für Besucher offen. 1998 erhielt das spanische Geographie-Institut den Auftrag, den etwa 1500 großen Eingangsbereich der Altamira-Höhle originalgetreu nachzubilden. Diese Rekonstruktion liegt heute etwa 500 Meter von der echten Höhle entfernt. Eine weitere Kopie ist im Deutschen Museum in München zu bewundern.

Als größtes Bild eines Höhlenlöwen gilt eine stark stilisierte Darstellung aus der Höhle La Baume-Latrone bei Nîmes im Departement Gard (Frankreich). Das eiszeitliche Kunstwerk präsentiert einen rund drei Meter langen Höhlenlöwen inmitten von Mammuten und Wildpferden. Der Höhlenlöwe trägt einen mächtigen Kopf mit weit aufgerissenem Maul und furchterregenden Eckzähnen. Rücken, Bauch und Schwanz seines Körpers sind nur durch wenige schwungvolle Linien angedeutet. Diese Zeichnung wurde früher als Reptil oder Fantasiewesen gedeutet.

Zu den schönsten Tierdarstellungen aus dem Magdalénien rechnete der österreichische Paläontologe Othenio Abel (1875–1946) die an einer Felswand der Grotte von Les Combarelles bei Les Eyzies-de-Tayac-Sireuil im Departement Dordogne (Frankreich) erhaltene Löwenzeichnung. Der französische Prähistoriker Henri Breuil (1877–1961) hielt diese Raubkatze für einen männlichen Löwen, Abel dagegen spekulierte, wegen der vom Künstler dargestellten Striche und Streifen auf Kopf und Hals könne es sich um die Wiedergabe einer tigerartigen Fellzeichnung handeln. In Wirklichkeit handelte es sich bei dem dargestellten Tier mit einer Länge von etwa 70 Zentimetern und einer Schulterhöhe von etwa 68 Zentimetern um einen Höhlenlöwen.

In der 1914 durch drei Söhne des Prähistorikers Henri Graf Begouën (1863–1956) entdeckten Höhle Les Trois Frères („Dreibrüder-Höhle") bei Montesquieu-Avantés im Departement Ariège sind insgesamt sechs Höhlenlöwen zu bewundern. Bekannt aus dieser Höhle sind vor allem Bilder von Schamanen (Zauberern), von denen einer eine Flöte blasend vor zwei Tieren steht und der andere mit einem Fell bekleidet und maskiert einen Zaubertanz vollführt.

Auf einem Bild in der Höhle von Font-de-Gaume bei Les Eyzies-de-Tayac-Sireuil im Departement Dordogne stehen sich ein mähnenloser Höhlenlöwe und mehrere Wildpferde gegenüber. Ein fragmentarisch erhaltener Lochstab von Laugerie Basse in der Dordogne zeigt auf einer Seite zwei Höhlenlöwen und auf der anderen zwei Wildpferde.

Ein Höhlenlöwe ohne Kopf zählt zu den zahlreichen Gravierungen auf Steinplatten aus dem Magdalénien vor schätzungsweise mehr als 14.500 Jahren von Gönnersdorf bei Neuwied in Rheinland-Pfalz. Sie wurden im März 1968 bei Ausschachtungsarbeiten für einen Neubau entdeckt. Bei Ausgrabungen des Prähistorikers Gerhard Bosinski fand man nahezu 200 Darstellungen von Tieren und etwa 400 von stilisierten Frauen ohne Kopf und Füße. Diese Motive wurden in grauschwarze Schieferplatten graviert, die in den Behausungen von Jägern und Sammlern als Fußböden dienten. Man trat also die Kunst regelrecht mit Füßen. Nachdem die Gravierungen ihre magische oder kultische Aufgabe offensichtlich erfüllt hatten, ließ man sie einfach liegen. Unter den Gönnersdorfer Tierdarstellungen überwiegen eindeutig Abbildungen vom Wildpferd (74 Mal) und Mammut (61 Mal). Seltener sind Gravierungen vom Fellnashorn, Hirsch, Elch oder der Saiga-Antilope, Auerochsen, Wisent, Wolf, Höhlenlöwen, Fisch, Vogel oder der Robbe.

Besonders eindrucksvoll ist der auf der 17,2 Zentimeter langen Rippe eines Hornträgers (Boviden) dargestellte „Löwenfries" aus der Höhle La Vache im Departement Ariège (Frankreich). Auf der schon in alter Zeit zerbrochenen Rippe sind drei Höhlenlöwen zu erkennen. Derjenige in der Mitte ist vollständig sichtbar und rund 10 Zentimeter lang. Vom linken Höhlenlöwen sieht man nur noch das Hinterteil und den Schwanz, vom rechten lediglich die Schnauze. Das Fell dieser Raubkatzen hat man durch zahlreiche kleine Stiche markiert. Über dem mittleren Höhlenlöwen befinden sich drei, über dem linken zwei rechteckige Gebilde, die vielleicht Wolfszähne symbolisieren sollen.

Auf einem etwa 11,5 Zentimeter langen Tierknochenfragment aus Laugerie-Basse im Department Dordogne (Frankreich) ist der Rest einer Gravierung erkennbar, die einst vermutlich einen kompletten Höhlenlöwen darstellte. Auf dem Bruchstück sind nur noch das Hinterteil und der lange Schwanz mit Fellquaste zu sehen.

Ein verzierter Geweihrest von einem Rentier aus der Höhle von Gourdan im Departement Haute Garonne (Frankreich) zeigt Tiere, Tierköpfe, Tierfährten und geheimnisvolle Zeichen. Unter diesen Motiven ist auch der Höhlenlöwe mit zwei Pfotenabdrücken vertreten.

Gravierungen auf Kalksteinplatten in der Höhle La Marche bei Poitiers im Departement Vienne (Frankreich) zeigen aggressiv wirkende Höhlenlöwen mit offenem Maul und sichtbaren Eckzähnen (Fangzähnen). Auf einem großen Kalksteinblock kann man zwei Vorderpranken erkennen, bei denen es sich um den Rest einer kompletten Höhlenlöwen-Darstellung handeln könnte. Die Kalksteine sind in die Höhle gebracht worden, deren poröse Felswände sich nicht für Gravierungen oder Malereien eigneten.

Im Vergleich zu anderen eiszeitlichen Wildtieren sind Höhlenlöwen viel seltener von den Jägern und Sammlern dargestellt worden. Als der Pariser Prähistoriker André Leroi-Gourhan (1911–1986) die Darstellungen aus 66 von 110 damals bekannten Bilderhöhlen und Abris aus Frankreich und Spanien katalogisierte unterschied er 610 Wildpferde, 510 Bisons, 205 Mammute, 176 Steinböcke, 137 Rinder, 135 Hirschkühe, 112 Hir-

sche, 84 Rentiere, 36 Bären, aber nur 29 Höhlenlöwen, 16 Fellnashörner, 8 Damhirsche, 3 unbestimmbare Raubtiere, 2 Wildschweine, 2 Gemsen und 1 Saiga-Antilope sowie 6 Vögel, 8
Fische und 9 Monster bzw. Mischwesen oder Fabeltiere. Löwen und Fellnashörner wurden nach seinen Erkenntnissen meist
am Höhlenende dargestellt.

Löwen in der Kunst
zu geschichtlicher Zeit

Der Löwe beschäftigte nicht nur in der Urgeschichte – also vom ersten Auftreten des Menschen bis zur Erfindung der Schrift – unsere Vorfahren. Auch in geschichtlicher Zeit beflügelte diese Großkatze immer wieder die Phantasie des Menschen.

In Mesopotamien, dem Land zwischen den Strömen Euphrat und Tigris, wurden Löwen bereits seit dem frühen dritten Jahrtausend v. Chr. auf Reliefs abgebildet. Die älteste Darstellung einer Löwenjagd ist auf der steinernen Löwenjagdstele von Uruk (Warka) in Mesopotamien zu sehen, die vermutlich um 3000 v. Chr. entstand. Das fragmentarisch erhaltene, etwa 80 Zentimeter hohe Kunstwerk aus Basalt zeigt übereinander zwei unterschiedlich große, nur mit einen Rock bekleidete Männer bei den Löwenjagd. Nach Ansicht von Archäologen soll es sich dabei wegen der auffallenden Übereinstimmungen bei Kleidung, Haar- und Barttracht um dieselbe Person handeln, die als Priesterkönig gedeutet wird. Der untere Mann schießt mit einem Bogen einen Pfeil mit mondförmiger Sichel auf Löwen, der obere Mann sticht mit einer Lanze auf einen Löwen ein. Auch auf der Streitkeule des Königs Mesilia von Lagasch und auf vielen Rollsiegeln hat man Löwen abgebildet.

Im alten Ägypten besaß der Löwe eine Sonderstellung als „König der Tiere" und Symbol der Macht. Die Gottheiten Sachmet, Schu, Tefnut und Dedun hatten die Gestalt eines Löwen oder trugen zumindest den Kopf eines solchen. Den Pharao Horus Aha, Begründer der 1. Dynastie, und seinen Hofstaat hat man zusammen mit einer ganzen Löwenfamilie bestattet. Manche Pharaonen wurden als Löwen mit Menschenkopf (Sphinx) dargestellt. Zu den berühmtesten Kunstwerken dieser Art gehört

Löwenrelief im Tempel von Karnak bei Luxor in Ägypten

Napoléon Bonaparte (1769–1821) während seines Feldzuges in Ägypten 1798/1799 vor der Großen Sphinx von Gise

der um 2500 v. Chr. geschaffene, 20 Meter hohe und 57 Meter lange Große Sphinx von Gise, der die Gesichtszüge von Pharao Chephren trägt. Einige Pharaonen – wie Ramses II. und Ramses III. – werden auf Wandreliefs ihrer Tempel gezeigt, wie sie auf Streitwagen – begleitet von Löwen – in die Schlacht ziehen. Knochenfunde belegen, dass sie in ihrem Palast junge und erwachsene Löwen hielten. Pharao Amenophis III. soll – laut Inschrift eines Skarabäus – bei einer Löwenjagd sage und schreibe 102 Löwen erlegt haben.

Anfang des 14. Jahrhunderts v. Chr. dürfte der „Löwe von Babylon" entstanden sein, der eine der Attraktionen im spätbabylonischen Schlossmuseum bildet. Die unvollendete Skulptur verrät späthethitisch-nordsyrischen Einfluss.

Auf der Prozessionsstraße zum Ischtartor in Babylon entstand zur Zeit von König Nebukadnezar II. (gest. 562 v. Chr.) ein prächtiger Löwenfries aus farbig glasierten Ziegeln. Dieser Herrscher hatte Jerusalem erobert und zerstört und die Juden in Gefangenschaft genommen.

Von den Pfeilern des Löwentors der Hethiterhauptstadt Hattusa (Bogazkale) in der heutigen Türkei blickten zwei massige Löwen unheilabwehrend auf Einlasssuchende. Aus dem 1. Jahrtausend v. Chr. stammen Reliefs einer Tempeleinfriedung von Karkemis am Euphrat, auf denen Sonnen- und Mondgott auf dem Rücken eines lang dahin gestreckten Löwen stehen. Bei den Hethitern war der Löwe auch ein beliebtes Motiv an ihren für den Kult bestimmten Gerätschaften. Zu dieser Kategorie gehörten Tongefäße in Löwengestalt aus Kültepe.

Auf der südlichen Eingangsseite des prachtvollen Palastes des persischen Großkönigs Dareios I. (522–486 v. Chr.) in Persepolis zeigen Reliefs in der Mitte die königliche Leibgarde. Zu beiden Seiten auf den Treppenwangen prangt jeweils die Darstellung eines Kampfes zwischen Löwe und Stier.

In der Bibel wird der Löwe mehr als hundertmal erwähnt. Mit einem Löwen verglichen hat man Gott und den Stamm Juda, einen der zwölf Stämme von Israel. Löwen kommen in den

Kampf zwischen Löwe und Stier auf dem Löwenrelief am Eingang zum Palast des persischen Großkönigs Dareios in Persepolis im Iran. Das Foto zeigt eine Kopie des Reliefs im British Museum in London.

Geschichten über den Kampf Simons mit dem Löwen und über Daniel in der Löwengrube am Hof des Königs Dareios vor.

Ein eindrucksvolles Zeugnis der mykenischen Kunst ist das Löwentor an der spätbronzezeitlichen Burg von Mykene in Argolis aus dem 14. Jahrhundert v. Chr. Die dortige Darstellung von zwei Löwen gilt als die erste abendländische Monumentalplastik.

Während der geometrischen Epoche im alten Griechenland tauchte der Löwe unter den Tiermotiven der Vasenmalerei auf. Auf einem Kantharos (Becher mit zwei Henkeln) vom Ende des 8. Jahrhunderts v. Chr, fressen zwei Löwen einen Menschen.

Auf der griechischen Kykladeninsel Delos (heute Mikra Dilos) zieren neun sitzende Löwen die Löwenterrasse aus dem 7. Jahrhundert v. Chr. an der Prozessionsstraße vom Letotempel zum Heiligen See.

Löwen begegnet man auch in der griechischen Mythologie. Der Löwe war der Göttin Hera, der Gattin von Göttervater Zeus, geweiht. Eine der zwölf Aufgaben des Halbgottes Herkules bestand darin, den menschenfressenden Nemeischen Löwen zu töten. Herkules erwürgte den Löwen und hängte sich sein Fell um. In einer der Fabeln des Äsop, nämlich der Geschichte von Androkles, zog der Held, ein entlaufener Sklave, einem Löwen einen Dorn aus der Pfote. Als der Sklave später zur Strafe für seine Flucht den Löwen zum Fraß vorgeworfen wurde, erkannte ihn der Löwe, dem er geholfen hatte, wieder und weigerte sich, ihn zu töten.

In der Tradition griechischer Grablöwen steht der Steinlöwe von Ekbatana (Hamadan) im Iran (Persien). Dabei handelt es sich um das Grabmal, das der Makedonier Alexander der Große (356–323 v. Chr.,) für seinen dort verstorbenen Freund und Mitregenten Hephaiston errichten ließ.

Künstler der Etrusker verzierten mit Löwen Gefäße, Kandelaber und Schmuck. Eine Bronzechimäre von Arezzo in der Toskana (Italien) aus dem 6. Jahrhundert v. Chr. zeigt einen Löwen mit Schlangenschwanz und seitlichem Ziegenkopf.

Gemälde von Vittore Carpaccio (1455/1465–1526): Der Löwe von St. Markus (1516), Original im Palazzo Ducale, Venedig

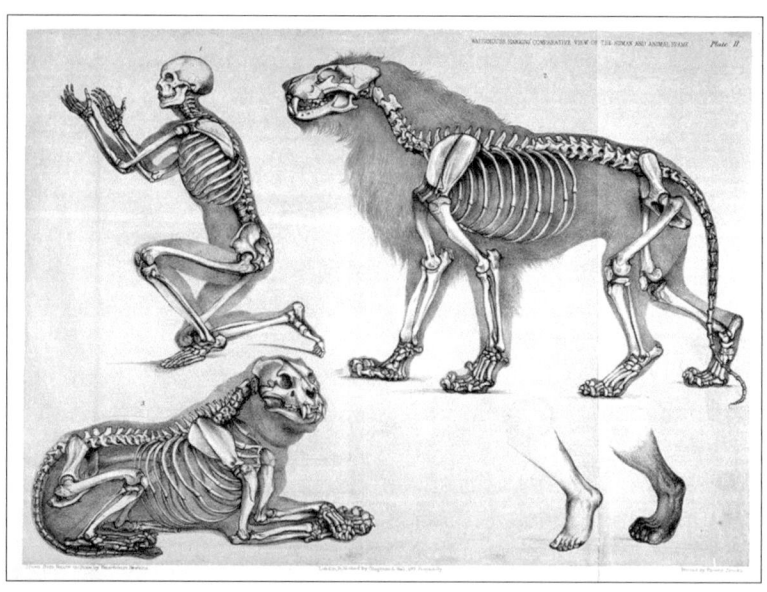

Bild von Benjamin Waterhouse Hawkins (1807–1894): A comparative view of the human and animal frame, 1860

Im alten Rom besaß der Löwe mythische Bedeutung. Als Mitte des 3. Jahrhunderts v. Chr. der Kybele-Kult das römische Reich erreicht hatte, zogen Bettelpriester der als Muttergottheit verehrten Kybele mit zahmen Löwen durch die Städte und Priesterinnen fuhren mit Löwengespannen, um neue Anhänger zu gewinnen. Für römische Herrscher stellte der Löwe ein Symbol ihrer Macht dar. 54 v. Chr. fuhr angeblich Pompeius (106–48 v. Chr.) mit einem Löwengespann zum Circus maximus. Marcus Antonius (82 v. Chr.–30 n. Chr.) und Nero (37–68 n. Chr.) ließen Löwen vor ihren Prunkwagen spannen. Viele römische Mosaiken und Reliefs zeigen Kämpfe zwischen Löwen und Menschen.

Zur Zeit des frühen Christentums wurde der Löwe zum Attribut des Evangelisten Markus. Auf einem Mosaik aus Ravenna um 500 n. Chr. steht Christus in der Kleidung eines römischen Legionärs auf den Köpfen eines Löwen und einer Schlange als Zeichen des Triumphes über das Böse.

Im Mittelalter (etwa 500 bis 1500 n. Chr.) hat man den Löwen in der sakralen und profanen Kunst häufig dargestellt. Ab dem 9. Jahrhundert n. Chr. galt der Löwe auch bei den Deutschen als „König der Tiere", womit er den Bären ablöste. 1166 ließ Herzog Heinrich der Löwe als Zeichen seiner Macht in Braunschweig einen bronzenen Löwen aufstellen.

Der Löwe dient in der Heraldik oft als Wappentier. Denn als „König der Tiere" symbolisiert er Macht, Tapferkeit und kriegerische Tugend. Der Löwe ziert zum Beispiel die Wappen von Hessen, Husum, Zürich, Aquitanien und Montenegro. In den Staatswappen von Äthiopien, Belgien und Tschechien ist er ebenfalls zu finden. Im Wappen der Stadt und des früheren Staates Venedig prangt der nach dem Evangelisten Markus benannte geflügelte Markuslöwe mit Heiligenschein, der mit seinen Pranken ein aufgeschlagenes Buch hält.

Sogar den Nachthimmel hat der Löwe erobert. Am nördlichen Sternenhimmel findet man die Sternbilder Löwe und Kleiner Löwe. Ersteres Sternbild soll eine Inkarnation des Nemeischen

Löwen sein, letzteres war eine Neuschöpfung des 17. Jahrhunderts.

Menschen, die im Sternzeichen des Löwen (23. Juli bis 23. August) geboren werden, gelten als sympathische Zeitgenossen/innen. Angeblich wüssten sie, ihr strahlendes Lächeln und ihre Anziehungskraft einzusetzen. Ihr sonniges Naturell und ihre Natürlichkeit machten sie zum Mittelpunkt in manch einer Gesellschaft. Sie hätten immer einen Hang zum Höheren und würden deshalb immer versuchen nach oben bzw. an die Spitze zu gelangen. Oft beschützten sie die Schwachen und kämpften furchtlos gegen Unterdrückung und Gemeinheit.

Manche Berühmtheit trug einen Namen, in dem das Wort Löwe vorkommt. Man denke nur an König Richard I. Löwenherz (1157–1199), Herzog Heinrich den Löwen (um 1129–1195), den äthiopischen Kaiser Haile Selassie (1892–1975, „Löwe von Juda") und den afghanischen Kriegsherren Ahmad Schah Massoud (1953–2001, „Löwe von Pandschir").

König Richard I. Löwenherz (1157–1199)

135

Packende Szene aus dem Jugendroman „Rulaman" (1878): Der Höhlenlöwe „Burria" steht mit seiner rechten Vorderpranke auf Rul, dem Vater von Rulaman. Um das Schlimmste noch abzuwenden, schlägt Rulaman mit seiner Axt unaufhörlich auf die Schläfen von „Burria". Diese Illustration stammt aus der 2001 im Knödler Verlag in Reutlingen erschienenen und heute noch im Buchhandel erhältlichen modernen Ausgabe des „Rulaman".

Höhlenlöwe und Säbelzahnkatze in Literatur und Film

So große und gefährliche Raubtiere wie der Höhlenlöwe oder die Säbelzahnkatze aus dem Eiszeitalter liefern natürlich immer wieder Stoff für die Literatur und den Film. In Büchern und Filmen, in denen der Höhlenlöwe oder die Säbelzahnkatze eine Rolle spielt, stimmen die Fakten allerdings nicht immer.

Von Höhlen, Höhlenbären, Höhlenlöwen und Höhlenmenschen handelt der 1878 erschienene Jugendroman „Rulaman" mit abenteuerlichen Geschichten über einen gleichnamigen fiktiven Steinzeithelden. Ein Teil der Handlung spielt im Achtal bei Blaubeuren in Baden-Württemberg, wo rund 100 Jahre nach dem Erscheinen des Romans in der Geißenklösterlehöhle bedeutende Funde aus der Altsteinzeit glückten.

Im Kapitel „Der Kampf mit dem Höhlenlöwen" wird die dramatische Jagd auf eine Raubkatze namens „Burria" erzählt, die schon den Großvater von Rulaman getötet hatte. Auch Rul, der Vater von Rulaman, wäre „Burria" fast zum Opfer gefallen. Denn der Höhlenlöwe stand bereits mit seiner rechten Vorderpranke auf ihm. Nur durch das beherzte Eingreifen von Rulaman, der „Burria" mit seiner Axt unaufhörlich auf die Schläfen schlug, ließ sich das Schlimmste doch noch verhindern. Der Vater konnte sich befreien und Rulaman mit ihm zusammen flüchten.

„Burria" starb später durch einen Pfeilschuss in den Hals, der Rulamans Onkel Repo von einem Baum herab geglückt war. Der Tod des Höhlenlöwen wurde beim Burriafest vom ganzen Stamm ausgelassen gefeiert. Die Männer umtanzten den über ein Holzgestell gelegten „Burria" und versetzten ihm Beilhiebe auf den Kopf und die Frauen Rutenschläge. Anschließend er-

David Friedrich Weinland (1829–1915),
evangelischer Pfarrerssohn,
Zoologe und „geistiger Vater"
des Steinzeithelden Rulaman

richtete man aus drei Stangen eine Art Galgen, zog „Burria" mit einem Seil nach oben und ließ ihn jäh fallen, was man mehrfach wiederholte. Danach schleppten zwei Männer den „Burria" in eine Höhle, schlüpften in sein Fell, ließen es zunähen und sprangen mit Gebrüll unter die Feiernden. Dann imitierte man einen Kampf zwischen einem Höhlenbären, den man am Vortag erlegt hatte, und dem Höhlenlöwen.

Das Burriafest gipfelte damit, dass Rulaman, der seinem Vater das Leben gerettet hatte, vorzeitig den Speer als Zeichen des Mannes erhielt. Dies war sonst nur üblich, nachdem ein Jüngling einen Bären erlegt hatte. Dem „Burria"-Bezwinger Repo überreichte man die aus dem Löwenschädel geschlagenen Eckzähne, einen davon gab er Rulaman. Unter den Männern, die an der Jagd teilgenommen hatten, verteilte man die Krallen, die einen großen Wert besaßen, weil deren Träger angeblich von keinem Tier besiegt werden konnten. Das Fell des „Burria" sollte künftig der „alten Parre", der Urahnin des Stammes, als Sitzunterlage dienen. Der Löwenkopf wurde an einer Eiche als Siegestrophäe und Zielscheibe für Pfeile, Wurfspeere und Schleudern aufgehängt.

„Geistiger Vater" von Rulaman war der evangelische Pfarrerssohn und Zoologe David Friedrich Weinland (1829–1915). Sein Roman wurde in viele Sprachen übersetzt und erreichte eine geschätzte Gesamtauflage von mehr als eine halbe Million Exemplaren. Die schönsten der rund 100 Abbildungen in der Erstausgabe des „Rulaman" von 1878 stammen von dem Leipziger Buchillustrator und Tiermaler Heinrich Leutemann (1824–1905). Nach diesen Abbildungen fertigte der Münchener Holzschneider Theodor Knesing (1840–1925) eindrucksvolle Holzschnitte an, die in nachfolgenden Ausgaben des „Rulaman" zu sehen sind.

Sämtliche Illustrationen der Erstausgabe von 1878 sind in der 2001 erschienenen und heute noch im Buchhandel erhältlichen modernen Ausgabe des „Rulaman" aus dem Knödler Verlag in Reutlingen enthalten. 125 Jahre nach dem Erscheinen der Erst-

Franz Heinrich Achermann (1881–1946),
katholischer Geistlicher aus der Schweiz,
schrieb den prähistorischen Kulturroman
„Auf der Fährte des Höhlenlöwen"

ausgabe zeigte das Braith-Mali-Museum in Biberach an der Riß 2003 die Sonderausstellung „Rulaman der Steinzeitheld". Anlässlich dieser Ausstellung erschien ein reich bebilderter Katalog, den Museumsdirektor Frank Brunecker herausgab.

Eines der vielen Bücher des schweizerischen katholischen Geistlichen Franz Heinrich Achermann (1881–1946) heißt „Auf der Fährte des Höhlenlöwen. Roman aus den Wildnissen der Steinzeit" (1919). Als der Lehrerssohn Achermann von 1913 bis 1920 als Vikar in Oberdorf wirkte, begann er mit der Erforschung prähistorischer Höhlen im Jura. Davon war er so fasziniert, dass er seine Erkenntnisse später in eine Reihe von Erzählungen und Romanen aus den „Wildnissen" der Steinzeit und Eiszeit einfließen ließ. Von 1920 bis 1930 war er Vikar an der St. Josephs-Kirche in Basel und danach bis zu seinem Tod Pfarrhelfer in Kriens.

Achermann gilt als einer der am meisten gelesenen Jugendbuchautoren der Schweiz. Sein Ruhm beruhte vor allem auf Büchern über die Frühzeit des Menschen und seinen historischen Romanen zur europäischen Geschichte. Außerdem schrieb er Zukunftsgeschichten, Studentengeschichten, Kriminalromane und Theaterstücke. In Deutschland wurde der schreibfleißige und phantasievolle Geistliche und Schriftsteller als „Schweizer Karl May" bezeichnet.

Eine wichtige Rolle spielt der Höhlenlöwe in dem Film „Ayla und der Clan des Bären" (1986), der auf dem ersten Teil einer fünfbändigen Romanreihe von Jean M. Auel basiert. Heldin dieses Streifens von Michael Chapman ist das kleine Mädchen Ayla aus der Zeit vor etwa 35.000 Jahren, das zu den ersten modernen Menschen (Jetztmenschen oder Cro-Magnon-Menschen) gehört, die damals in Europa die Neandertaler (Altmenschen) allmählich verdrängten.

Zu Beginn wird Ayla, deren Eltern bei einem Erdbeben ums Leben kamen, von einem Höhlenlöwen angegriffen, vor dem sie sich in einer Felsspalte versteckt hat. Die Raubkatze kann das Kind mit einer ihrer mächtigen Pranken verwunden, aber nicht töten. Halb verhungert und schwer verletzt wird Ayla von einem Stamm vorbeiziehender Neandertaler gefunden und von der Medizinfrau Iza und dem „Mog-Ur" Creb aufgezogen. Die beiden Pflegeeltern lieben Ayla sehr, aber für den Rest des Clans bleibt das ganz anders als die Neandertaler aussehende Cro-Magnon-Mädchen eine ungewollte Außenseiterin. Aylas Schutzgeist wird später der gefürchtete Höhlenlöwe.

Der Film „Am Anfang war das Feuer" (1981) schildert die Erlebnisse einer kleinen Gruppe von Neandertalern, deren sorgsam in einem Reisigbündel gehütetes Feuer nach einem Überfall ins Wasser fiel und erlosch. Weil diese Neandertaler noch kein Feuer erzeugen konnten, schickten sie drei junge Jäger aus, die auf natürliche Weise entstandenes Feuer suchen sollten. Auf der gefahrvollen Reise mussten sich die drei Männer gegen Säbelzahnkatzen, Mammute und feindliche Urmenschen wehren, bis ihnen eine aus der Gefangenschaft von Kannibalen befreite junge Frau, die zu den fortschrittlicheren Jetztmenschen gehörte, die Technik des Feuerbohrens beibrachte.

In der Filmkomödie „Ice Age" (2002) steht vor etwa 20.000 Jahren eine Eiszeit vor der Tür. Deswegen flüchtet die damalige Tierwelt in den wärmeren Süden. Lediglich das einzelgängerische Mammut „Manni" wandert nach Norden und wird von dem nervigen Faultier „Sid" begleitet. Unterwegs retten die beiden den kleinen Sohn einer Steinzeitfrau, die auf der Flucht vor mehreren Säbelzahnkatzen einen Wasserfall hinuntergesprungen war. Eine dieser Säbelzahnkatzen namens „Diego" soll das Menschenkind zum Fressen zurückholen und schließt sich der kleinen Gruppe unter dem Vorwand an, ihr helfen zu wollen, das Kind zu seinen Artgenossen zurückzubringen. Auf dem Weg zu den Menschen müssen die drei ungleichen Tiere allerlei Abenteuer überstehen.

Ebenfalls unrealistisch ist der Film „10000 B. C." (2008), in dem die Hauptfigur namens „D'leh" um etwa 10.000 v. Chr. Mitglieder ihres Stammes, der von der Jagd auf Mammute lebt, aus den Händen von Sklaventreibern befreit. Dank einer von ihm früher geretteten Säbelzahnkatze („Speerzahn"), die „D'leh" wiedererkennt und deswegen nicht angreift, schließen sich „D'leh" kampferprobte Krieger an, die in ihm die ihnen prophezeite Erlöserfigur sehen.

Auch in der Werbung kamen Säbelzahnkatzen schon zu Ehren. Auf der beliebten Videoplattform „YouTube" im Internet zum Beispiel erfreut sich ein 30 Sekunden langer Clip namens „Survival of the Fittest – Sabertooth", in dem für Milch geworben wird und in dem zwei Säbelzahnkatzen vorkommen, größter Beliebtheit.

Die Handlung des Videoclips: Drei Urmenschen trotten durch eine etwas trostlos wirkende Landschaft. Einer davon entdeckt eine bunte Flasche mit einem Getränk. Kaum hat er sie aufgehoben, begutachtet und geschüttelt, tauchen im Hintergrund zwei furchterregende Säbelzahnkatzen auf. Dann erfolgt ein Schnitt. Man sieht nun keine Urmenschen mehr, sondern nur noch zwei auf dem Boden sitzende, offenbar genüsslich kauende Säbelzahnkatzen, vor denen der Schädel und das Skelett eines Urmenschen liegen. Plötzlich naht im Hintergrund ein gefährlicher Raubdinosaurier. Zum Schluss kommt die eigentliche Werbebotschaft: „Drink milk".

„Survival of the Fittest" bedeutet im Sinne der Evolutionstheorie des britischen Naturforscher Charles Darwin (1809–1882) das Überleben der bestangepassten Individuen. Dieser Begriff wurde bereits 1864 durch den britischen Sozialphilosophen Herbert Spencer (1820–1903) geprägt. Darwin übernahm diese Formulierung ab der fünften Auflage seines Werkes „Orign of Species" (1869) ergänzend zu seinem zum Fachterminus gewordenen Begriff „Natural Selection" (natürliche Selektion). Darwin überschrieb das Kapitel über die natürliche Selektion fortan mit „Natural Selection; or The Survival of the Fittest".

Wilhelm von Reichenau (1847–1925)

Löwenfunde in Deutschland

Funde vom Mosbacher Löwen (*Panthera leo fossilis*):

Hessen

Mosbach-Sande von Mosbach im Stadtkreis Wiesbaden: Nach Funden von dort und aus den Mauerer Sanden von Mauer bei Heidelberg ist 1906 der vor etwa 600.000 Jahren lebende Mosbacher Löwe (*Panthera leo fossilis*) von Wilhelm von Reichenau (1847–1925) beschrieben worden. Von diesem riesigen Löwen stammt der Höhlenlöwe (*Panthera leo spelaea*) ab. Reste von Mosbacher Löwen aus den Mosbach-Sanden werden im Naturhistorischen Museum Mainz, in der Universität Mainz und im Museum Wiesbaden aufbewahrt. Auf der Inventarliste des Naturhistorischen Museums Mainz sind etwa 35 Fundstücke vom Mosbacher Löwen erwähnt (einzelne Zähne, Unterkiefer, Knochen des Arm- und Beinskelettes). Ein Eckzahn (Fangzahn) ist 11,5 Zentimeter lang. Aus einem im Naturhistorischen Museum Mainz aufbewahrten Unterkieferast des Mosbacher Löwen ragt der Eckzahn fünf Zentimeter aus dem Kieferknochen. Im Museum Wiesbaden liegen ein 1904 in einer Sandgrube von Wiesbaden (Waldstraße) geborgener Eckzahn vom Mosbach-Löwen und ein weiterer aus einer Sandgrube in der Gegend von Hochheim am Main.

Baden-Württemberg

Mauerer Sande von Mauer bei Heidelberg: Löwenreste aus Mauer lagen schon 1906 bei der ersten Beschreibung des Mosbacher Löwen vor. Ein etwa 43 Zentimeter langer Oberschädel eines Mosbacher Löwen vom Fundort des etwa 630.000 Jahre alten Unterkiefers des Heidelberg-Menschen (*Homo*

Der Geologe, Paläontologe
und Prähistoriker Dietrich Mania
entdeckte 1969
die berühmte Fundstelle Bilzingsleben.
Dort kamen vor allem Fossilien
von Frühmenschen zum Vorschein,
aber auch Reste von Löwen.

erectus heidelbergensis oder *Homo heidelbergensis*) wird im Urgeschichtlichen Museum der Gemeinde Mauer aufbewahrt.

Nordrhein-Westfalen

Dechenhöhle im Stadtteil Grüne von Iserlohn (Märkischer Kreis) im Sauerland: In der nach dem Bonner Geologen und Bergmann Ernst Heinrich Carl von Dechen (1800–1889) benannten Höhle kamen auch der Oberkiefer und Skelettreste eines Löwen zum Vorschein, die aus dem „Altpleistozän" stammen sollen. Doch die Datierung dieses Fundes ist unsicher. Der Berliner Paläontologe Wilhelm Otto Dietrich (1881–1964) hat diesen Fund als neue Unterart namens *Panthera leo brachygnathus* beschrieben. Seine Aufsatz hierüber erschien 1968 – einige Jahre nach seinem Tod. In der Dechenhöhle wurden 1994 bei der Bergung eines Schädels vom Waldnashorn (*Dicerorhinus kirchbergensis*) – vermutlich aus der Holstein-Warmzeit (etwa 330.000 bis 300.000 Jahre) – ein Eckzahnfragment und der dritte linke Mittelfußknochen eines Löwen gefunden. Alain Argant, Jacqueline Argant, Marcel Jeannet (Frankreich) und Margarita Erbajeva (Russland) erwähnten die Dechenhöhle 2007 als Fundort des Mosbacher Löwen. Die Dechenhöhle gilt als eine der schönsten und meistbesuchten Schauhöhlen Deutschlands. Sie wurde 1868 von zwei Eisenbahnarbeitern entdeckt, denen ein Hammer in einen Felsspalt gefallen war, der sich als Zugang zu einer Tropfsteinhöhle entpuppte. Bereits im Entdeckungsjahr diente sie als Schauhöhle. Neben der Höhle befindet sich seit 2006 das Deutsche Höhlenmuseum.

Thüringen

Bilzingsleben am Rand des Wippertals (Kreis Artern), weltberühmter Fundort zahlreicher Fossilien des Frühmenschen *Homo erectus bilzingslebenensis* aus der Zeit vor etwa 370.000 Jahren: Die Fundstelle Bilzingsleben wurde im August 1969 von dem damals 31-jährigen Aspiranten Dietrich Mania vom Geologisch-Paläontologischen Institut der Universität Halle/Saale entdeckt. Als er auf der Sohle des westlichsten Travertinsteinbruches von Bilzingsleben grub, um für seine Habilitationsarbeit über die Klimaentwicklung des Eiszeitalters einige Molluskenproben entnehmen zu können, stieß er nach Wegräumen von etwa drei Meter Gesteinsschutt auf eine Schicht voller Mollusken und einen Spatenstich tiefer auf den Fußwurzelknochen eines Elefanten und Abfallsplitter aus Feuerstein, wie sie bei der Werkzeugherstellung durch Frühmenschen entstehen. Bei Ausgrabungen von Dietrich Mania im ehemaligen Steinbruch „Steinrinne" entdeckte man unter anderem Jagdbeutereste bzw. Speiseabfälle von Frühmenschen, zu denen auch Reste von Löwen gehören. Bei den Löwenresten handelt es sich um zwei Oberkieferfragmente erwachsener Tiere, einige Milcheckzähne junger Tiere sowie Skelettfragmente erwachsener Löwen. Volker Töpfer bezeichnete die Fossilien als Reste von Höhlenlöwen. Alain Argant, Jacqueline Argant, Marcel Jeannet (Frankreich) und Margarita Erbajeva (Russland) dagegen erwähnten Bilzingsleben 2007 als Fundort des Mosbacher Löwen.

Weimar-Süßenborn: In den Kieslagern von Weimar-Süßenborn sind zahlreiche Reste von Säugetieren – wie Elefanten, Nashörner, Hirsche, Wildpferde, Raubtiere – aus dem Eiszeitalter gefunden worden. Bei den Kiesen handelt es sich um Ablagerungen der Ilm, die nach Angaben des Weimarer Paläontologen Lutz Maus etwas älter als 600.000 Jahre sind. Alain Argant, Jacqueline Argant, Marcel Jeannet (Frankreich) und Margarita Erbajeva (Russland) erwähnten Süßenborn 2007 als Fundort des Mosbacher Löwen und des Europäischen Jaguars (*Panthera onca gombaszoegensis*).

Funde vom Höhlenlöwen (*Panthera leo spelaea*):

Baden-Württemberg

Aufhausener Höhle bei Geislingen an der Steige (Kreis Aalen) auf der Schwäbischen Alb: Aus der Aufhausener Höhle sind Fossilien vom Fellnashorn, von der Höhlenhyäne, vom Höhlenlöwen, Mammut und von anderen eiszeitlichen Tieren bekannt.

Bärenhöhle bei Sonnenbühl-Erpfingen (Kreis Reutlingen) auf der Schwäbischen Alb: 1834 wurde die Karlshöhle entdeckt, 1949 stieß man auf die Verbindung zur Bärenhöhle. Die Karlshöhle gilt als die erste Höhle auf der Schwäbischen Alb, in der Reste von Höhlenbären gefunden wurden. 1949/1950 hat man in der Bärenhöhle den Oberarmknochen eines erwachsenen Höhlenlöwen geborgen.

Bocksteinschmiede im Lonetal bei Rammingen (Alb-Donau-Kreis): Zum Fundgut der Bocksteinschmiede, dem Vorplatz der Höhle Bocksteinloch, gehören einige Zähne und postkraniale Skelettreste, vor allem Fingerknochen (Phalangen) vom Höhlenlöwen. Als postkranial werden alle Skelettteile unterhalb des Schädels bezeichnet. Die Funde von der Bocksteinschmiede werden in der Archäologischen Sammlung des Ulmer Museums aufbewahrt. Der Name Bocksteinschmiede beruht darauf, dass dort eine Steinschlägerwerkstätte nachgewiesen wurde.

Brühl (Rhein-Neckar-Kreis): In einer Kiesgrube des Rheintals in der Gemarkung Edingen bei Brühl unweit von Mannheim wurden am 27. September 1979 in etwa 18 Meter Tiefe Fragmente eines großen Höhlenlöwen-Schädels entdeckt. Diese Fragmente stammen aus einer lehmig-tonigen Lage, bei der es sich vermutlich um eine Flussablagerung aus dem Oberpleistozän handelt. Der Originalfund wird im Staatlichen Museum für Naturkunde Stuttgart aufbewahrt. In der Ausstellung rund um den „Löwenmenschen" aus der Höhle Hohlenstein-Stadel im Ulmer Museum ist eine Kopie des teilweise rekonstruierten Höhlenlöwen-Schädels zu sehen. Für die Rekonstruktion wurde unter anderem ein bezahnter Oberkiefer aus einer anderen Kiesgrube bei Brühl verwendet. In der Gegend von Brühl sind bereits fünf Kiesgruben bekannt, die Löwenreste geliefert haben.

Göpfelsteinhöhle bei Veringenstadt (Kreis Sigmaringen): In dieser Höhle wurden Reste zahlreicher Raubtiere (Höhlenhyäne, Höhlenbär, Wolf, Vielfraß, Steppeniltis, Höhlenlöwe) und Pflanzenfresser (Wildpferd, Fellnashorn, Rentier, Mammut, Steppenbison, Riesenhirsch, Steinbock) entdeckt.

Große Grotte im Blautal bei Blaubeuren (Alb-Donau-Kreis): Zum Fundgut dieser Grotte gehören neben vielen Resten von Höhlenbären auch drei Fossilien vom Höhlenlöwen.

Gutenberg-Höhle bei Lenningen im Ortsteil Gutenberg (Kreis Esslingen) auf der Schwäbischen Alb: Die Gutenberg-Höhle wurde 1888/1889 bei Grabungen in ihrer Eingangshalle, dem so genannten Heppenloch, entdeckt. Der Name der Gutenberg-Höhle erinnert an den Wirkungsort von Pfarrer Karl Gußmann (1853–1928) aus Gutenberg, der Vorstand des im August 1889 gegründeten „Schwäbischen Höhlenvereins" war. Zur so genannten „Heppenloch-Fauna" gehören Höhlenbär, Braunbär, Höhlenlöwe, Wildpferd, Steppennashorn, Wildschwein, Rothirsch, Damhirsch, Reh und Affe. Alain Argant, Jacqueline Argant, Marcel Jeannet (Frankreich) und Margarita Erbajeva (Russland) erwähnten das Heppenloch 2007 als Fundort des Mosbacher Löwen.

Heitersheim (Kreis Breisgau-Hochschwarzwald): 1922 wurde

in den „Mitteilungen des Grossherzogtums der Badenischen Geologischen Landesanstalt" ein Höhlenlöwenfossil aus dem Löss von Heitersheim bekannt gemacht.

Hohlenstein-Stadel im Lonetal bei Asselfingen (Alb-Donau-Kreis): In Schichten aus dem Mittelpaläolithikum (etwa 125.000 bis 35.000 Jahre) und dem Jungpaläolithikum (ungefähr 35.000 bis 10.000 Jahre) des Hohlenstein-Stadel befanden sich Zähne und postkraniale Skelettreste vom Höhlenlöwen. Diese Funde werden in der Archäologischen Sammlung des Ulmer Museums aufbewahrt. In diesem Museum ist auch die vor etwa 32.000 Jahren aus Mammutelfenbein geschnitzte Figur des so genannten „Löwenmenschen" aus dem Hohlenstein-Stadel zu bewundern.

Huttenheim, ein Stadtteil von Philippsburg im Kreis Karlsruhe: In einer Kiesgrube im Rheintal bei Huttenheim kam am 5. Juni 1973 das Teilskelett eines Höhlenlöwen zum Vorschein. Es gilt als einer der besten Skelettfunde von *Panthera leo spelaea* in Deutschland. Insgesamt sind 36 Knochen aus allen Körperregionen vorhanden. Der Oberschädel dieses Höhlenlöwen ist 36,7 Zentimeter lang. Das Teilskelett aus der Gegend von Huttenheim wird im Staatlichen Museum für Naturkunde Stuttgart aufbewahrt.

Kogelstein bei Blaubeuren (Alb-Donau-Kreis): In der Gegend der kleinen Höhle am Kogelstein konkurrierten in der Würm-Eiszeit vor etwa 50.000 Jahren Neandertaler mit Hyänen und anderen Raubtieren um Jagdbeute. Herdentiere wie Rentier, Wildpferd oder Mammut mussten auf dem Weg zur Tränke am Schmiechener See eine Engstelle beim Kogelstein passieren. Vom Fundort Kogelstein soll der Speichenknochen eines Höhlenlöwen stammen. Dieses Fossil könnte aber auch von einem anderen Fundort stammen.

Rekonstruktion des Steinheim-Menschen (Homo steinheimensis): Dabei handelt es sich um eine Frau, deren etwa 300.000 Jahre alter Schädel 1933 in Steinheim an der Murr entdeckt wurde. Zeichnung von Fritz Wendler (1941–1995)

Steinheim an der Murr (Kreis Ludwigsburg): Im Tal zwischen Steinheim und dem Fluss Murr hat man lange Zeit fossilreiche Kiese und Sande abgebaut, die im Eiszeitalter von Murr und Bottwar abgelagert worden sind. Als erster aufsehenerregender Fund kam dort im Sommer 1910 das fast vollständige Skelett eines Steppenelefanten zum Vorschein. Weltweit bekannt wurde Steinheim durch den am 24. Juli 1933 entdeckten etwa 300.000 Jahre alten Schädel des Steinheim-Menschen (*Homo steinheimensis*). Die Löwenreste aus dem unteren und oberen Teil der Schotter von Steinheim an der Murr könnten von frühen Höhlenlöwen oder deren Vorgängern stammen. Nach Auskunft von Thomas Rathgeber vom Staatlichen Museum für Naturkunde Stuttgart handelt es sich bei den Löwenresten aus Steinheim an der Murr um „ein Schädelfragment, zwei Unterkieferäste (darunter das im Urmensch-Museum in Steinheim präsentierte Schaustück), einzelne Eckzähne, wenige Langknochenfragmente, wenige Reste des distalen Extremitäten-Skeletts". Diese Löwenreste wurden im Gebiet der Kiesgruben von Steinheim an der Murr vor allem in den 1920-er und 1930-er Jahren gefunden, weitere in den 1950-er Jahren.

Stuttgart-Bad Cannstatt: Der erste Fund von Löwenresten in Württemberg glückte im Jahre 1700 bei der von Herzog Eberhard Ludwig (1676–1733) befohlenen Mammutgrabung in Cannstatt nahe der Uffkirche. Dabei handelte es sich um einige Zähne und zwei Zehenglieder vom Höhlenlöwen. Zu Beginn des 19. Jahrhunderts kamen einige Löwenfossilien vom Seelberg in Cannstatt dazu. Letztere wurden von Georg Friedrich von Jäger (1785–1866) in seinem Werk über die fossilen Säugetiere Württembergs abgebildet.

Stuttgart-Untertürkheim: Im Travertin-Steinbruch Biedermann in Stuttgart-Untertürkheim kamen zahlreiche Knochenreste von Höhlenlöwen aus der Eem-Warmzeit (etwa 127.000 bis 115.000 Jahre) zum Vorschein.
Im Dezember 1928 und im Januar 1929 wurden in der „Steppennagerschicht" Skelettteile vom Höhlenlöwen geborgen. Weitere Reste vom Höhlenlöwen übergab der Steinbruchbesitzer Hermann Biedermann (1901–1964) am 22. Mai 1929 dem Stuttgarter Museum. An diesen Knochen sind keine Bissspuren von Höhlenhyänen zu erkennen. Sie stammen also nicht vom Hyänenfressplatz aus der „Steppennagerschicht" von Stuttgart-Untertürkheim.
1929 wurde im Unteren Travertin des Steinbruches Biedermann der „Baumstammschlot S1" entdeckt. Er hatte eine Höhe von

etwa 1,50 Metern und einen Durchmesser im oberen Bereich von etwa 0,65 Meter. Unter dem Stamm, etlichen Zweigen, Blättern und Wurzeln befand sich ein großer, waagrechter Hohlraum mit Flussgeröllen sowie mit Tierresten. Die Tierknochen stammen von Amphibien (Erdkröte, Wasserfrosch), Reptilien (Eidechse, Ringelnatter), Vögeln (Gans), Säugetieren (Igel, Maulwurf, Hase, Feldmaus, Erdmaus, Rothirsch, Nashorn, Höhlenlöwe). Vom Höhlenlöwen sind Teile des Schädels, des Unterkiefers, Zähne und ein Schwanzwirbel erhalten geblieben. Es handelte sich um ein Jungtier mit einem Alter von ein bis zwei Monaten, bei dem noch nicht alle Milchzähne durchgebrochen waren. Werkzeuge mit Schlagspuren und ein Rothirsch-Unterkieferbruchstück mit Schnittspuren belegen menschliche Aktivitäten in der Umgebung von „Baumstammschlot S1".

1930 stieß man in der Nordwestwand des Travertinsteinbruches Biedermann auf den „Baumstammschlot S2". Er enthielt neben Resten vom Riesenhirsch, Reh, Rothirsch, Auerochsen oder Wisent auch Teile des Beckens und ein Fersenbein von einem Höhlenlöwen. Schnittspuren an einem Fersenbein vom Riesenhirsch verraten, dass Menschen zumindest in der Nähe waren. Unklar ist, ob der Großteil der Knochen größerer Säugetiere durch Menschen oder Tiere in den Baumstamm-Hohlraum gebracht wurden.

Eine Neuinventarisation der Löwenfossilien aus Stuttgart-Untertürkheim in den Jahren 1994 und 1995 im Staatlichen Museum für Naturkunde Stuttgart erfasste 53 Positionen. Entdecker dieser Höhlenlöwenreste waren der Steinbruchbesitzer Hermann Biedermann und der Stuttgarter Paläontologe Fritz Berckhemer (1890–1954).

Stuttgart-Zuffenhausen: Der Stuttgarter Paläontologe Fritz Berckhemer erwähnte 1927 unveröffentlichte württembergische Löwenfunde aus den Sanden von Renningen und Neckarems sowie aus dem Löss von Zuffenhausen.

Sibyllenhöhle (auch Sibyllenloch) auf der Teck (Kreis Esslingen): Zum rund 10.000 Objekte umfassenden Fundgut der in einer Felswand am Teckberg hoch über der Stadt Owen gelegenen Höhle gehören neben schätzungsweise 2000 Höhlenbärenresten auch 73 Höhlenlöwen-Fossilien, die von vier Tieren stammen sollen. Thomas Rathgeber und Achim Lehmkuhl schrieben in einem Aufsatz über die Sibyllenhöhle: „ Ein gewaltiges Exemplar des Höhlenlöwen lieferte eine nachträgliche Bestätigung des furchterregenden „Burria", den David Friedrich Weinland (1829–1915) vorausschauend bereits 1878 in seinem Roman „Rulaman" auf der Schwäbischen Alb angesiedelt hatte." Die Sybillenhöhle ist schon 1531 von Schatzgräbern aufgesucht worden. Der Name dieser Höhle erinnert an die so genannte „Sibylla von der Teck", die einst darin gewohnt haben soll.

Bayern

Bärenhöhle bei Neukirchen-Lockenricht (Kreis Amberg-Sulzbach) nahe Sulzbach-Rosenberg in der Oberpfalz: Die Bärenhöhle bei Lockenricht wurde bereits 1967 in einer Publikation des Nürnberger Gymnasialprofessors und Höhlenforschers Fritz Huber (1903–1984) als Höhlenlöwen-Fundort erwähnt. Er hatte diesen Hinweis von dem Nürnberger Kartographen und Höhlenforscher Richard Spöcker (1897–1975) erhalten. Im Oktober 1976 entdeckte man im linken hinteren Teil der Bärenhöhle eine Fortsetzung. Dort gab es einen engen, mit nassem Lehm gefüllten Anstieg und einen engen Durchschlupf, dem unmittelbar eine fossilführende Schicht folgte. Neben Zähnen und Extremitätenknochen vom Höhlenbär konnte auch ein Kieferfragment vom Höhlenlöwen geborgen werden.

Breitenfurter Höhle in Breitenfurt (Kreis Eichstätt) in Oberbayern: Die Breitenfurter Höhle (auch Pulverhöhle oder Gampelberghöhle genannt) wurde 1911 entdeckt, als der Breitenfurter Hauptschullehrer Wohlmuth auf dem Höhlenvorplatz eine kleine Terrasse mit Vorgärtchen anlegte. Der Baumeister und Heimatforscher Carl Gumpert (1878–1955) aus Ansbach führte 1949/1950 Grabungen durch. 1982 folgten Nachuntersuchungen durch das Bayerische Landesamt für Denkmalpflege. Zum Fundgut aus der Breitenfurter Höhle gehören mehr als 10.000 Tierknochen, Steinwerkzeuge und Keramikreste aus unterschiedlichen Zeiten. Die Tierreste stammen vom Mammut, Rentier, Fellnashorn, Steinbock, Höhlenbär, der Höhlenhyäne und vom Höhlenlöwen. Im Geozentrum Nordbayern, Fachgruppe PaläoUmwelt, Erlangen (ehemals: Institut für Paläontologie), werden ein Zahn, ein rechtes Schienbeinfragment, ein Handwurzelknochen und zwei Fußwurzelknochen vom Höhlenlöwen aufbewahrt.

Breitenwinner Höhle bei Velburg (Kreis Neumarkt) in der Oberpfalz: Über einen Besuch von 25 Bürgern aus Amberg mit Leitern, Schnüren zur Wegmarkierung, Laternen, Feuerzeug, Pickel, Brot und Wein in der Breitenwinner Höhle anno 1535 hat der Rentmeister Berthold Puchner aus Amberg einen Bericht verfasst. Eine „Innere Abbildung der Berghöhle bey Bredenwinde in der oberen Pfalz" war 1786 in der Publikation „Churpfalzisches Intelligenzblatt" zu sehen. Nach dem Zweiten Weltkrieg geriet die Höhle fast in Vergessenheit, weil sie inmitten des Truppenübungsplatzes Hohenfels lag und nicht mehr zugänglich war. 1926 wurde die Breitenwinner Höhle von dem Münchner Paläontologen Max Schlosser (1854–1933) als Fundort von Resten mehrerer Höhlenlöwen erwähnt.

Buchberghöhle bei Münster (Kreis Straubing-Bogen) nördlich von Straubing in Niederbayern: Die damals bereits zum größten Teil zerstörte Höhle am Buchberg bei Münster wurde 1920 durch den Münchner Prähistoriker Ferdinand Birkner (1868–1944) untersucht. In dieser Höhle hatten sich Neandertaler aufgehalten. Die Buchberghöhle wurde 1926 von Max Schlosser als Höhlenlöwen-Fundort erwähnt.

Fuchsenloch bei Siegmannsbrunn (Kreis Bayreuth) unweit von Pottenstein in Oberfranken: In der etwa 7,40 Meter langen, rund sieben Meter breiten und bis zu 2,70 Meter hohen Höhle Fuchsenloch führte 1938 der erwähnte Heimatforscher Karl Gumpert Grabungen durch. 1949 folgten Nachgrabungen des Nürnberger Uhrmachermeisters, Feinmechanikers und Heimatforschers Georg Brunner (1887–1959). Die Fauna aus dem Fuchsenloch wurde 1955 durch den Erlanger Paläontologen Florian Heller (1905–1978) publiziert. Außer Siedlungsresten aus der Steinzeit, Eisenzeit und dem Mittelalter hat man auch Fossilien vom Höhlenlöwen geborgen: ein Eckzahnfragment, einen Eckzahn, ein Kieferfragment, einen Schädelrest und einen fragmentarischen Oberarmknochen.

Geisloch bei Oberfellendorf im Markt Wiesenttal-Muggendorf (Kreis Forchheim) in Oberfranken: Aus dem Geisloch holten Alchimisten ab 1630 gelben Höhlenlehm und Tropfsteine, um daraus – wie sie vergeblich hofften – Gold oder Salpeter zur Schießpulverherstellung zu gewinnen. Im Geisloch wurde das rechte Unterkieferfragment eines Höhlenlöwen gefunden.

Gentner-Höhle von Weidelwang bei Pegnitz (Kreis Bayreuth) in Oberfranken: Bei Felssprengungen im Zuge eines Straßenbaus wurde 1932 eine kleine Höhle freigelegt, in der Höhenbärenknochen sowie Schädel- und Skelettreste eines Höhlenlöwen zum Vorschein kamen: ein fast vollständiger Schädel mit zwei zahnlosen Unterkieferästen, einige Extremitätenknochen, Wirbel und Fußknochen, die alle von einem einzigen Höhlenlöwen stammen. Dieser Fund wird im Geozentrum Nordbayern, Fachgruppe PaläoUmwelt, in Erlangen aufbewahrt. Die Gentnerhöhle ist nach dem damaligen Bürgermeister von Pegnitz, Hans Gentner (1877–1953), benannt.

Goldberg bei Nördlingen (Kreis Donau-Ries): Bei Ausgrabungen des Landesamtes für Denkmalpflege auf dem Goldberg kam 1927 in einer Hohlraumfüllung der linke Unterkiefer eines Höhlenlöwen mit vollständiger Bezahnung zum Vorschein.

Große Ofnet bei Nördlingen-Holheim (Kreis Donau-Ries) in Schwaben: Die Große Ofnethöhle wurde 1912 von den Paläontologen Robert Rudolf Schmidt (1862–1950) und Ernst Koken (1860–1912) als Höhlenlöwen-Fundort erwähnt.

Großes Hasenloch im Oberen Püttlachtal bei Pottenstein (Kreis Bayreuth) in Oberfranken: In der Höhle Großes Hasenloch in der Fränkischen Schweiz fanden 1876 erste und 1937 letzte wissenschaftliche Grabungen statt. Das Große Hasenloch diente Jägern in der Altsteinzeit als Aufenthaltsort. Knochenfunde aus der Höhle belegen, dass in dieser Gegend Mammute, Rentiere, Steinböcke, Höhlenbären, Fellnashörner und Höhlenlöwen lebten.

Großes Schulerloch (Kreis Kelheim) in Niederbayern: In der Höhle Großes Schulerloch bei Kelheim hat in den Jahren 1914 und 1915 der Münchner Prähistoriker Ferdinand Birkner gegraben. Zum Fundgut aus dieser Höhle gehören Werkzeuge von Neandertalern und Reste vom Höhlenlöwen. Die Originale werden in der Bayerischen Staatssammlung für Paläontologie und Geologie in München aufbewahrt.

Höhle am Gerlesberg bei Donauwörth (Kreis Donau-Ries) in Schwaben: Der Erlanger Paläontologe Florian Heller erwähnte 1975 in einer Publikation die Höhle am Gerlesberg bei Donauwörth als bisher unveröffentlichten Höhlenlöwen-Fundort.

Höhle in der Waldabteilung Hochgereut bei Kelheim (Kreis Kelheim): Der Münchner Paläontologe Max Schlosser erwähnte 1926 die Höhle in der Waldabteilung Hochgereut bei Kelheim

als Fundort eines Kieferfragments von einem kleinen Höhlenlöwen.

Hohler Fels bei Happurg (Kreis Nürnberger Land) in Mittelfranken: Bei der Höhle Hohler Fels handelt es sich um eine
Karsthöhle in etwa 530 Meter Höhe unterhalb des Gipfels des
617 Meter hohen Berges Houbirg. Die etwa 16 Meter lange
Höhle steht wegen ihrer Funde aus der Steinzeit und Urnen-
felderzeit in der Bayerischen Denkmalliste. Bereits 1913 wurde diese Höhle von dem Nürnberger Amateur-Archäologen
Konrad Hörmann (1859–1933) als Höhlenlöwen-Fundort erwähnt.

Kemnathenhöhle bei Kemathen (Kreis Eichstätt) im Altmühltal
in Oberbayern: In der Kemathenhöhle wurde der Eckzahn eines Höhlenlöwen gefunden. Nach Ansicht von Adolf Wagner
handelt es sich vermutlich um dem Zahn einer Höhlenlöwin.

Kirchenweghöhle oder Krämershöhle bei Oberfellendorf (Kreis
Forchheim) in Oberfranken: Der Erlanger Paläontologe Florian Heller erwähnte 1975 in einer Publikation zwei Unterkiefer
von Höhlenlöwen aus der Kirchenweghöhle oder Krämershöhle
bei Oberfellendorf. Diese Funde sollen im Heimatmuseum von
Ebermannstadt aufbewahrt gewesen sein.

Langental im Markt Wiesenttal (Kreis Forchheim) in Oberfranken: Das Kalktufflager im Langental bei Streitberg wurde bereits 1893 von Fridolin Sandberger (1826–1898) in einer Publikation als Höhlenlöwen-Fundort erwähnt. Der Markt Wiesental besteht aus Muggendorf und Streitberg.

Moggaster Höhle in Ebermannstadt (Kreis Forchheim) in Oberfranken: Die erste Beschreibung der Moggaster Höhle erfolgte
vermutlich 1774 durch den evangelischen Pfarrer Johann Friedrich Esper (1732–1781) aus Uttenreuth bei Erlangen in seinem

Werk „Ausführliche Nachrichten von neuentdeckten Zoolithen unbekannter vierfüssiger Thiere, und denen sie enthaltenen, so wie verschiedenen anderen, denkwürdigen Grüften der Obergebürgischen Lande des Marggrafenthums Bayreuth". Da er nicht von Erstentdeckung schrieb, dürfte die Höhle schon vorher bekannt gewesen sein. In der Moggaster Höhle sind neben Fossilien von Höhlenbären und Hirschen auch Reste von Höhlenlöwen gefunden worden. Der Erlanger Paläontololologe Florian Heller (1905–1978) erwähnte 1975 folgende Funde, deren Verbleib derzeit nicht bekannt ist: ein Unterkiefer, ein Schulterblatt, eine Elle, zwei Speichen, zwei Beckenfragmente, ein Oberschenkelknochen, fünf Mittelhandknochen, zwei Mittelfußknochen, zwei Fußwurzelknochen, sieben Fingerknochen, ein erster Halswirbel, 16 Wirbel und einige Handwurzelknochen. Adolf Wagner publizierte 1980 einen weiteren Unterkieferfund, dessen Aufbewahrungsort unbekannt ist. Ein fragmentarisch erhaltener Schädel, ein Unterkiefer, ein Kieferbruchstück, drei Vorbackenzähne, zwei Eckzähne, drei Wirbel, ein Oberarmknochen, ein Schienbein, ein Fußwurzelknochen, zwei Mittelhandknochen und sechs Fingerknochen werden in der Universität Erlangen aufbewahrt oder befinden sich in Privatbesitz. Alain Argant, Jacqueline Argant, Marcel Jeannet (Frankreich) und Margarita Erbajeva (Russland) erwähnten die Moggaster Höhle 2007 als Fundort des Mosbacher Löwen.

Höhle im Steinbruch Lobsing bei Neustadt/Donau (Kreis Kelheim) in Niederbayern: Der Erlanger Paläontologe Florian Heller erwähnte 1960 in einer Publikation den Eckzahn eines Höhlenlöwen aus der Höhle im Steinbruch Lobsing bei Neustadt/Donau.

Petershöhle bei Velden im Viehtriftberg (Kreis Nürnberger Land): Die Petershöhle bei Velden wurde nach ihrem Entdecker, dem damals in Nürnberg lebenden Chemiker und Ingenieur Kuno Peters, benannt. Dieser hatte bei Streifzügen mit seinem

Vater, der wiederholt Urlaub in Velden machte, 1907 den Eingang zur Höhle entdeckt. Er informierte die Naturhistorische Gesellschaft zu Nürnberg davon. Von 1914 bis 1918 untersuchte der Nürnberger Amateur-Archäologe Konrad Hörmann (1859–1933) die Höhle. In der Petershöhle bei Velden wurden 21 Reste von Höhlenlöwen gefunden. Darunter sind ein vollständig erhaltener Unterkiefer, ein Unterkiefer mit abgebrochenen Zähnen, eine Oberkieferhälfte, ein Halswirbel, drei Lendenwirbel, ein zerbrochener fragmentarischer Oberarmknochen, ein Sprungbein, drei Mittelhandknochen, fünf Mittelfußknochen, zwei Fersenbeine und zwei Fingerknochen. Die Höhlenlöwen-Fossilien aus der Petershöhle werden in der Sammlung der Naturhistorischen Gesellschaft Nürnberg aufbewahrt. In der Petershöhle bei Velden ist auch der Leopard nachgewiesen.

Räuberhöhle am Schelmengraben bei Waltenhofen unweit von Sinzing (Kreis Kelheim) in Niederbayern: Die Räuberhöhle oder Waltenhofer Höhle befindet sich an der Südseite der Bahnlinie Regensburg–Nürnberg. Sie wurde schon 1872 in einer Publikation des Paläontologen und Geologen Karl Alfred von Zittel (1839–1904) als Höhlenlöwen-Fundort erwähnt.

St. Wolfgangshöhle bei Velburg (Kreis Neumarkt) in der Oberpfalz: Ein Zehenglied von einem Höhlenlöwen aus der St. Wolfgangshöhle bei Velburg wurde schon 1899 von dem Münchner Paläontologen Max Schlosser in einer Publikation erwähnt.

Siegsdorf (Kreis Traunstein) im Chiemgau in Oberbayern: Diese Fundstelle wurde im Sommer 1975 von den Schülern Bernard Bredow und Robert Omelanowski entdeckt. Sie stießen im tonigen Untergrund eines Bachbettes im Gerhartsreiter Graben auf Mammutknochen und bargen nach mehrwöchiger Ausgrabung etwa die Hälfte eines Mammutskelettes. Bei Grabungen unter einem hohen Steilhang ab 1985 kam die fehlende Hälfte des

Mammuts zum Vorschein. 1986 gelang der Fund eines Höhlenlöwen-Skeletts mit einer Kopfrumpflänge von etwa 2,10 Metern und einer Schulterhöhe von etwa 1,20 Metern. Dieser Fund
stellt im Naturkunde- und Mammut-Museum Siegsdorf zusammen mit dem Mammut eine der Attraktionen dar. Die Datierung dieses Höhlenlöwen-Skeletts mit der Radiocarbon-Methode ergab ein Alter von etwa 47.000 Jahren. Der Höhlenlöwe
von Siegsdorf wurde bald nach seinem Tod in Ablagerungen
einer ehemaligen Tränke eingebettet und somit unter Luftab-
schluss vor Zerstörung bewahrt. Zur Tierwelt von Siegsdorf
gehörten auch Wolf, Fellnashorn, Riesenhirsch, Bison und –
worauf Koprolithen und viele Bissspuren auf Mammutknochen
hindeuten – die Höhlenhyäne.

Sophienhöhle bzw. Klausteinhöhlen-Komplex im Ailsbachtal
bei der Gemeinde Ahorntal (Kreis Bayreuth) nahe Burg Rabenstein unweit von Waischenfeld in der Fränkischen Schweiz:
Das Ailsbachtal hat die größte Höhlendichte in der Fränkischen
Schweiz. In diesem Tal liegt auch die Sophienhöhle, die zusammen mit dem Ahornloch, der Klausteinhöhle und der
Höschhöhle ein zusammenhängendes Höhlensystem bildet, das
man Klausteinhöhlen-Komplex nennt. Schon seit langer Zeit
ist das Eingangsportal des Höhlen-Komplexes, das Ahornloch,
bekannt. Sein Name erinnert an das adlige Geschlecht derer
von und zu Ahorn, die als erste bekannte Herrscher des Ahorn-
tals gelten und über dem Ahornloch in der Burg Klaustein lebten. Der Name Klausteinhöhle beruht auf der darüberliegenden
Klausteinkapelle. Dort stand einst auch eine Burg, die aber
abgerissen wurde. Ahornloch und Klausteinhöhle waren jahr-
tausendelang zugänglich, bis ihre niedrigen Verbindungsgänge
durch Ablagerungen und Frostabbrüche vollständig aufgefüllt
und deswegen dahinterliegende Höhlenbereiche vergessen wurden. 1788 entdeckte man bei Grabungen im hinteren Teil des
Ahornlochs die Klausteinhöhle wieder. Im Februar 1833 stieß
der Kunstgärtner Michael Koch, der im Auftrag von Reichsrat

Franz Erwein Graf von Schönborn-Wiesentheid, Erweiterungen in dessen Höhle durchführte, auf die Sophienhöhle. Der Graf besuchte am 21. Juni 1833 mit seinem ältesten Sohn Erwin und dessen Frau Sophie (geborene Gräfin zu Eltz) die Höhle und benannte sie nach seiner Schwiegertochter. Im August 1837 entdeckte der Müller Christoph Hösch von der nahen Neumühle eine weitere Höhle, die seinen Namen erhielt. Bei Grabungen in der Sophienhöhle in den Jahren 1905 und 1906 kamen Reste von Höhlenbären, Höhlenhyänen und Höhlenlöwen zum Vorschein. Knochengeräte sowie wohlerhaltene Schädel vom Höhlenbären und Höhlenlöwen sollen auch in der Höschhöhle gefunden worden sein.

Steinberg-Höhlenruine oberhalb des Weilers Hunas bei Hartmannshof (Kreis Nürnberger Land) in Mittelfranken: Die Höhlenruine am Osthang des Steinberges von Hunas wurde im Mai 1956 von dem Erlanger Paläontologen Florian Heller entdeckt. Dabei handelt es sich um eine verschüttete und vergessene Höhle, die erst wieder zum Vorschein kam, als ihre lockere Verfüllung durch einen Steinbruchbetrieb angeschnitten wurde. Heller begann noch im Herbst 1956 umfangreiche Ausgrabungen, die er erst im Sommer 1964 ab-schloss. 1983 folgten Grabungen mit neuen verbesserten Methoden. Seit 2006 leitet die Paläontologin Brigitte Hilpert aus Erlangen die Grabungen. Die bisherigen Untersuchungen zeigen, dass die Verfüllung aus einer rund zwölf Meter mächtigen Schichtenfolge besteht, die von einem Sinterboden unterlagert wird. Möglicherweise gehört die Schichtenfolge in das frühe Würm. Zu den aus der Höhle von Hunas nachgewiesenen mehr als 140 Tierarten gehören auch Höhlenbär, Höhlenhyäne und Höhlenlöwe. Besonders wertvoll sind Zähne und Skelettreste von mehreren Affen und der Weisheitszahn eines Neandertalers. Alain Argant, Jacqueline Argant, Marcel Jeannet (Frankreich) und Margarita Erbajeva (Russland) erwähnten Hunas 2007 als Fundort des Mosbacher Löwen, was von manchen Paläontologen bezweifelt wird.

Weinberghöhlen im Wellheimer Tal (Urdonautal) bei Mauern (Kreis Neuburg-Schrobenhausen) in Oberbayern: 1935 erkannte der Lehrer und Kreisheimatpfleger Michael Eckstein (1903–1987) die Bedeutung der Weinberghöhlen bei Mauern als Fundplatz aus der Altsteinzeit. In der Folgezeit fanden mehrere Ausgrabungen statt. In den „Mauerner Höhlen" fand man Reste vom Mammut, Fellnashorn, Rentier, Riesenhirsch, Wildpferd, Steinbock, Höhlenbär, Höhlenlöwen (Unterkieferast), der Höhlenhyäne, Werkzeuge von Neandertalern sowie Steinklingen, Schmuckstücke und eine umstrittene rot eingefärbte „Venusfigur" („Rote von Mauern") von Jetztmenschen aus der Kulturstufe des Gravettien (etwa 28.000 bis 21.000 Jahre).

Zoolithen-Höhle oder Gaillenreuther Höhle im Wiesenttal von Burggaillenreuth bei Muggendorf (Kreis Forchheim) in der Fränkischen Schweiz (Oberfranken): Nach einem Schädelfund aus der Zoolithenhöhle hat 1810 der Arzt und Paläontologe Georg August Goldfuß (1782–1848) den Höhlenlöwen (Panthera leo spelaea) beschrieben. Als Zoolithen (griechisch: zoon = Tier, lithos = Stein) wurden früher Fossilfunde bezeichnet. Nirgendwo sind mehr Höhlenlöwen entdeckt worden als in der Zoolithenhöhle. Insgesamt kamen dort Fossilien von mehr als 25 Höhlenlöwen zum Vorschein. Höhlenlöwen-Reste aus der Zoolithenhöhle befinden sich im Museum für Naturkunde Berlin der Humboldt-Universität (Typusexemplar), in der Universität Erlangen-Nürnberg, im Oberfränkischen Erdgeschichtlichen Museum in Bayreuth und in Privatsammlungen. Zum Fundgut aus der Zoolithenhöhle gehören auch Fossilien vom Höhlenbär, der Höhlenhyäne, vom Leopard (zwei linke Unterkiefer und einige Skelettreste), Luchs, der Wildkatze und vielen anderen eiszeitliche Tieren.

Eingang zur Zoolithen-Höhle oder Gaillenreuther Höhle
im Wiesenttal von Burggaillenreuth
bei Muggendorf (Kreis Forchheim)
in der Fränkischen Schweiz (Oberfranken)

Stark verdrückter Schädel eines Höhlenlöwen aus Wallertheim (Kreis Alzey-Worms) in Rheinhessen. Original im Naturhistorischen Museum Mainz / Landessammlung für Naturkunde Rheinland-Pfalz

Rheinland-Pfalz

Roxheim nördlich Frankenthal (Rhein-Pfalz-Kreis): In oberpleistozänen Rheinkiesen der Kieswerke Gebr. Willersinn in Roxheim nördlich von Frankenthal wurden ein kompletter Oberschädel und ein isolierter Backenzahn vom Höhlenlöwen geborgen. Der Oberschädel befindet sich in der Sammlung von Klaus Reis in Deidesheim, der Zahn in der Sammlung von Ulrich H. J. Heidtke in Niederkirchen (Pfalz).

Schweinskopf-Karmelenberg im Brohltal (Kreis Ahrweiler) nördlich des Laacher Sees in der Osteifel: Vom Vulkan Schweinskopf stammen einige Reste vom Höhlenlöwen (Zahnfragmente und einige Knochen des postcranialen Skelettes). Das Alter dieser Funde liegt bei etwa 180.000 bis 125.000 Jahren, was der vorletzten Kaltzeit (Saale-Eiszeit bzw. Riss-Eiszeit) entspricht.

Wallertheim (Kreis Alzey-Worms) in Rheinhessen: Die Fundstelle Wallertheim in der Ziegelei Schick wurde in den 1920-er Jahren durch den Zoologen und Direktor des Naturhistorischen Museums Mainz, Otto Schmittgen (1870–1938), ausgegraben. Im ehemaligen Sumpfgebiet von Wallertheim hat man die meisten Jagdbeutereste von Wisenten in Deutschland zur Zeit der späten Neandertaler vor etwa 70.000 Jahren entdeckt. Zum Fundgut gehören etwa 20 Höhlenlöwen-Reste (darunter ein stark verdrückter, etwa 36 Zentimeter langer Schädel, einige Unterkieferreste, Knochen des Hand- und Fußskelettes). Die Funde aus Wallertheim werden im Naturhistorischen Museum Mainz aufbewahrt.

Hessen

Breitscheid-Erdbach (Lahn-Dill-Kreis) im Westerwald: Bei Breitscheid wurde 1993 das riesige Herbstlabyrinth-Advent-höhlen-System entdeckt. Dieses erstreckt sich über vier Etagen mit Tiefen zwischen etwa 350 und 420 Metern sowie über eine Länge von etwa 6000 Metern. Zwischen 1998 und 2000 wollten Höhlenforscher herausfinden, wo der über diesem Höhlensystem befindliche Erdbach entwässert und entdeckten dabei Hohlräume mit Fossilien. Fachlich betreut wurden diese Untersuchungen von Thomas Kaiser (damals in Greifswald, heute Hamburg) und Walter Tanke vom Museum für Naturkunde Dortmund. Die Fossilien von Breitscheid-Erdbach stammen von Fischen, Fledermäusen, Hasenartigen, Nagetieren, Marderartigen, Wildpferden, einem Nashorn, Höhlenbären und von einem Höhlenlöwen. Die Raubkatze ist durch das Ellenfragment eines ausgewachsenen Tieres belegt, das mindestens vier Jahre alt gewesen ist.

Hessenaue (Kreis Groß-Gerau) bei Darmstadt: In jungpleistozänen Ablagerungen des Rheins glückte der Fund eines Schienbeins von einem Höhlenlöwen mit einer schweren Entzündung des Knochenmarks. Diese Raubkatze war jagdunfähig, bis das Schienbein verheilte. Der Originalfund wird im Hessischen Landesmuseum Darmstadt aufbewahrt.

Rheinschotter in Hessen: Im Hessischen Landesmuseum Darmstadt werden ein Schädelfragment, ein Schulterblattfragment, ein Unterkieferfragment mit einem Zahn (Prämolar) und ein Oberarmknochenfragment) von Höhlenlöwen aus Rheinschottern in Hessen aufbewahrt.

Riedstadt-Erfelden (Kreis Groß-Gerau): Ein Höhlenlöwen-Fund aus glazialen Ablagerungen des Altrheins bei Riedstadt-Erfelden wird bereits in alter Fachliteratur erwähnt.

Villmar (Kreis Limburg-Weilburg): Aus einer Karstschlotte bei Villmar – im Bereich „Überlahn" vor dem Unica-Bruch – wurde 1911 der Unterkiefer eines Höhlenlöwen geborgen. Diesen Fund hat man zunächst im Geologischen Institut der Universität Marburg ausgestellt und nach dessen Schließung dem Lahn-Marmor-Museum in Villmar als Dauerleihgabe übergeben.

Wiesbaden: Im Gebiet von Wiesbaden wurden nicht nur Reste von Mosbacher Löwen, sondern auch von Höhlenlöwen gefunden. Die Inventarliste des Museums Wiesbaden erwähnt einen Oberkiefer und einen Eckzahn vom Höhlenlöwen aus dem Löss von Wiesbaden-Schierstein, einen Halswirbelfund von 1873 aus einer Sandgrube von Wiesbaden (Biebricher Allee) und einen Beckenknochen aus den Mosbach-Sanden.

Wildscheuerhöhle bei Runkel-Steeden (Kreis Limburg-Weilburg): Die letzte Grabung in der Wildscheuerhöhle, die einst in einer zum Lahntal führenden Schlucht lag, erfolgte 1953. Anschließend wurde die Höhle durch einen Steinbruchbetrieb abgebaut und zerstört. Auf der Inventarliste des Museums Wiesbaden sind drei Unterkieferreste und ein Eckzahn mit der Fundortangabe „Steeden Knochenhöhle" erwähnt.

Wildscheuerhöhle bei Runkel-Steeden (Kreis Limburg-Weilburg). Die Höhle wurde durch einen Steinbruchbetrieb zerstört.

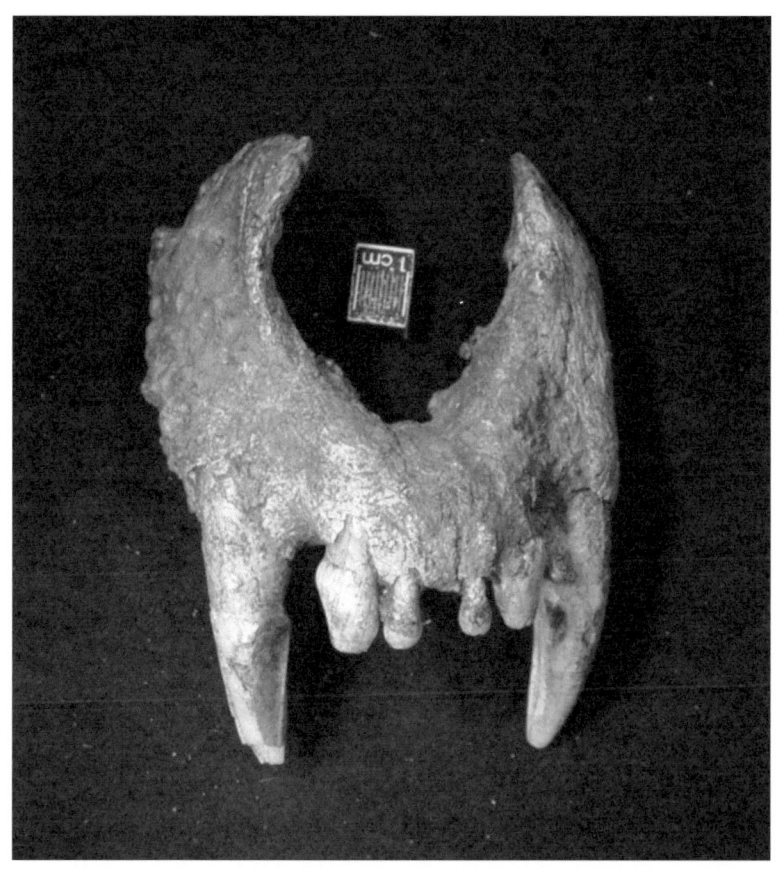

Oberkiefer eines Höhlenlöwen aus dem Löss von Wiesbaden-Schierstein. Original im Museum Wiesbaden.

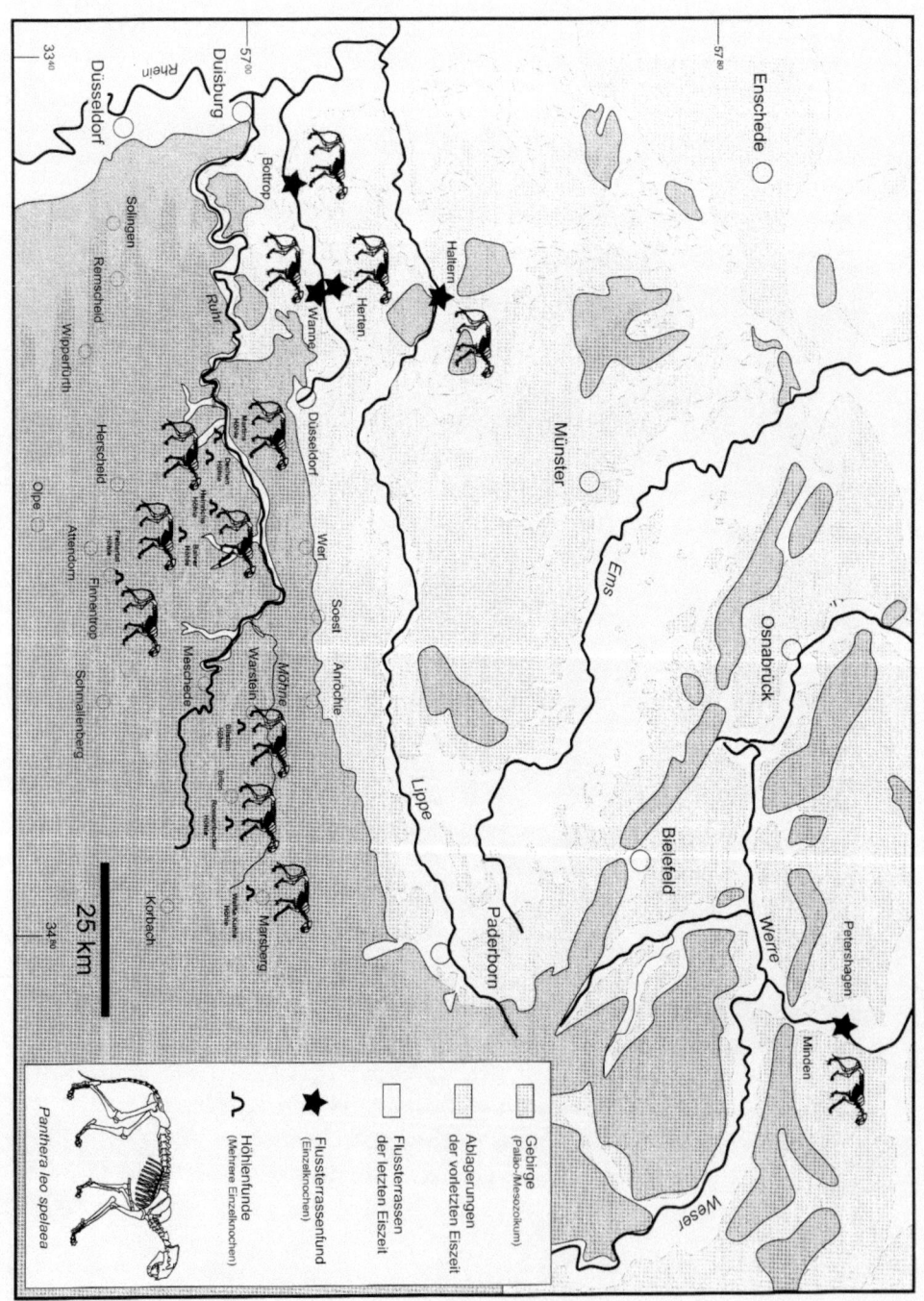

Enschede

57 80

Rhein
Duisburg
57 60
Düsseldorf
33 40

Bottrop
Wanne
Herten
Haltern

Münster

Ems

Osnabrück

Solingen
Remscheid
Wipperfürth
Ruhr

Herscheid
Attendorn
Finnentrop
Schmallenberg
Ope

Meschede
Warstein
Möhne
Soest
Anröchte
Werl
Düsseldorf

Lippe

Bielefeld

Paderborn

Werre

Petershagen

Minden

Korbach
Marsberg

25 km

34 60

Weser

Gebirge
(Paläo-Mesozoikum)

Ablagerungen
der vorletzten Eiszeit

Flussterrassen
der letzten Eiszeit

Flussterrassenfund
(Einzelknochen)

Höhlenfunde
(Mehrere Einzelknochen)

Panthera leo spelaea

172

Nordrhein-Westfalen

Balver Höhle im Hönnetal bei Balve (Märkischer Kreis): Aus dem Hönnetal sind zahlreiche Höhlen bekannt: Außer der Balver Höhle auch die Frühlinghauser Höhle, Kepplerhöhle, Preuß-Höhle, Dahlmannshöhle, Volkringhauser Höhle, Karhofhöhle, Burschenhöhle, Reckenhöhle, Leichenhöhle, Honerthöhle, Feldhofhöhle, Friedrichshöhle und Burghöhle. Die Balver Höhle wird seit 1843 erforscht. Ein Höhlenlöwen-Knochen von dort liegt im Magazin des Museum für Ur- und Ortsgeschichte (Quadrat Bottrop). Zum Fundgut einer Grabung von 1939 gehören drei Schädel von Höhlenlöwen mit jeweils fehlendem Frontale (Schädelknochen an der Vorderseite des Schädels) und Maxillare (Oberkieferknochen). Zwei der Schädel werden im LWL-Museum für Archäologie in Herne und einer im Museum in Arnsberg aufbewahrt. 1939 wurden in der Balver Höhle auch Mittelhandknochen und Fingerknochen von Höhlenlöwen entdeckt. Die Balver Höhle ist eine der bedeutendsten Fundstellen mit Hinterlassenschaften von Neandertalern in Deutschland.

Bilsteinhöhle bei Warstein (Kreis Soest) im Sauerland: Die Tierknochen aus dieser Höhle im Bilsteinfelsen stammen überwiegend aus der Weichsel-Eiszeit (etwa 115.000 bis 11.700 Jahre) und vor allem von Höhlenbär, Höhlenlöwe, Höhlenhyäne und Rentier. Die im September 1887 von dem Waldarbeiter Franz Kersting bei Wegebauarbeiten entdeckte Höhle dient seit 1888 als Schauhöhle.

Bocholter Aa, Nebenfluss der Oude IJsseel: Am Fundort Bocholter Aa wurde um 1985 der fast unbeschädigte Unterkiefer eines Höhlenlöwen entdeckt. Der Originalfund wird im Heimatmuseum Borken aufbewahrt, eine Kopie befindet sich im Museum für Ur- und Ortsgeschichte (Quadrat Bottrop).

Seite 172: Fundorte von Höhlenlöwen in Nordrhein-Westfalen

173

Bottrop: Bei Baggerarbeiten am Rhein-Herne-Kanal in den Jahren zwischen 1958 und 1976 sammelte der Paläontologe Arno Heinrich aus Bottrop zahlreiche Knochenfunde von Höhlenlöwen. Diese Funde werden im Museum für Ur- und Ortsgeschichte (Quadrat Bottrop) aufbewahrt.

Bottrop-Welheim: 1992 wurde auf der Baustelle für ein Nachklärbecken der Emscher-Kläranlage Bottrop-Welheim von Martin Walders die rund zehn Meter lange Fährte eines Höhlenlöwen aus der Weichsel-Eiszeit entdeckt und ausgegraben. Diese Löwenspuren sind etwa 35.000 bis 42.000 Jahre alt und in der Eiszeithalle des Museums für Ur- und Ortsgeschichte (Quadrat Bottrop) ausgestellt.

Dorsten (Kreis Recklinghausen): Im Fluß Lippe in Dorsten wurde spätestens 1980 der rechte Beckenknochen eines Höhlenlöwen entdeckt. Der Knochen wird im Museum für Ur- und Ortsgeschichte (Quadrat Bottrop) aufbewahrt.

Essen-Vogelheim: 1926 wurden bei Ausschachtungsarbeiten für den Essener Stadthafen eine Feuersteinklinge („Vogelheimer Klinge") und der zweite Mittelfußknochen eines Höhlenlöwen aus der Saale-Eiszeit (etwa 330.000 bis 127.000 Jahre) entdeckt. In alter Literatur heißt es, der Mittelfußknochen des Essener Höhlenlöwen sei vom Feuer angekohlt gewesen, was heute stark bezweifelt wird. Schwarzfärbungen an den Knochen im Emschertal sind nicht ungewöhnlich.

Frettertalhöhle bei Finnentrop (Kreis Olpe) im Sauerland: Die Frettertalhöhle wird von dem Paläontologen Cajus G. Diedrich in einem Aufsatz der Zeitschrift „Philippia" (Abhandlungen und Berichte aus dem Naturkundemuseum im Ottoneum zu Kassel) von 2004 als Höhlenlöwen-Fundort erwähnt.

Haltern (Kreis Recklinghausen): Im Kies des Flusses Lippe bei

Haltern wurde das Hinterhaupt eines Höhlenlöwen geborgen. Dieses Fossil wurde 1983 irrtümlich einer Höhlenhyäne zugeschrieben, aber 2004 von Cajus G. Diedrich als Höhlenlöwe identifiziert. Er deutet eine kleine Knochenwucherung im Bereich des Scheitelkammes als teilverheilte Bissverletzung. Der seltene Fund wird im Geologisch-Paläontologischen Museum der Westfälischen Wilhelms-Universität Münster aufbewahrt.

Heinrichshöhle im Stadtteil Sundwig von Hemer (Märkischer Kreis) im Sauerland: Die Heinrichshöhle wurde 1812 offiziell von Heinrich von der Becke entdeckt, dem das Grundstück gehörte, auf dem diese Höhle lag. In Wirklichkeit war sie aber nach Angaben von Anwohnern schon lange vorher bekannt. Schon 1771 zeigte eine Karte den Eingang der Höhle, die von dem Paläontologen Cajus G. Diedrich in der Kasseler Publikation „Philippia" 2004 als Höhlenlöwen-Fundort erwähnt wird. 1804 entdeckten der Paläontologe Georg August Goldfuß (1782–1848) und der Geologe Johann Jacob Nöggerath (1788–1877) in der Heinrichshöhle 18 komplette Höhlenbären-Skelette, die vermutlich bei Überschwemmungen in die Höhle gespült wurden,

Herne-Wanne (zeitweilig ein Teil von Wanne-Eickel): Der in Herne-Wanne entdeckte rechte Oberkieferast eines Höhlenlöwen stammt von einem erwachsenen Tier. Der Fund wird im Geologisch-Paläontologischen Museum der Westfälischen Wilhelms-Universität Münster aufbewahrt.

Herten (Kreis Recklinghausen): In Herten kamen etliche Reste von Höhlenlöwen im Freiland zum Vorschein: ein Unterkiefer und ein Mittelfußknochen (Fund von 1936) aus Herten (Stuckenbusch) sowie der linke Oberkieferast eines alten Tieres aus Herten (mit unrichtiger Fundortangabe Bilstein-Höhle im Sauerland). Die dunkelbraune Knochenerhaltung des linken Oberkieferastes ist – laut Cajus G. Diedrich – mit Funden aus dem Emscherkiesen identisch und untypisch für Höhlenfunde. Diese Funde werden im Geologisch-Paläontologischen Museum der Westfälischen Wilhelms-Universität Münster aufbewahrt.

Kamp-Lintfort (Kreis Wesel): Auf der Schotterhalde des Kieswerkes Kölbl bei Kamp-Lintfort wurde 1979 ein fragmentarisch erhaltener linker Oberarmknochen eines Höhlenlöwen gefunden. Der Knochen stammt von einem erwachsenen und kräftigen Tier. Seine Maße übertrafen deutlich diejenigen eines heutigen Löwen aus der Sammlung des Essener Ruhrland-Museums. Dagegen stimmten die Maße gut mit fossilen Höhlenlöwen aus der Zoolithenhöhle von Burggaillenreuth in Bayern überein.

Kempen (Kreis Viersen): In der Kiesgrube Klöster östlich von Kempen entdeckte im Sommer 1978 ein Mitarbeiter ein Schädelfragment von einem Höhlenlöwen. Vom Schädel der Raubkatze blieb nur der Hirnschädel erhalten. Oberkiefer, Hinterhauptsknochen und Jochbögen waren abgebrochen. Es handelte es sich um den Rest eines kräftigen erwachsenen Tieres, das die Maße eines heutigen Löwen aus dem Essener Ruhrland-Museum bei weitem übertrifft.

Kepplerhöhle im Hönnetal bei Balve (Märkischer Kreis) im Sauerland: 1910 hat man beim Bau der Hönnetalbahn die Ostseite des Kepplerberges angeschnitten, wobei Höhlenverzweigungen ans Tageslicht kamen. 1919 wurde durch die Sprengung der Kalkwerke die eigentliche weitverzweigte Höhle erschlossen, die bald darauf (um 1920) für immer zerstört wurde. In der Kepplerhöhle kamen ein rechter Oberarmknochen, ein rechter Oberschenkelknochen und ein linker Schienbeinknochen vom Höhlenlöwen zum Vorschein. Diese Fossilien sowie zahlreiche Mittelfuß- und Zehenknochen befinden sich im Stadtmuseum in Menden.

Martinshöhle in Iserlohn-Oestrich (Märkischer Kreis): Die heute zerstörte Martinshöhle wird von dem Paläontologen Cajus G. Diedrich in der Publikation „Philippia" (Abhandlungen und Berichte aus dem Naturkundemuseum im Ottoneum zu Kassel) von 2004 als Höhlenlöwen-Fundort erwähnt.

Mönkes-Höhle bei Balve (Märkischer Kreis) in Nordrhein-Westfalen: In der Mönkes-Höhle bei Balve hat man 1955 und 1959 je einen Finger- bzw. Zehenknochen vom Höhlenlöwen geborgen. Diese Knochen werden im Museum für Ur- und Ortsgeschichte (Quadrat Bottrop) aufbewahrt.

Petershagen (Kreis Minden-Lübbecke) bei Minden: In der Kiesgrube Brunkhorst bei Petershagen wurde die fast vollständige rechte Elle einer ausgewachsenen Höhlenlöwin entdeckt. Sie stammt aus der ehemaligen Sammlung von Friedrich Brinkmann (1929–1993) und wird im Naturkundemuseum Bielefeld aufbewahrt. Werner Brinkmann, der Bruder von Friedrich Brinkmann, besuchte jedes Wochenende Kiesgruben und sammelte dort Reste eiszeitlicher Tiere.

Roesenbecker Höhle bei Brilon (Hochsauerlandkreis) in: Die Roesenbecker Höhle östlich von Brilon wird von dem Paläontologen Cajus G. Diedrich in der Kasseler Zeitschrift „Philippia" 2004 als Höhlenlöwen-Fundort erwähnt.

Warstein (Kreis Soest): Im Steinbruch Risse bei Warstein wurden folgende Höhlenlöwenreste aus dem Mittelpleistozän gefunden: ein rechter Oberkieferast mit einem Vorbackenzahn, ein erster Backenzahn des rechten Unterkiefers und ein dritter linker Mittelfußknochen. Im Steinbruch Hillenberg bei Warstein kam 1999 ein rechter Unterkieferast mit dem letzten Vorbackenzahn und dem ersten Backenzahn von einem Höhlenlöwen aus dem Oberpleistozän zum Vorschein. Diese Fossilien werden im LWL-Museum für Naturkunde in Münster aufbewahrt.

Weiße Kuhle bei Marsberg (Hochsauerlandkreis): Die Höhle „Weiße Kuhle" bei Marsberg wird von dem Paläontologen Cajus G. Diedrich in der Publikation „Philippia" von 2004 als Höhlenlöwen-Fundort erwähnt. Der Name dieser Höhle stammt von einem Steinbruch, der in alten Urkunden von 1335 als „Alba spelunca" („weiße Höhle") und von 1361 als „witte Kule" bezeichnet wird. Die Funde von dort werden im Heimatmusem von Marsberg aufbewahrt.

Wilhelmshöhle im Biggetal in Heggen, Gemeinde Finnentrop (Kreis Olpe), im Sauerland: Die im Felsmassiv „Am Hörsten" liegende Höhle wurde am 26. Februar 1874 nach einer Sprengung entdeckt. Durch einen „starken Bohrschuss von etwa acht bis zehn Pfund Sprengpulver" war ein gewaltiger Kalksteinblock losgelöst worden, der zuvor eine imposante Höhle verschlossen hatte. Aus der Wilhelmshöhle – auch Höhle am Hörsten genannt – sind Funde von der Höhlenhyäne und vom Höhlenlöwen bekannt.

Niedersachsen

Einhornhöhle bei Herzberg-Scharzfeld (Kreis Osterode) im Harz: Zu den rund 70 aus der Einhornhöhle bekannten Tierarten gehören etwa 60 Säugetierarten wie Höhlenbär, Höhlenlöwe und Wolf. Die Höhlenlöwenreste stammen aus der Eem-Warmzeit (etwa 127.000 bis 115.000 Jahre) und aus der Weichsel-Eiszeit (etwa 115.000 bis 11.700 Jahre). Im Magazin des Niedersächsischen Landesmuseums Hannover werden 15 Knochenreste vom Höhlenlöwen aus der Einhornhöhle aufbewahrt: ein Unterkiefer, drei Mittelhandknochen, zwei Oberschenkelknochen, ein Schienbeinknochen, zwei Sprungbeinknochen, ein Fersenbeinknochen und fünf Mittelfußknochen. Nach einer alten Sage hängt die Entdeckung der Einhornhöhle mit der nahegelegenen Klufthöhle Steinkirche zusammen. In dem von Menschenhand erweiterten hallenartigen Innenraum der Klufthöhle befinden sich eine aus dem Fels gehauene Kanzel und eine Nische für einen Weihwasserbehälter. In der Steinkirche soll in heidnischer Zeit eine alte und weise Frau gelebt und Ratsuchenden geholfen haben. Als sie eines Tages von einem Mönch in schwarzer Kutte in Begleitung von fränkischen Kriegern vertrieben worden sei, habe sie ein Einhorn vor ihren Verfolgern geschützt. Die Frau soll sich der Hexengemeinde auf dem Hexentanzplatz des Brocken angeschlossen haben. Danach sei der schwarze Mönch in einem Erdloch verschwunden, was zur Entdeckung der Einhornhöhle geführt habe. Die 1541 erstmals urkundlich erwähnte Einhornhöhle wurde 1686 von Gottfried Wilhelm Leibniz (1646–1716) besucht. Otto von Guericke (1602–1686), der Bürgermeister von Magdeburg und Erfinder der Luftpumpe, rekonstruierte im 17. Jahrhundert aus Mammutknochen, die vom Zeunickenberg bei Quedlinburg stammten, ein zweibeiniges Einhorn. Zu jener Zeit wurden Tierknochen aus Höhlen oft als Einhorn fehlgedeutet und als Medizin verkauft. Von den insgesamt 610 Metern der Einhornhöhle sind bisher 270 Meter als Schauhöhle erschlossen.

Freden an der Leine (Kreis Hildesheim): 1959 wurden bei Steinbrucharbeiten im Selter bei Freden am Aschenstein zahlreiche Tierknochen entdeckt. Von 1960 bis 1962 erfolgten Ausgrabungen durch den Lehrer Wilhelm Barner (1893–1973). Die Tierknochen befanden sich auf einer nach Nordosten abfallenden Dolomitklippe unter Hangschutt in Ablagerungen (Löss) der Weichsel-Eiszeit. Ursprünglich hatte sich dort offenbar ein Felsüberhang (Abri) befunden, der eingestürzt war und ein ehemaliges Lager von Rentierjägern begraben hatte. Die Tierreste vom Wildpferd, Moschusochsen, Schneehasen und Schneehuhn dokumentieren kaltzeitliche Umweltverhältnissse. Eine Datierung mit der Radiocarbon-Methode ergab ein Alter von etwa 17.000 Jahren, was dem Ende des weichsel-eiszeitlichen Kältehöchststandes entspricht. Am Aschenstein wurde auch der Höhlenlöwe nachgewiesen.

Osterode am Harz, Gipsbruch „Niedersachsenwerk": 1963 wurden bei Baggerarbeiten in einer dabei angeschnittenen Doline je ein Schädel vom Bison und Fellnashorn entdeckt. Bei Grabungen durch Otto Sickenberg (1901–1974) an dieser Stelle kamen auch Knochen vom Wildpferd, Rentier und Höhlenlöwen zum Vorschein. Diese Fossilien und drei Zähne eines Höhlenlöwen werden im Museum Osterode aufbewahrt.

Salzgitter-Lebenstedt: Im Winter 1951/1952 wurde bei Bauarbeiten im Bereich der städtischen Kläranlage von Salzgitter-Lebenstedt im Stadtviertel Krähenwiede ein Lagerplatz von Neandertalern entdeckt. 1952 nahm der Prähistoriker Alfred Tode dort eine erste Grabung vor. 1977 folgte wegen eines Erweiterungsbaus der Kläranlage eine zweite Grabung durch den Archäologen Klaus Grote. Dabei gelang die letztgültige Datierung des Lagerplatzes in die Weichsel-Eiszeit vor etwa 55.000 Jahren. Zum Fundgut von Salzgitter-Lebenstedt gehören Jagdbeutereste, Werkzeuge, Waffen (angespitzte Mammutrippen) und Schädelreste eines Urmenschen. Zu den Funden von 1977 zählten der Eckzahn eines Höhlenlöwen. Außerdem setzte sich die Fauna überwiegend aus Rentier, Mammut, Wildpferd, Steppenwisent und Fellnashorn zusammen, daneben vom Riesenhirsch und Wolf. Die Funde von Krähenriede werden im Braunschweigischen Landesmuseum Wolfenbüttel aufbewahrt.

Thiede (Kreis Wolfenbüttel): Der Zoologe Carl Wilhelm Alfred Nehring (1845–1904) betrieb ab etwa 1874 von Wolfenbüttel aus, wo er damals als Gymnasiallehrer wirkte, Forschungen im nahen Thiede. Er entdeckte zahlreiche fossile Reste von Steppentieren, darunter auch solche vom Höhlenlöwen. Der Unterkiefer des Höhlenlöwen von Thiede wurde bereits 1893 bekannt. Die Funde aus Thiede liegen im Naturhistorischen Museum Braunschweig.

Hamburg

Hamburg-Harburg: Zu den zahlreichen Knochenfunden ober-
pleistozäner Säugetiere aus dem Hamburg-Harburger Urstromtal, aus der die nördlichste eiszeitliche Säugetierfauna Deutschlands bekannt ist, gehört die Elle eines Höhlenlöwen. In dieser
Gegend kamen auch Fossilien vom Mammut, Fellnashorn,
Wisent, Rentier, Riesenhirsch, Elch, Wildpferd und Moschusochsen zum Vorschein.

Schleswig-Holstein

In Schleswig-Holstein sind bisher keine Reste von Höhlenlöwen
entdeckt worden. In diesem von Ablagerungen der ausgehenden Weichsel-Eiszeit geprägten Land sind Funde aus der Weichsel-Eiszeit, Eem-Warmzeit und Saale-Eiszeit, in denen man auf
Höhlenlöwen-Fossilien hoffen könnte, sehr selten. Sie liegen
unter mächtigen Sedimentschichten. Paläontologen hoffen auf
Funde, wenn der Nord-Ostsee-Kanal verbreitert und vertieft
wird.

Thüringen

Bad Köstritz (Kreis Greitz): Zum Fundgut von Bad Köstritz
gehören Reste vom Schneehasen, Rentier, Höhlenlöwen, Fellnashorn und Mammut.

Burgtonna (Kreis Gotha): Der fossilienreiche Travertin von
Burgtonna ist schon seit dem 17. Jahrhundert bekannt. Ein Oberkiefer aus der Eem-Warmzeit (etwa 127.000 bis 115.000 Jahre)
von Burgtonna weist – Gebissmerkmalen zufolge – eine Zwi-
schenstellung zwischen altpleistozänen südosteuropäischen und
würm-eiszeitlichen Löwen auf. Das erkannte der Mainzer Zoo-

loge Helmut Hemmer. Der Oberkiefer von Burgtonna wird im Museum für Naturkunde Berlin aufbewahrt. Aus Burgtonna liegen auch einzelne Zähne vom Höhlenlöwen und ein rechtes Ober-kieferfragment von einem Leopard *(Panthera pardus)* vor.

Ilsenhöhle unterhalb der Burg Ranis (Saale-Orla-Kreis) im Orlatal: In Schicht VIII der nach einer Sagengestalt benannten Ilsenhöhle fand man Reste vom Mammut, Fellnashorn, Bison, Wildpferd, Hirsch, Rentier, Höhlenbären, der Höhlenhyäne, vom Höhlenlöwen und einer großen Vogelart.

Kahla im Saaletal (Saale-Holzland-Kreis): In der Ziegeleigrube von Kahla wurde der Unterkiefer eines Höhlenlöwen aus der Weichsel-Eiszeit gefunden.

Lindenthaler Hyänenhöhle in Gera: Die Lindenthaler Hyänenhöhle wurde 1874 bei Steinbrucharbeiten nahe der Gastwirtschaft Lindenthal entdeckt und nach den Ausgrabungen des Geraer Heimatforschers Karl Theodor Liebe (1828–1894) abgebaut. In der Höhle und auf deren Vorplatz fand man viele Reste von Wildpferden, Höhlenhyänen und Fellnashörner sowie merklich seltener vom Höhlenbär, Höhlenlöwen, Mammut, Auerochsen und Rentier. Fast alle Tierknochen tragen Bissspuren von Höhlenhyänen. Vom Höhlenlöwen hat man Zähne entdeckt. Die Funde aus der Lindenthaler Hyänenhöhle stammen aus der Eem-Warmzeit und der Weichsel-Eiszeit.

Saalfeld, Roter Berg (Kreis Saalfeld-Rudolstadt): Am Fundort „Roter Berg" bei Saalfeld wurden Tierreste aus der Eem-Warmzeit (Wildschwein, Nashorn) und Weichsel-Eiszeit (Rentier, Fellnashorn, Mammut) entdeckt. Auch der Höhlenlöwe ist dort nachgewiesen.

Weimar-Ehringsdorf: In Weimar sowie dessen Ortsteilen Ehringsdorf und Taubach ließen aus Muschelkalkhöhen kommende

Quellen in Seitentälern Barrieren aus Süßwasserkalken (Travertin) entstehen. In den bis zu etwa 20 Meter mächtigen Ablagerungen wurden viele Reste fossiler Pflanzen und Tiere aus der Saale-Eiszeit (etwa 300.000 bis 127.000 Jahre), Eem-Warmzeit (etwa 127.000 bis 115.000 Jahre) und Weichsel-Eiszeit (etwa 115.000 bis 11.700 Jahre) eingebettet. Die Erforschung dieser Tierwelt begann bereits im 18. Jahrhundert mit dem Steinbruchbetrieb. Anfang des 19. Jahrhunderts setzten planmäßige Sammeltätigkeit und wissenschaftliche Untersuchungen ein. Von 1909 bis heute bargen Steinbrucharbeiter, Steinbruchbesitzer und der Weimarer Restaurator Ernst Lindig (1869–1934) Fossilien von Pflanzen, Tieren und Urmenschen sowie Steingerät. Zum Fundgut gehören auch Reste von Höhlenlöwen. Besonderheiten sind so genannte Schädelhöhlensteinkerne („fossile Gehirne") aus dem Unteren Travertin von Weimar-Ehringsdorf, die aus Schädeln vom Bison, Reh, Elch, Riesenhirsch, Rothirsch, Nashorn, Wildpferd und Höhlenlöwen stammen.

Weimar-Taubach: Aus mehreren kleinen Steinbrüchen von Taubach wurden ab etwa 1870 Funde von Fossilien bekannt. Deswegen regte der Jenaer Kunsthistoriker Friedrich Klopfleisch (1831–1898) die 1872 tagende Generalversammlung der Deutschen Anthropologischen Gesellschaft zu einer Exkursion nach Taubach an. Danach erfolgte die wissenschaftliche Bearbeitung der bis dahin bekannten Funde. Die meisten Fossilien hat man zwischen den letzten Jahrzehnten des 19. Jahrhunderts bis zum Ersten Weltkrieg (1914–1918) geborgen. Funde aus Weimar-Taubach belegen, dass dort in der Eem-Warmzeit (etwa 127.000 bis 115.000 Jahre) auch Höhlenlöwen und Leoparden *(Panthera pardus)* jagten. Alain Argant, Jacqueline Argant, Marcel Jeannet (Frankreich) und Margarita Erbajeva (Russland) erwähnten Taubach 2007 sogar als Fundort des Mosbacher Löwen.

Sachsen-Anhalt

Baumannshöhle am linken Ufer des Flusses Bode bei Rübeland (Kreis Harz): Der Bergmann Friedrich Baumann entdeckte 1536 bei der Suche nach Erz eine große Höhle, aus der er erst nach Tagen wieder herausfand. Bereits 1620 berichtete der Prior und Rektor Ekstein über umfangreiche Knochenfunde aus der Baumannhöhle. Seit 1646 dient die Baumannhöhle als Schauhöhle. Zwei der vielen Besucher waren Zar Peter I. der Große (1672–1725) und Johann Wolfgang von Goethe (1749–1832). Die Baumannshöhle gilt als älteste Schauhöhle der Welt. In ihr ist neben zahlreichen Knochen vom Höhlenbären auch der Höhlenlöwe nachgewiesen. 1969 untersuchte die Paläontologin Gerda Schütt die Säugetierfossilien aus der Baumannshöhle und Hermannshöhle in Rübeland. Darunter waren auch Höhlenlöwenreste aus alten Sammlungen, die nach Grabungen in den 1880-er und 1890-er Jahren nach Braunschweig gelangten und dort im heutigen Staatlichen Museum deponiert sind. Die alten Funde stammen vor allem aus der Baumannshöhle.

Freyburg an der Unstrut (Burgenlandkreis): Freyburg an der Unstrut wird in der Fachliteratur als Höhlenlöwen-Fundort erwähnt.

Gröbern (Kreis Gräfenhainichen): In Schichten aus der Eem-Warmzeit (etwa 127.000 bis 115.000 Jahre) von Gröbern wurde auch der Höhlenlöwe nachgewiesen.

Hermannshöhle nahe des Flusses Bode bei Rübeland (Kreis Harz): Die Hermannshöhle wurde am 28. Juni 1866 vom Wegeaufseher Wilhelm Angerstein bei Straßenbauarbeiten entdeckt. Man nannte sie – nach dem Spitznamen ihres Entdeckers – zuerst Sechserdinghöhle. Ende 1868 nahm sich der Geheime Kammerrat Hermann Grotian (1811–1887) von der Braunschweiger Forstdirektion der Höhle an und veranlasste erste

Vermessungen und Ausgrabungen. 1887 hat man die Sechserdinghöhle – nach dem Vornamen von Grotian – in Hermannshöhle umbenannt. Seit dem 1. Mai 1890 dient die fast drei Kilometer lange Hermannshöhle als Schauhöhle. Bereits in einer
Publikation von B. G. Teubner aus dem Jahre 1891 wird die
Hermannshöhle als Fundort eines Höhlenlöwen-Unterkiefers
erwähnt. 1962 nahm die Prähistorikerin Ute Steiner aus Halle/
Saale eine Grabung in der Hermannshöhle vor. 1984 und 1985
grub dort der Geologe Reinhard Völker, der Leiter des ehemaligen Karstmuseums Uftrungen. Bei diesen Grabungen kamen
zahlreiche Reste vom Höhlenbären, aber auch 42 Funde vom
Höhlenlöwen zum Vorschein. Diese Löwenfossilien werden im
Museum für Naturkunde Berlin (Paläontologisch-Geologisches
Institut und Museum, Humboldt-Universität) aufbewahrt. Sie
stammen von zwei Löwen aus der Weichsel-Eiszeit, einer davon war ein altes Männchen. Die Kopfrumpflänge der Höhlenlöwen aus der Hermannshöhle wurde auf 1,97 und 2,29 Meter
berechnet.

Königsaue (Salzlandkreis): Die Fundstelle Königsaue wurde
1963 von dem Geologen, Paläontologen und Prähistoriker Dietrich Mania während geologischer Untersuchungen in einem
Braunkohlen-Tagebau entdeckt. Es folgten Ausgrabungen bis
1964, an denen sich zeitweise das Landesmuseum für Vorgeschichte in Halle/Saale beteiligte. Aus Königsaue – am Nord-
ufer des ehemaligen Aschersleber Sees – ist auch der Höhlenlöwe nachgewiesen.

Körbisdorf im Geiseltal (Saalekreis) bei Merseburg: In Schot-
tern des Flusses Unstrut des durch den Braunkohlenabbau zer-
störten Dorfes Körbisdorf wurde ein Stirnstück von einem
Höhlenlöwen aus der Saale-Eiszeit (etwa 300.000 bis 127.000
Jahre) entdeckt. Der Originalfund wird im Landesmuseum für
Vorgeschichte in Halle/Saale aufbewahrt.

Mücheln im Geiseltal (Saalekreis) bei Merseburg: Im Abraum der Braunkohlengrube „Elise II" bei Mücheln im westlichen Geiseltal kamen Höhlenlöwen-Reste aus der Saale-Eiszeit (etwa 300.000 bis 127.000 Jahre) zum Vorschein. Der Originalfund wird im Landesmuseum für Vorgeschichte in Halle/Saale aufbewahrt.

Neumark-Nord im Geiseltal (Saalekreis) bei Frankleben nahe Merseburg: Im Braunkohlen-Tagebau Neumark-Nord werden seit 1985 Reste einer Säugetierfauna aus einem klimatisch günstigen Abschnitt der Saale-Eiszeit (etwa 300.000 bis 127.000 Jahre) gefunden. Zur damaligen Tierwelt gehörten vor allem Damhirsche und Waldelefanten. 1990 machte der Jenaer Geologe, Paläontologe und Prähistoriker Dietrich Mania einen Höhlenlöwen-Zahn aus Neumark-Nord bekannt. Am 15. Januar 1996 kam ein Oberschenkelknochen-Fragment zum Vorschein. Und am 25. Juli 1996 erfasste ein Bagger ein Höhlenlöwen-Skelett, von dem zahlreiche Teile geborgen werden konnten. Das nahezu vollständige Skelett des Höhlenlöwen von Neumark-Nord wird im Landesmuseum für Vorgeschichte in Halle/Saale aufbewahrt. Weitere aufsehenerregende Funde von Neumark-Nord sind je ein Schlachtplatz mit Resten vom Auerochsen und vom Nashorn.

Westeregeln (Salzlandkreis) bei Magdeburg: Etwa ab 1874 betrieb der Zoologe Carl Wilhelm Alfred Nehring (1845–1904) von Wolfenbüttel aus, wo er von 1871 bis 1881 als Gymnasiallehrer wirkte, Forschungen im rund 60 Kilometer entfernten Westeregeln. Dort entdeckte er Reste von Steppentieren (Mammut, Wildpferd, Wildrind, Rentier, Eisfuchs, Wolf) und Waldtieren (Waldnashorn) aus dem Eiszeitalter, darunter auch von der Höhlenhyäne und vom Höhlenlöwen. Wegen zerschlagenen und angekohlten Tierknochen, Holzkohle und Silexabschlägen galten Westeregeln und Thiede bei Wolfenbüttel damals als älteste Fundplätze von Feuersteinartefakten steinzeitlicher Menschen im Magdeburgischen sowie als jene Stelle, wo 1875 die Koexistenz des Menschen mit den Großsäugetieren des Eiszeitalters für ganz Norddeutschland festgestellt werden konnte.

Zeunickenberg bzw. Seveckenberg bei Quedlinburg: Aus den Gipsdolinen auf dem Zeunickenberg bzw. Seveckenberg bei Quedlinburg werden schon seit Jahrhunderten Reste eiszeitlicher Tiere entdeckt. Berühmt sind vor allem die 1663 gefundenen Mammutreste, die damals als Reste eines Einhorns gedeutet wurden. Eine vermutlich von dem Magdeburger Bürgermeister Otto von Guericke (1602–1686) stammende Rekonstruktion des „Quedlinburger Einhorns" wurde 1704 von Michael Bernhard Valentini (1657–1729) aus Gießen in dessen „Museum Museorum oder vollständige Schaubühne aller Materalien" und 1740 in der „Protagea" von Gottfried Wilhelm Leibniz (1646–1716) – nach dessen Tod erschienen – veröffentlicht. 1848 sind in der Publikation „Neues Jahrbuch für Mineralogie, Geognosie, Geologie und Petrefakten" (1848) Knochen von „Felis, Hyaena, Canis" erwähnt. Damals rechnete man den Höhlenlöwen noch der Gattung *Felis* zu.

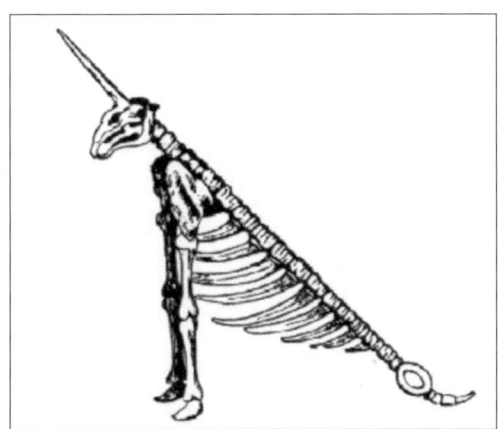

Rekonstruktion des „Quedlinburger Einhorns"

Sachsen

Leipzig-Lindenthal: In der Sandgrube von Leipzig-Lindenthal kam der halbe Unterkiefer eines Höhlenlöwen ans Tageslicht. Dieser Fund wurde 1909 von dem Leipziger Geologen Johannes Felix (1859–1941) in den „Sitzungsberichten der Naturforschenden Gesellschaft zu Leipzig" erwähnt. Felix hatte sich durch die Bergung, Präparation und Aufstellung eines bei Borna entdeckten Mammuts einen Namen gemacht. Das Mammut von Borna wurde am 14. Dezember 1908 gefunden und 1912 im Leipziger Museum für Völkerkunde (Prähistorische Abteilung) aufgestellt.

Wiedemar-Rabutz (Kreis Nordsachsen): In Schichten aus der Eem-Warmzeit (etwa 127.000 bis 115.000 Jahre) von Rabutz – zwischen Halle/Saale und Leipzig gelegen – wurde auch der Höhlenlöwe nachgewiesen. In Rabutz hatten Jäger am Ufer eines größeren Sees gelagert. Jagdtiere dieser Neandertaler waren Waldelefanten, Waldnashörner, Hirsche, Auerochsen, Bären, Wildpferde, Elche, Rehe, Wildschweine und Höhlenlöwen.

Berlin

Berlin: Beim Bau der U-Bahn in Berlin wurde in den 1930-er Jahren am Alexanderplatz der Schädel eines Höhlenlöwen entdeckt. Reste eiszeitlicher Säugetiere – wie Mammut, Fellnashorn, Wildpferd, Elch, Wisent, Moschusochse, Höhlenbär, Höhlenlöwe und Wolf – sind in Berlin und Brandenburg seit mehr als 200 Jahren bekannt. In den Schottern und Sanden des so genannten Rixdorfer Horizontes hat man Tausende von Fossilien gefunden. Rixdorf ist ein alter Name für Neukölln. 1920 wurde es zusammen mit anderen Orten in Berlin eingemeindet. In Rixdorf gab es früher Kies- und Sandgruben.

Brandenburg

Niederlehme bei Königs Wusterhausen (Kreis Dahme-Spree-wald): Seit Ende des 19. Jahrhunderts werden in Niederlehme Sande abgebaut, in denen man Zähne und Knochen von 20 Säugetierarten aus der frühen Weichsel-Eiszeit (etwa 115.000 bis 11.700 Jahre) bergen konnte. Darunter befanden sich auch Fossilien vom Mammut, Fellnashorn, Höhlenbär, der Höhlenhyäne sowie vom Höhlenlöwen und Leopard. Die Sande von Niederlehme werden zum Rixdorfer Horizont gerechnet, der nach einem Fundort in Berlin benannt ist. Als Typuslokalität für den Rixdorfer Horizont gilt die Sandgrube Niederlehme.

Schönfeld (Kreis Spree-Neiße) bei Cottbus: In Schichten aus der Eem-Warmzeit (etwa 127.000 bis 115.000 Jahre) von Schönfeld wurde auch der Höhlenlöwe nachgewiesen.

Werder-Phoeben/Havel (Kreis Potsdam-Mittelmark): Der Berliner Paläontologe Wilhelm Otto Dietrich erwähnte 1968 in den „Paläontologischen Abhandlungen" Phoeben als Höhlenlöwen-Fundort. Den Fund bezeichnete er als „*Panthera (Leo) leo* subsp.".

Löwenfunde in Österreich

Niederösterreich

Deutsch-Altenburg: In der Gegend von Deutsch-Altenburg kamen ab 1908 im „Hollitzer Steinbruch" in weg gesprengten Höhlen und Spalten immer wieder Fossilien von Eiszeit-Tieren zum Vorschein. Die Fundstellen wurden später chronologisch nach dem Zeitpunkt ihrer Entdeckung mit den Nummern 1 bis 52 bezeichnet. Eine 1912 nach Sprengungen entdeckte Höhle mit Resten von Großsäugetieren aus dem Mittelpleistozän nennt man Deutsch-Altenburg 1. Die von Steinbrucharbeitern aufgesammelten Fossilien aus dieser zerstörten Höhle gelangten teilweise zunächst in die Technische Hochschule und später in das Naturhistorische Museum Wien. Darunter befindet sich ein als „*Panthera* sp." bezeichnetes Fossil einer Raubkatze, das als problematisch in seiner systematischen Stellung gilt und noch nicht beschrieben ist. Zum Fundgut gehören auch Reste von Säbelzahnkatze (*Homotherium sainzelli*), Luchs (*Lynx sp.*), Bär (*Ursus deningeri*) und Wolf (*Canis mosbachensis*). Alain Argant, Jacqueline Argant, Marcel Jeannet (alle drei aus Frankreich) und Margarita Erbajeva (Russland) erwähnten 2007 in der Publikation „Courier Forschungs-Institut Senckenberg" Deutsch-Altenburg 1 als Fundort des Mosbacher Löwen (*Panthera leo fossilis*).

Eine weitere berühmte Fundstelle aus der Gegend von Deutsch-Altenburg ist die fossilreiche Hundsheimer Spaltenfüllung in der Südflanke des Hexenberges bei Hundsheim. Diese Spaltenfüllung wurde 1900 zusammen mit der benachbarten Güntherhöhle bei Steinbrucharbeiten angeschnitten. In der Folgezeit hat man bei wissenschaftlichen Grabungen zahlreiche Fossilien aus dem frühen Mittelpleistozän entdeckt. Aus der Hundsheimer Spaltenfüllung kennt man unter anderem Reste vom

Leoparden (*Panthera pardus*), Gepard (*Acinonyx intermedius*) und der Säbelzahnkatze (*Homotherium moravicum*).

Flatzer Tropfsteinhöhle bei Flatz: Die Flatzer Tropfsteinhöhle (auch Langes Loch genannt) ist unter den 15 Höhlen der Flatzer Wand die längste und paläontologisch interessanteste. In der Museumshalle, in der früher eine kleine Ausstellung von Fundstücken untergebracht war, barg man ein Oberkiefer- und ein Vorbackenzahnfragment von einem Höhlenlöwen.

Gudenushöhle über der Kleinen Krems am Fuß der Hartensteiner Wand im Waldviertel: Die bis zur ersten Grabung namenlose Höhle ist von den Ausgräbern nach dem früheren Besitzer der Burg Hartenstein, Heinrich Reichsfreiherr von Gudenus (1839–1915), benannt worden. Er hatte die Grabungen von 1883/1884 großzügig unterstützt. Die Höhle wird auch Fuchsloch, Fuchsenlucken, Fuchshöhle und Hartensteinhöhle genannt. Unter den zahlreichen Fossilien befindet sich ein Rest vom Höhlenlöwen.

Herdengelhöhle südwestlich des Gehöftes Herdengel am Nordhang des Scherzlehnerberges bei Lunz am See: In der Herdengelhöhle (auch Herdengelbauernhöhle genannt) wurden in einer mehr als 30.000 Jahre alten Schicht aus der Würm-Eiszeit Reste vom Höhlenbären, Höhlenlöwen und Murmeltier geborgen. Vom Höhlenlöwen stammten ein Unterkiefer, ein Oberarmknochen und Mittelhandknochen. Auch ein Wolfsschädel wurde geborgen. Ein besonders wichtiger Fund aus dieser Höhle ist ein Steingerät aus der Zeit vor etwa 50.000 Jahren, das als bisher ältestes Zeugnis menschlicher Anwesenheit in Niederösterreich gilt.

Krems in der Wachau: Der österreichische Paläontologe Othenio Abel (1875–1946) erwähnte 1921 in seinem Buch „Lebensbilder aus der Tierwelt der Vorzeit" das Vorkommen des Höhlenlöwen in der Lösssteppe von Krems. Der älteste Bericht über vorzeitliche Tierfunde im Löss von Krems ist in dem Werk „Theatrum Europaeum" (1647) von Matthäus Merian der Ältere (1593–1650) nachzulesen. Darin ist von im November 1645 entdeckten Knochen und Zähnen eines Riesen die Rede, die – wie man heute weiß – vom Mammut stammen.

Mehlwurmhöhle im Schlattental bei Scheiblingskirchen: Die kleine Mehlwurmhöhle wurde 1963 entdeckt. 1973 erfolgte darin eine Grabung durch das Bundesdenkmalamt und das Institut für Paläontologie der Universität Wien. An vielen Resten von Eiszeit-Tieren sind Fraßspuren der Höhlenhyäne sichtbar. Zu den Hyänenfraßresten gehören Fossilien vom Wolf, Höhlenbären, Rothirsch, Riesenhirsch, Elch, Auerochsen, Wisent, Wildpferd, Fellnashorn, Mammut und Höhlenlöwen.

Merkensteinhöhle bei Gainfarn im südlichen Wienerwald: 1937 wurden in der Tropfsteinhöhle unterhalb der Burg Merkenstein etliche Fossilien von eiszeitlichen Raubkatzen entdeckt. 1938 erwähnte der Wiener Zoologe Otto Wettstein von Westerheimb (1892–1967) Reste vom Höhlenlöwen (fast kompletter Oberschädel mitsamt rechtem Oberkieferfragment mit zwei Zähnen, ein Halswirbel, ein Lendenwirbel, ein rechter Schienbeinknochen) und vom Leopard (ein Vorbackenzahn und ein Fingerglied). 1997 identifizierte die Wiener Paläontologin Doris Nagel vier weitere Fossilien aus der Höhle von Merkenstein als Reste eines Höhlenlöwen. Dabei handelte es sich um zwei Fingerglieder, einen Mittelfußknochen und um einen Mittelhandknochen.

Schusterlucke im Kremstal bei Albrechtsberg im Waldviertel: Der Name der Höhle Schusterlucke erinnert daran, dass sich zur Zeit der Franzosenkriege ein Schuster darin aufgehalten haben soll. Die Schusterlucke wird auch Schusterloch oder Tamerushöhle genannt. In der Schusterlucke kamen bescheidene urgeschichtliche und bedeutende paläontologische Funde zum Vorschein. Unter den etwa 18.300 mehr oder minder vollständigen Tierknochen ist mit 35 Fossilien auch der Höhlenlöwe vertreten.

Teufelslucke im Nordhang des Königsberges bei Roggendorf: Die Höhle Teufelslucke wird auch Fuchsenlucke und Fuchsloch genannt. In die Teufelslucke haben Höhlenhyänen ihre Beutetiere (Mammut, Fellnashorn, Bison, Riesenhirsch, Rentier, Rothirsch, Wildpferd, Wolf und Höhlenlöwe) verschleppt. Dagegen stammen die Höhlenbärenreste von Tieren, die im Winterschlaf verendet sind.

Willendorf am linken Donauufer in der Wachau: In Schichten aus der Kulturstufe des Gravettien (etwa 28.000 bis 21.000 Jahre) der Fundstelle Willendorf II in der Wachau wurden Reste vom Mammut, Steinbock, Rentier, Höhlenbären, Hirsch, Fuchs und Höhlenlöwen geborgen. Weltberühmt ist der Fund der so genannten „Venus von Willendorf". Dabei handelt es sich um eine 10,3 Zentimeter große steinerne Frauenfigur, die 1908 bei Ausgrabungen in Willendorf II entdeckt wurde. Die Funde von Willendorf II werden im Naturhistorischen Museum Wien aufbewahrt.

Steiermark

Badlhöhle im Badlgraben bei Peggau: Angeblich wurde die Badlhöhle, die Einheimischen schon sehr lange bekannt war, 1827 wieder entdeckt. Im Sommer 1837 nahmen der Besitzer der Höhle, Ferdinand Freiherr von Thinnfeld (1793–1868), und dessen Schwager, Hofrat Wilhelm Ritter von Haidinger (1795–1871), Grabungen vor. Sie bargen mehr als 400 Knochen, die vom Botaniker Franz Unger (1800–1870) untersucht wurden. Um 1870 untersuchte der Prähistoriker Gundaker Graf Wurmbrand-Stuppach (1838–1901) die Höhle. Im Steiermärkischen Landesmuseum Joanneum Graz werden elf Höhlenlöwen-Reste aus der Badlhöhle bei Peggau aufbewahrt. Dabei handelt es sich um fünf Eckzähne, ein Oberkieferfragment und fünf weitere Knochen.

Bärenhöhle im Hartelsgraben bei Hieflau: Die Bärenhöhle wird auch Hartlesgrabenhöhle, Bärenhöhle bei Hieflau, Bärenloch oder Boanloch genannt. Sie wurde im Oberpleistozän vor allem von Höhlenbären aufgesucht. Als Rarität gilt das fast komplette Skelett eines etwa sieben Monate alten Höhlenbärenkindes. Neben dem Höhlenbär, Vielfraß und Steinbock ist auch der Höhlenlöwe nachgewiesen.

Brettsteinbärenhöhle im Toten Gebirge unweit von Bad Mitterndorf: Die Brettsteinbärenhöhle wurde vermutlich in der frühen Würm-Eiszeit vor allem von Höhlenbären aufgesucht. In dieser Höhle wurde auch ein fragmentarisch erhaltener Unterkieferknochen mit einem Zahn vom Höhlenlöwen gefunden. Dieses Fossil wird im Steiermärkischen Landesmuseum Joanneum Graz aufbewahrt. Außerdem barg man in der Höhle etliche Skelettreste vom Höhlenlöwen (Mittelfußknochen, zwei Mittelhandknochen, einen mittleren Fingerknochen und vier Wirbel).

Burgstallwandhöhle bei Pernegg an der Mur unweit von Mixnitz im Grazer Bergland: Die Burgstallwandhöhle (auch Burgstallhöhle oder Burgstall-Riesenhöhle genannt) diente in der Würm-Eiszeit vor allem Höhlenbären als Unterschlupf. In ihr fand man Reste vom Höhlenbären, vom Wolf und vom Höhlenlöwen. Von der Burgstallwandhöhle ist nur noch der hintere Teil der ehemaligen Bärenhöhle vorhanden. Der vordere Teil ist der Bergsturzaktivität in diesem Gebiet und der Erosion zum Opfer gefallen.

Drachenhöhle im Grazer Bergland bei Mixnitz an der Mur: Die Drachenhöhle bei Mixnitz ist früher auch Kogellucke, Kugellucke, Mixnitzhöhle, Rettelsteiner Drachenhöhle und Röthelsteiner Grotte genannt worden. Jahrhundertelang wurde sie als Fundort von Drachen-, Riesen- oder Einhornknochen fehlgedeutet. Sie ist vor allem durch ihren Reichtum an Höhlenbären-Knochen bekannt. In der Drachenhöhle hat man Knochen von mindestens 30.000 Höhlenbären geborgen. Im Steiermärkischen Landesmuseum Joanneum Graz wird der Mittelhandknochen eines Höhlenlöwen aus der Drachenhöhle bei Mixnitz aufbewahrt. Weitere Höhlenlöwenreste liegen in der Sammlung des Instituts für Paläontologie der Universität Wien. Ein kompletter Oberschädel und eine linke Oberkieferleiste vom Höhlenlöwen befinden sich in der Sammlung von Klaus Reis in Deidesheim (Deutschland).

Frauenloch bei Semriach im Grazer Bergland: Synonyme für die Höhle Frauenloch sind Frauenloch im Kesselfall, Dreieckshöhle und Schusterhöhle. Das Frauenloch diente Höhlenbären in der Würm-Eiszeit als Unterschlupf. Erste Grabungen erfolgten 1899. Nach Höhlenbären und Wölfen sind Höhlenlöwen im Fundgut häufig vertreten. Im Steiermärkischen Landesmuseum Joanneum Graz werden 34 Höhlenlöwen-Reste aus der Höhle Frauenloch aufbewahrt. Dabei handelt es sich um Zähne sowie Knochen vom Skelett und den Extremitäten.

Fünffenstergrotte am Kugelstein im mittleren Murtal im Grazer Bergland: In der Fünffenstergrotte hat von 1949 bis 1952 die Grazer Paläontologin und Geologin Maria Mottl (1906–1980) Sondierungen vorgenommen. Zum Fundgut gehören Reste vom Hamster, Wolf, Fuchs, Höhlenbär, Höhlenlöwen, Leopard, Rothirsch, Auerochsen oder Wisent, Gemse und Steinbock. An den meisten Huftierknochen sind Bissspuren von Raubtieren erkennbar. Die Fossilien werden im Steiermärkischen Landesmuseum Joanneum in Graz aufbewahrt.

Große Peggauer Wandhöhle bei Peggau im Grazer Bergland: Die Große Peggauer Wandhöhle wurde in der Würm-Eiszeit vor allem von Höhlenbären aufgesucht und war vielleicht zeitweise auch Unterschlupf für Höhlenhyänen. In der langen Liste der durch Funde nachgewiesenen Tierarten vom Alpenschneehuhn über den Eisfuchs bis zum Wolf sind auch der Höhlenlöwe (ein mittlerer Fingerknochen) und der Leopard erwähnt.

Kleine Peggauer Wandhöhle bei Peggau im Grazer Bergland: Die Kleine Peggauer Wandhöhle (auch Kleine Peggauer Höhle) gilt als Bärenhöhle aus der Würm-Eiszeit. Bereits 1870 nahm der Prähistoriker Gundaker Graf Wurmbrand-Stuppach (1838–1901) dort eine kleine Grabung vor. Außer dem Höhlenbären und anderen Eiszeit-Tieren wurde auch der Höhlenlöwe nachgewiesen.

Lurgrotte bei Peggau im Grazer Bergland: Die Lurgrotte (auch Lurhöhle, Lurloch oder Lugloch genannt) ist eine wasserführende Höhle mit mehr als vier Kilometer voneinander entfernten Eingängen in den Gemeindegebieten von Peggau im Westen und Semriach im Osten. Die Tierreste aus der Lurgrotte stammen aus der Würm-Eiszeit. Nachgewiesen sind unter anderem Höhlenbär und Höhlenlöwe. An Höhlenbären-Knochen wurden Bissspuren von Höhlenhyänen erkannt. Die Funde werden im Steiermärkischen Landesmuseum Joanneum in Graz aufbewahrt.

Repolusthöhle bei Peggau: Zum Fundgut der Repolusthöhle im Badlgraben, einem Seitental des Murtales, gehören Steinwerkzeuge von Jägern und Sammlern, die diese Höhle vor mehr als 250.000 Jahren aufgesucht haben, sowie Tierreste aus jener Zeit vom Bären Ursus deningeri, Höhlenlöwen, Wolf, Dachs, Biber, Stachelschwein, Riesenhirsch, Wildschwein, Steinbock und Wisent. Im Buch „Deutschland in der Steinzeit" (1991) wurden die Jäger und Sammler in der Repolusthöhle als „die ersten Österreicher" bezeichnet. Diese Erkenntnis ist dem Wiener Paläontologen Gernot Rabeder zu verdanken. Die Repolusthöhle ist nach dem Arbeiter Anton Repolust (geboren 1877, gefallen im Ersten Weltkrieg) aus Badl benannt, der diese Höhle 1910 entdeckte. Im Steiermärkischen Museum Joanneum in Graz werden sechs Eckzähne und 17 Knochen (Unterkiefer, Brustwirbel, Schädel, Oberarmknochen, Unterarmknochen, Elle, Oberschenkel, Schienbeinknochen, Lendenwirbel) vom Höhlenlöwen aus der Repolusthöhle aufbewahrt. Zum Fundgut der Repolusthöhle gehört auch der Leopard.

Salzofenhöhle bei Grundlsee im steirischen Teil des Toten Gebirges: Die Eingänge der Salzofenhöhle befinden sich etwa 60 Meter unterhalb des Gipfels des 2068 Meter hohen Salzofen. In dieser hochalpinen Höhle haben die Jäger Franz Köberl und Ferdinand Schramel im Sommer 1924 die ersten Fossilien entdeckt. Sie berichteten dem Schulrat Otto Körber (1866–1945) aus Bad Wiessee von ihrer Entdeckung und dieser begann noch im selben Jahr mit Grabungen, die sich bis 1944 hinzogen. Körber bezeichnete 1939 die Salzofenhöhle als die höchstgelegene Siedlungsstätte des Altsteinzeitmenschen im Gebiet des Deutschen Reiches. Auf seine Grabungen folgten weitere. Unter den zahlreichen in der Salzofenhöhle nachgewiesenen Tierarten ist auch der Höhlenlöwe (darunter zwei komplett erhaltene Unterkiefer) vertreten.

Tropfsteinhöhle am Kugelstein bei Deutschfeistritz: 1931 berichtete erstmals ein Höhlenforscher namens H. Bock über Funde von Höhlenbären-Knochen aus der Tropfsteinhöhle am Kugelstein. Diese Höhle wird in der Literatur auch Kugelsteinhöhle II oder Bärenhöhle II am Kugelstein genannt. In der langen Fundliste werden neben dem zahlreich vertretenen Höhlenbären auch Höhlenlöwe, Leopard *(Panthera pardus)* und Affe *(Macaca sylvanus)* erwähnt.

Kärnten

Griffener Tropfsteinhöhle im Schlossberg von Griffen: Die Griffener Tropfsteinhöhle wurde im Frühjahr 1945 entdeckt, als man in der verschütteten Vorhalle der Höhle nach Luftschutzräumen Ausschau hielt. Von 1957 bis 1960 erfolgten in mehreren Abschnitten systematische Grabungen. Diese Tropfsteinhöhle diente im Oberpleistozän zeitweise Höhlenbären und Höhlenhyänen als Unterschlupf. Außer Resten dieser und anderer Eiszeit-Tiere wurden auch zwei Fossilien vom Höhlenlöwen entdeckt. Die Funde aus der Griffener Tropfsteinhöhle werden im Kärntner Landesmuseum, Klagenfurt, aufbewahrt.

Oberösterreich

Gamssulzenhöhle oberhalb des Gleinkersees in der Nordwestflanke des Seesteines im Toten Gebirge: Die um 1920 entdeckte Gamssulzenhöhle wird auch als Gleinkerseehöhle, Bärenriesenhöhle, Bärenhöhle im Seestein oder Gamssulzen bezeichnet. Die Höhle diente vor allem Bärenhöhlen als Unterschlupf und zeitweise auch Eiszeitjägern kurzfristig als Aufenthaltsort. In der Gamssulzenhöhle sind Reste von Fischen, Amphibien, Reptilien, Vögeln und Säugetieren (darunter auch Wolf, Luchs und Höhlenlöwe) gefunden worden.

Lettenmayerhöhle im Steilhang des linken Kremsufers bei Kremsmünster: Die schon um 1864 bekannte Höhle wurde bei Steinbrucharbeiten im Januar 1881 wieder entdeckt und nach dem Steinbruchbesitzer benannt. In der 24 mal 20 Meter großen und bis zu vier Meter hohen Lettenmayerhöhle wurden außer vielen Resten vom Höhlenbär auch drei Mittelhandknochen vom Höhlenlöwen gefunden. Die Höhle ist seit 1949 ein Naturdenkmal. Es gibt auch die Schreibweisen Lattenmaierhöhle und Lettenmayrhöhle.

Nixloch bei Losenstein-Ternberg: Das Nixloch liegt in einem Bergland, das im Osten von der Enns, im Westen von der Steyr und im Süden von der Teichl und dem Laußabach begrenzt wird. Im Fundgut des Nixloches dominieren Reste von Höhlenbären aus einer jüngeren Phase der Würm-Eiszeit („Höhlenbärenzeit"). Unter Fossilien vieler Tierarten ist auch der Höhlenlöwe vertreten. Synonyme für das Nixloch sind Nixhöhle, Nixlucke und Nixgrotte.

Ramesch-Knochenhöhle in der Nordwand des 2134 Meter hohen Ramesch in der Warscheneckgruppe im Toten Gebirge: Die Ramesch-Knochenhöhle heißt auch Bärenhöhle im Ramesch und Rameschhöhle. Von den dort gefundenen Wirbeltierresten stammen 99 Prozent vom Höhlenbären. Zum Fundgut gehören auch Reste vom Wolf, Braunbär, Steinbock, Höhlenlöwen sowie Steingeräte von Neandertalern.

Salzburg

Schlenkendurchgangshöhle im Ostkamm des Schlenken bei Hallein: Die Schlenkendurchgangshöhle diente in der Würm-Eiszeit vor allem Höhlenbären als Unterschlupf. Ihr in etwa 1590 Meter Seehöhe liegender, verstürzter Südeingang wurde zwischen 1926 und 1928 von Jägern freigelegt. In der Fundliste ist auch der Höhlenlöwe aufgeführt.

Tirol

Tischoferhöhle im Kaisertal oder Sparchental bei Kufstein: Die Tischoferhöhle, auch Schäferhöhle (Schofer ist ein Dialekt-Ausdruck für Schäfer) oder Bärenhöhle genannt, war Aufenthaltsort von Neandertalern und Höhlenbären. Im Fundgut ist neben dem Höhlenbären (etwa 380 Tiere), der Höhlenhyäne, dem Wolf, dem Rentier, dem Steinbock und der Gemse auch der Höhlenlöwe nachgewiesen. Ein Beckenfragment von einem Höhlenlöwen aus der Tischoferhöhle, das im Museum in der Festung Kufstein aufbewahrt wird, konnte mit der Radiocarbon-Methode auf ein Alter von etwa 31.000 Jahren datiert werden. Der in der Tischoferhöhle entdeckte Höhlenlöwe soll von Höhlenbären zerrissen worden sein.

Südtirol (Italien)

Conturineshöhle bei St. Kassian: Die Conturineshöhle in etwa 2800 Meter Höhe ist der höchste Höhlenbären- und Höhlenlöwen-Fundort der Welt. Als Conturines wird ein Berg in den Dolomiten bezeichnet, dessen Name aus dem Ladinischen „con turrines" (= mit Türmen) abzuleiten ist. Entdecker der Conturineshöhle ist Willy Costamoling aus Corvara, der auf der Suche nach Mineralien und Fossilien am 23. September 1987 als erster Mensch das Innere der Höhle betrat. Leiter der wissenschaftlichen Grabungen von 1988 bis 2001 war der Wiener Paläontologe Gernot Rabeder. Er hat außer zahlreichen Resten von kleinwüchsigen Höhlenbären auch den Ober- und Unterkiefer eines jugendlichen Höhlenlöwen entdeckt. Die Conturineshöhle diente ladinischen Bären (*Ursus spelaeus ladinicus*) als bevorzugter Wohnort.

Löwenfunde in der Schweiz

Kanton Genf

Veyrier: Der Zürcher Prähistoriker Ferdinand Keller (1800–1881) erwähnte Veyrier in seiner Publikation „Helvetische Denkmäler" (1869) als Höhlenlöwen-Fundort. Aus Veyrier kennt man auch Reste vom Rentier, Wildpferd, Steinbock, Elch und Hirsch.

Kanton Freiburg

Bärenloch am Spitzflue (Gemeinde Charmey) beim Schwarzsee in den Freiburger Voralpen: Die Höhle Bärenloch wurde 1991 durch Mitglieder des Höhlenklubs der Freiburger Voralpen (SCPF) entdeckt. Im Bärenloch und auf der Schutthalde vor dem Höhleneingang hat man mehr als 10.000 Knochenfragmente gefunden. Sie stammen von Höhlenlöwen, Murmeltieren, Steinböcken, Schneehasen, Fledermäusen und anderen kleinen Säugetieren. Mit Knochenfunden von dort konnte ein fast vollständiges etwa 24.000 Jahre altes Höhlenbären-Skelett zusammengestellt werden.

Kanton Bern

Kohlerhöhle im Kaltbrunnental bei Brislach: In der Kohlerhöhle kam ein kleines Knochenfragment vom Höhlenlöwen zum Vorschein. Dieses Fragment wird im Naturhistorischen Museum Bern aufbewahrt. In der Kohlerhöhle hatten sich zeitweise auch Neandertaler aufgehalten. Das Kaltbrunnental ist ein Seitenteil des Birstals.

Schnurenloch im Simmental: In der hoch im Simmental gelegenen Höhle Schnurenloch wurde ein kleines Knochenfragment vom Höhlenlöwen gefunden. Das Fragment wird im Naturhistorischen Museum Bern aufbewahrt.

Kanton Jura

St. Brais: Vom Fundort St. Brais im Berner Jura liegt ein kleines Knochenfragment vom Höhlenlöwen vor. Das Fragment wird im Naturhistorischen Museum Bern aufbewahrt. In den Höhlen von St. Brais haben sich Jäger und Sammler der Neandertaler kurze Zeit aufgehalten.

Kanton Solothurn

Lüsslingen: In der Kiesgrube Rebenrain (Lüsslingen) wurde 1910 ein Oberschenkelknochen von einem Höhlenlöwen entdeckt. Dass es sich dabei um den Rest eines Höhlenlöwen handelt, hat der Basler Paläontologe Hans Georg Stehlin (1870–1941) erkannt. Der Originalfund wird im Naturmuseum Solothurn aufbewahrt.

Kanton Zürich

Niederweningen: Neben Resten vom Mammut, Fellnashorn, Bison, Wildpferd, Wolf und Lemming wurde in Niederweningen auch der Zahn eines Raubtieres, der von einem Höhlenlöwen stammen soll, gefunden. Bei Bauarbeiten für die Wehntalbahn wurden Knochen von sieben Mammuts entdeckt. 2003 kamen bei verschiedenen Aushubarbeiten Reste eines Mammutbullen und ein -stoßzahn ans Tageslicht. Dies gab den Anstoß dafür, in Niederweningen ein Mammutmuseum zu errichten.

In der etwa 1500 Meter hoch gelegenen Wildkirchli-Höhle (im rechten oberen Drittel) im Ebenalpstock des Säntisgebirges (Kanton Appenzell) wurden auch Reste vom Höhlenlöwen gefunden

Kanton Schaffhausen

Kesslerloch im Fulachtal bei Thayngen: Zum Fundgut aus der seit 1874 untersuchten Höhle Kesslerloch gehören neben Hinterlassenschaften von Rentierjägern (Werkzeuge, Waffen und Kunstwerke) auch fossile Tierreste. Eine Neubearbeitung des Faunenmaterials durch Hannes Napierala ergab insgesamt sechs Funde vom Höhlenlöwen: ein Kieferfragment eines jugendlichen Tieres, zwei isolierte Unterkieferzähne, darunter ein vollständiger Eckzahn, ein Fersenbein und zwei Fingerknochen. Im Kesslerloch haben der Lehrer Konrad Merk (1846–1914) aus Thayngen, der Lehrer Jakob Nüesch (1845–1915) aus Schaffhausen und der Prähistoriker Jakob Heierli (1853–1912) aus Zürich Grabungen vorgenommen

Kanton Appenzell

Wildkirchli im Ebenalpstock des Säntisgebirges: Die etwa 1500 Meter hoch gelegene Wildkirchli-Höhle diente abwechselnd Höhlenbären und Neandertalern als Unterschlupf. Dort hat der Lehrer, Museumsleiter und Heimatforscher Emil Bächler (1868–1950) aus St. Gallen Höhlenbären und Steinwerkzeuge geborgen. Von 1903 bis 1908 fand man im Wildkirchli neben Resten vom Höhlenbär, Wolf, Dachs, Steinbock und Hirsch auch Fossilien vom Höhlenlöwen.

Kanton St. Gallen

Wildenmannlisloch am Nordhang des Seluns (einem der sieben Churfirsten): In der in 1628 Meter Höhe gelegenen Höhle Wildenmannlisloch fand man Reste vom Höhlenbär, Höhlenlöwen, der Gemse, Murmeltier, vom Schneehasen, Wolf, Fuchs, Hermelin und Edelhirsch.

Eiszeitliche Raubkatzen
in Deutschland

*Zur Tierwelt vor ca. 600.000 Jahren gehörte auch der Gepard,
Gemälde von Fritz Wendler (1941–1995)*

Der Mosbacher Löwe

Der Mosbacher Löwe (*Panthera leo fossilis*) trat im Eiszeitalter vor etwa 700.000 Jahren in Europa erstmals auf, wie ein
Fund aus Isernia bei Molise in Italien belegt. Vor etwa 600.000
Jahren ist er aus den Mosbach-Sanden von Mosbach in Wiesbaden sowie aus den Mauerer Sanden von Mauer bei Heidelberg nachgewiesen. Originalfunde vom Mosbacher Löwen liegen im Naturhistorischen Museum Mainz, in der Universität
Mainz, im Museum Wiesbaden und im Urgeschichtlichen Museum der Gemeinde Mauer.
Der Mosbacher Löwe gilt mit einer maximalen Gesamtlänge
bis zu etwa 3,60 Metern als die größte Raubkatze in Deutschland und Europa. Seine Kopfrumpflänge betrug ca. 2,40 Meter,
hinzu kam noch ein etwa 1,20 Meter langer Schwanz. Nur der
Amerikanische Höhlenlöwe (*Panthera leo atrox*) mit einer
maximalen Gesamtlänge von ungefähr 3,70 Metern übertraf die
Maße des Mosbacher Löwen.
Der Mosbacher Löwe behauptete sich vermutlich bis vor schät-
zungsweise 300.000 Jahren. Aus ihm entwickelte sich der Eu-
ropäische Höhlenlöwe (*Panthera leo spelaea*).
Alain Argant, Jacqueline Argant, Marcel Jeannet (alle drei aus
Frankreich) und Margarita Erbajeva (Russland) haben 2007 in
der Publikation „Courier Forschungs-Institut Senckenberg" eine
Karte veröffentlicht, auf der zahlreiche Fundorte des Mosbacher
Löwen erwähnt sind:
Frankreich: Château, Aldène, Lunel-Viel,
Tautavel/Arago-Höhle, La Fage, Artenac
Spanien: Torralba-Ambrona, Atapuerca/Gran Dolina
Belgien: Sprimont/Belle-Roche
England: Westbury-sub-Medip, Boxgrove
Deutschland: Dechenhöhle, Mauer, Mosbach,
Heppenloch/Gutenberger Höhle, Weimar-Süßenborn,
Weimar-Taubach, Bilzingsleben, Moggaster Höhle,
Hunas/Hartmannshof

Mosbacher Löwe (Panthera leo fossilis), links unten
Gemälde von Fritz Wendler (1941–1995)

Österreich: Deutsch-Altenburg 1
Tschechien: Stránská skála
Ungarn: Várhegy, Vértesszölös II
Griechenland: Petralona, Megapolis
Moldawien: Tiraspol
Italien: Torre in Pietra, Isernia

Der Europäische Höhlenlöwe

Der Europäische Höhlenlöwe (*Panthera leo spelaea*) existierte im Eiszeitalter vor etwa 300.000 bis 10.000 Jahren. Er erreichte eine Kopfrumpflänge von etwa 1,45 bis 2,20 Metern, wozu noch der Schwanz kam, sowie eine Schulterhöhe von etwa 0,90 bis 1,50 Metern. Das Gewicht der größten Höhlenlöwen wird auf mehr als 300 Kilogramm geschätzt. Heutige Löwen bringen es auf eine Kopfrumpflänge von etwa 1,90 Metern, wozu noch 0,90 Meter für den Schwanz hinzukommen, eine Schulterhöhe von etwa einem Meter und ein Gewicht von rund 175 Kilogramm. Ein in Siegsdorf (Kreis Traunstein) in Bayern entdeckter Höhlenlöwe hatte eine Kopfrumpflänge von etwa 2,10 Metern und eine Schulterhöhe von etwa 1,20 Metern. Besonders viele Funde von Höhlenlöwen liegen aus dem Oberpleistozän (etwa 125.000 bis 11.700 Jahre) vor. Fossilien von Höhlenlöwen werden in zahlreichen deutschen Museen aufbewahrt.

Höhlenlöwe auf einer Zeichnung des Künstlers Shuhei Tamura aus Kanagawa in Japan

Der Europäische Jaguar

Der Jaguar war im Eiszeitalter viele 100.000 Jahre lang die einzige in Europa heimische Pantherkatze. Nach den Fossilfunden zu schließen, existierten zeitlich aufeinanderfolgend der Toskanische Jaguar (*Panthera onca toscana*) und der Europäische Jaguar (*Panthera onca gombaszoegensis*).

Den Toskanischen Jaguar (früher irrtümlich auch Toskana-Löwe genannt) hat 1949 der Basler Lehrer und Paläontologe Samuel Schaub (1882–1962) nach einem Fund aus der Toskana (Italien) beschrieben. Der Europäische Jaguar wurde bereits 1938 von dem Budapester Paläontologen Miklós Kretzoi (1907–2005) nach einem Fund vom slowakischen Fundort Gombasek (Gombaszök) beschrieben.

In der Fachwelt wird darüber diskutiert, dass es sich beim Toskanischen Jaguar und beim Europäischen Jaguar um ein und dieselbe Form handeln könnte. Wenn dies zuträfe, gilt für beide Formen der wissenschaftliche Name *Panthera onca gombaszoegensis*. Manche Autoren betrachten diese beiden Jaguare – statt als Unterarten – als Arten und nennen sie deswegen *Panthera toscana* und *Panthera gombaszoegensis*.

Der Toskanische Jaguar kam vor mehr als 1,6 Millionen Jahren in Italien (Olivola) vor. In den Niederlanden (Tegelen) existierte er ebenfalls zu dieser Zeit. Ähnlich alt könnten Reste des Toskanischen Jaguars vom Eingang der Bärenhöhle bei Sonnenbühl-Erpfingen (Baden-Württemberg) sein.

In Thüringen (Gebissreste bei Untermaßfeld nahe Meiningen) und Rheinland-Pfalz (Unterkiefer bei Neuleiningen unweit Grünstadt) lebte der Europäische Jaguar vor mehr als einer Million Jahren. Aus der Gegend von Rotterdam (Maasvlakte) kennt man einen etwa 800.000 bis 900.000 Jahre alten Oberkieferrest des Europäischen Jaguars. Ähnlich alt ist der Oberkieferrest eines Europäischen Jaguars aus Georgien (Akhalkalaki). Erst vor rund 700.000 Jahren bekam der Jaguar in Europa Konkurrenz durch den Löwen und fast zur selben Zeit durch den Leoparden. In Hessen (Mosbach im Stadtkreis Wiesbaden), Thüringen (Weimar-Süßenborn) und Bayern (Rabenstein bei Waischenfeld, Würzburg-Schalksberg) existierte der Europäische Jaguar vor etwa 600.000 Jahren. Ein ähnlich alter Jaguarrest wird aus Hundsheim in Niederösterreich erwähnt. Auffallenderweise sind in Mosbach viele Reste von Löwen, aber wenige von Jaguaren gefunden wurden. Löwe und Jaguar kamen auch in Westbury-sub-Mendip (England), Château (Frankreich), Vértesszölös (Ungarn) und Petralona (Griechenland) zusammen in der gleichen Schicht vor.

Panthera onca gombaszoegensis dürfte spätestens in der Mindel-Eiszeit (etwa 480.000 bis 330.000 Jahre) ausgestorben sein. Der Europäische Jaguar wurde früher unter zahlreichen Artnamen beschrieben.

Heutiger Jaguar (Panthera pardus) im Loro Park (Teneriffa). Aufgenommen von Joachim S. Müller aus Darmstadt

Säbelzahnkatze und Dolchzahnkatze

Die Säbelzahnkatze *Homotherium* existierte in Afrika bereits im frühen Pliozän vor etwa 5 Millionen Jahren. Bis zum Eiszeitalter lebte sie außer in Afrika auch in Europa und in Nordamerika. Die letzten Funde aus dem „Schwarzen Erdteil" sind etwa 1,5 Millionen Jahre alt. Die Säbelzahnkatzen-Gattung *Homotherium* wurde 1890 von dem italienischen Naturforscher Emilio Fabrini erstmals beschrieben (griechisch: homos = gleich, ähnlich, therion = wildes Tier).
Über eine Million Jahre alt sind die Fossilien der Säbelzahnkatze *Homotherium crenatidens* und der Dolchzahnkatze *Megantereon cultridens adroveri* aus einem eiszeitlichen Leichenfeld bei Untermaßfeld nahe Meiningen in Thüringen.

Rekonstruktion der Dolchzahnkatze Megantereon cultridens im Naturhistorischen Museum Wien

*Schädel eines Jungtieres (oben) und Unterkiefer eines erwach-
senen Tieres (unten) der Säbelzahnkatze Homotherium crenatidens aus der Spaltenfüllung 11 im Kalksteinbruch bei Neuleiningen nahe Grünstadt in Rheinland-Pfalz. Originale im
Pfalzmuseum für Naturkunde, Bad Dürkheim, und in der Sammlung von Ulrich H. J. Heidtke, Niederkirchen (Pfalz)*

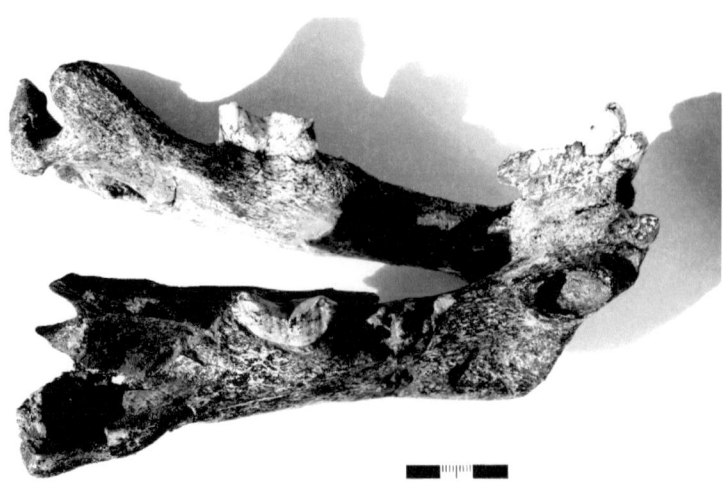

Nach einem Fund aus Senèze in Frankreich zu schließen, hatte *Megantereon* eine Schulterhöhe von etwa 70 Zentimetern. Die Länge soll etwa 1,20 Meter betragen haben. Diese Dolchzahnkatze trug einen vorstehenden Flansch am Unterkiefer sowie sehr große Eckzähne im Oberkiefer und merklich kleinere im Unterkiefer. Ihre Eckzähne besaßen eher die Größe und Form eines Dolches als die eines Säbels.

Auf Basis des *Megantereon*-Skelettfundes aus Sèneze und Zeichnungen von Mauricio Antòn ist im Naturhistorischen Museum Wien (NHM) das weltweit erste lebensechte Modell dieser Dolchzahnkatze angefertigt worden. Es entstand unter der wissenschaftlichen Leitung von Martin Lödl, Direktor der 2. Zoologischen Abteilung des NHM und Doris Nagel, Professorin am Institut für Paläontologie der Universität Wien. Die Ausführung des Modells lag in den Händen von Präparator Horst-Gustav Wiedenroth und seines Teams.

Megantereon existierte vor etwa 4,5 Millionen bis 500.000 Jahren und war der Vorfahre der amerikanischen Dolchzahnkatze *Smilodon*. Der mehr als eine Million Jahre alte Fund von *Megantereon* aus Thüringen gilt als geologisch jüngster dieser Gattung in Europa.

Ein Alter von knapp zwei Millionen Jahren haben der Schädel eines Jungtieres und der Unterkiefer eines erwachsenen Tieres der Säbelzahnkatze *Homotherium crenatidens*, die in der Spaltenfüllung 11 im Kalksteinbruch bei Neuleiningen nahe Grünstadt in Rheinland-Pfalz entdeckt wurden.

Säbelzahnkatzen-Fossilien von *Homotherium crenatidens* aus den Mosbach-Sanden von Wiesbaden und den Mauerer Sanden von Mauer bei Heidelberg sind rund 600.000 Jahre alt. In den Mosbach-Sanden fand man einen Mittelhandknochen, in den Mauerer Sanden einen Eckzahn des Oberkiefers, drei Mittelhandknochen, neun post-craniale Skelettelemente und einen Zahn von *Homotherium crenatidens*. Aus Weimar-Süßenborn liegt ein vorderer Backenzahn des linken Oberkieferastes von *Homotherium* sp. vor, der etwas mehr als 600.000 Jahre alt ist.

Auch in Niederösterreich hat man Reste der Säbelzahnkatze *Homotherium* geborgen. Aus einer Spaltenfüllung bei Hundsheim ist die Art *Homotherium moravicum* bekannt und aus Deutsch-Altenburg 1 die Art *Homotherium sainzelli.*

Lange glaubte man, die Gattung *Homotherium* sei in Europa bereits im Eiszeitalter vor etwa 500.000 oder 300.000 Jahren ausgestorben. Doch im März 2000 wurde in der Nordsee, die im Eiszeitalter zeitweise Festland („Nordseeland") gewesen war, ein nur ca. 28.000 Jahre alter Unterkieferast der Säbelzahnkatze *Homotherium latidens* entdeckt. Dieses südwestlich der Braunen Bank aufgefischte Fossil gilt als jüngster Fund einer Säbelzahnkatze in Europa und Asien. Im August 2008 holte ein niederländischer Fischkutter vor der Küste Ostenglands ein mehr als 850.000 Jahre altes Oberarmknochen-Fragment vom linken Vorderbein einer männlichen Säbelzahnkatze der Art *Homotherium crenatidens* vom Nordseegrund. Dieses Fossil ist der erste Fund dieser Säbelzahnkatze aus Nordwest-Europa.

Die Gattung *Homotherium* erreichte eine Schulterhöhe von ca. 1,10 Meter, was etwa einem heutigen Löwen entspricht. Ihr Gewicht wird auf rund 200 Kilogramm geschätzt. Ein Eckzahn einschließlich Wurzel aus dem Oberkiefer von *Homotherium crenatidens* von Untermaßfeld bei Meiningen ist 15,8 Zentimeter lang. Die Säbelzahnkatzen traten – wie Bären und der Mensch – mit der ganzen Sohle auf (Sohlengänger) anstatt nur mit den Zehen (Zehengänger) wie die meisten Katzen.

Originalfunde von Säbelzahnkatzen werden in der Forschungsstation für Quartärpaläontologie Weimar, im Naturhistorischen Museum Mainz, Urgeschichtlichen Museum von Mauer, Pfalzmuseum für Naturkunde in Bad-Dürkheim und in der Sammlung Ulrich H. J. Heidtke, Niederkirchen (Pfalz), aufbewahrt. Säbelzahnkatzen werden oft als Säbelzahntiger bezeichnet, obwohl sie mit dem heutigen Tiger nicht verwandt sind. Auch der Begriff Säbelzahnkatzen ist umstritten, weil er falsche Vorstellungen über die Eckzähne weckt. Ein Teil der Wissenschaftler unterscheidet heute Dolchzahnkatzen und Säbelzahnkatzen.

Der Leopard (Panther)

Frühe Leoparden sind in Deutschland durch zwei Funde aus den etwa 600.000 Jahre alten Mauerer Sanden von Mauer bei Heidelberg in Baden-Württemberg belegt. Im Urgeschichtlichen Museum im Rathaus von Mauer liegt der Oberkieferzahn eines Leoparden (*Panthera pardus*). Im Staatlichen Museum für Naturkunde in Karlsruhe befindet sich der Unterkiefer eines Leoparden.

Die in den Mauerer Sanden entdeckten Leopardenreste werden der Unterart *Panthera pardus sickenbergi* zugerechnet. Jene Unterart wurde 1969 von der Paläontologin Gerda Schütt († 2007) beschrieben. Der Name dieser Unterart erinnert an den Hannoveraner Geologen Otto Sickenberg (1901–1974).

Ein ähnlich hohes geologisches Alter wie der Leopard aus Südwestdeutschland hat der Panther, der in einer Spaltenfüllung von Hundsheim bei Deutsch-Altenburg in Österreich nachgewiesen wurde. An dieser berühmten Fundstelle in Niederösterreich kamen auch Fossilien vom Gepard (*Acinonyx intermedius*) und von der Säbelzahnkatze (*Homotherium moravicum*) ans Tageslicht.

Wie der Mosbacher Löwe, der Europäische Höhlenlöwe, der Ostsibirische Höhlenlöwe (Beringia-Höhlenlöwe) und der Amerikanische Höhlenlöwe gehört der Leopard zur Gattung *Panthera*. Genetischen Untersuchungen zufolge sind der Jaguar und der Löwe die nächsten Verwandten des Leoparden. Die Jaguarlinie spaltete sich vor rund 1,9 Millionen Jahren von Löwe und Leopard ab, die sich erst vor etwa 1 bis 1,25 Millionen Jahren voneinander trennten.

In Deutschland und Österreich sind etliche Reste von Leoparden aus dem Oberpleistozän (etwa 125.000 bis 11.700 Jahre) entdeckt worden. Ein Leopardenkiefer von Geinshein in Hessen wird ins Oberpleistozän datiert. Aus der Eem-Warmzeit (etwa 125.000 bis 115.000 Jahre) könnte der in der Petershöhle bei Velden (Bayern) nachgewiesene Leopard stammen. Der norddeutschen Weichsel-Eiszeit bzw. der süddeutschen Würm-Eiszeit (etwa 115.000 bis 11.700 Jahre) werden Reste von Leoparden aus der Zoolithenhöhle von Burggaillenreuth (Bayern), der ehemaligen Höhle „Teufelsbrücke" bei Saalfeld (Thüringen), der Baumannshöhle bei Rübeland (Sachsen-Anhalt) und von Niederlehme (Brandenburg) zugerechnet. Das Fragment eines Oberarmknochens von Niederlehme bei Königs Wusterhausen unweit von Berlin gilt als bisher nördlichster Fund des Leoparden in Mitteleuropa.

2002 gelang dem Wiener Paläontologen Gernot Rabeder der erste Nachweis eines Leoparden im Hochgebirge der Ostalpen. Bei einer Grabung in der Ochsenhalthöhle in etwa 1650 Meter Höhe im Toten Gebirge (Oberösterreich) entdeckte er außer zahlreichen Resten von Höhlenbären den Reißzahn eines Leoparden aus der Würm-Eiszeit vor etwa 35.000 Jahren. Vermutlich hat dieser Leopard von Bäumen aus auf junge oder auf alte und kranke Bären gelauert. Vielleicht ist der Raubkatze ein Besuch in der Ochsenhalthöhle zum Verhängnis geworden, weil ihn dort wohnende Höhlenbären zerrissen.

Heute leben Leoparden nur noch in warmen Zonen von Afrika und Asien. Nach Tiger, Löwe und Jaguar gilt der Leopard als die viertgrößte Großkatze.

In der Publikation „Pliozäne und pleistozäne Faunen Österreichs. Ein Katalog der wichtigsten Fundstellen und ihrer Faunen" (1997), herausgegeben von Doris Döppes und Gernot Rabeder, werden etliche Leopardenfunde aus Österreich erwähnt:

Hundsheimer Spaltenfüllung bei Hundsheim in der Gegend von Deutsch-Altenburg

Merkensteinhöhle bei Gainfarn im südlichen Wienerwald

Fünffenstergrotte am Kugelstein im mittleren Murtal im Grazer Bergland

Große Peggauer Wandhöhle bei Peggau im Grazer Bergland

Repolusthöhle im Badlgraben, einem Seitental des Murtales

Tropfsteinhöhle am Kugelstein bei Deutschfeistritz

Heutiger Leopard (Panthera pardus) in Namibia auf einem Baum. Dieses Foto glückte Siegbert Heinecke aus Böhl-Iggelheim in der Pre-Namib, etwa 35 Kilometer südöstlich von Sesriem. Heinecke hat besonderes „Leoparden-Glück": Bei jeder Reise nach Afrika konnte er einen Leoparden sehen und fotografieren. „Allerdings hat noch nie einer so still gehalten wie dieser", sagt er.

Der Schnee-Leopard

Der Schnee-Leopard (*Panthera unica*), auch Irbis genannt, lebte, wie Fossilfunde aus den Siwaliks in Nordpakistan beweisen, schon im Eiszeitalter vor etwa 1,4 oder 1,2 Millionen Jahren in Asien. Vorher hatte man nur wenige Fossilfunde aus dem späten Pleistozän gekannt, die aus dem Altai-Gebirge an der Westgrenze der Mongolei stammen. Der Schnee-Leopard existierte offenbar nur in Asien. Angebliche Funde aus dem Oberpleistozän (etwa 127.000 bis 11.700 Jahre) in Europa stammen vermutlich von Leoparden oder großen Luchsen. In der Literatur wird beispielsweise ein Schnee-Leoparden-Fund aus der Zoolithenhöhle von Burggaillenreuth bei Muggendorf in Bayern erwähnt.

Heutige Schnee-Leoparden haben eine Kopfrumpflänge von einem bis 1,50 Meter, eine Schulterhöhe von 0,80 bis einen Meter und ein Gewicht zwischen etwa 25 und 75 Kilogramm. Der Schnee-Leopard gilt als kleinste aller Großkatzen. Sein dickes, rauchgrau geflecktes, helles Fell schützt ihn vor beißender Kälte und ermöglicht ihm im Fels eine vorzügliche Tarnung. In der Fachliteratur heißt es über den Schnee-Leoparden, er könne sogar Tiere angreifen, die drei Mal so schwer seien wie er selbst. Er sei ein phantastischer Springer und könne Weiten bis zu 15 Metern überwinden, was ein Weltrekord im Tierreich sei.

Heutiger Schnee-Leopard (Panthera unica) im Schnee im Zoo Zürich. Fotografiert von Emmanuel Keller aus Grüt (Gossau)

*Schnee-Leopard
aus der Gegenwart
im Memphiszoo
von Memphis, Tennessee.
Foto von Art Salmons
aus Russellville
(Arkansas, USA)*

Der Gepard

Der Gepard (*Acinonyx pardinensis pleistocaenicus*) ist im mehr als eine Million Jahre alten Fundgut des eiszeitlichen Leichenfeldes bei Untermaßfeld unweit von Meiningen in Thüringen vertreten. Dort konnte man unter anderem einen Oberschädel und einen fast 37 Zentimeter langen Oberschenkelknochen dieser Raubkatze bergen, die vorher nur aus Nordchina bekannt war. Dabei handelt es sich um die ältesten Gepardfunde in Deutschland.

Die fossile Gepard-Art *Acinonyx pardinensis* wurde 1828 von den französischen Paläontologen Abbé Jean-Baptiste Croizet und Antoine Jobert erstmals beschrieben. Der Gattungsname *Acinonyx* kommt aus dem Griechischen und besteht aus den Wortteilen „akin" (nicht beweglich) und „onyx" (Kralle). Und der Artname *pardinensis* erinnert an den Fundort in Nähe des Dorfes Pardines an der Montage de Perrier.

Auch in etwa 600.000 Jahre alten Schichten der Mosbach-Sande von Mosbach in Wiesbaden (Hessen) ist der Gepard nachgewiesen. Originalfunde von Geparden aus den Mosbach-Sanden liegen im Naturhistorischen Museum Mainz, im Forschungsinstitut Senckenberg in Frankfurt am Main und in der Sammlung der Paläontologischen Denkmalpflege des Landesamtes für Denkmalpflege Hessen in Wiesbaden. Ähnlich alt wie die Fossilien aus Mosbach sind Reste vom Gepard aus Hundsheim in Niederösterreich. 2008 schlugen Helmut Hemmer (Mainz), Ralf-Dietrich Kahlke (Weimar) und Thomas Keller (Wiesbaden) für Geparde aus dem frühen Mittelpleistozän den wissenschaftlichen Namen *Acinonyx pardinensis* (sensu lato) *intermedius* vor.

Heutige Geparde erreichen eine Kopfrumpflänge von etwa 1,50 Meter, wozu ein rund 0,70 Meter langer Schwanz hinzukommt, und eine Schulterhöhe von etwa 0,80 Meter. Ihr Gewicht beträgt nur etwa 60 Kilogramm. Eiszeitliche Geparde waren – nach den gefundenen Skelettresten zu schließen – merklich größer

Heutiger Gepard in Namibia. Foto: Lothar Henke, Leipzig

und schwerer. Geparde gibt es heute noch in Savannen Afrikas und Asiens.

In der Publikation „Geparde im Mittelpleistozän Europas: *Acinonyx pardinensis* (sensu lato) *intermedius* (Thenius, 1954) aus den Mosbach-Sanden (Wiesbaden, Hessen, Deutschland)" (2008) von Helmut Hemmer (Mainz), Ralf-Dietrich Kahlke (Weimar) und Thomas Keller (Wiesbaden) werden folgende Fundorte von Geparden in Europa erwähnt:

Deutschland: Untermaßfeld bei Meiningen, Mosbach-Sande von Mosbach in Wiesbaden

Österreich: Hundsheim

Frankreich: Ètouaires, Ardé, Saint-Vallier

Italien: Casa Frata, Olivola

Der Puma

Die ältesten Fossilien, die man dem Zweig der Pumas zuord-
nen kann, kennt man aus Afrika und stammen aus dem Pliozän
vor mehr als drei Millionen Jahren. Zwei Oberkieferfragmente
eines Pumas (*Puma pardoides*) aus dem Pliozän vor mehr als
2,6 Millionen Jahren in Georgien gelten als die ältesten bekannten Fossilien dieser Raubkatze in Europa. Diese beiden Fossili-
en aus Kvabebi bei Signakhi hatte der georgische Paläontologe
Abesalom K. Vekua 1972 als Luchs (*Lynx issiodorensis)* fehlgedeutet. 2004 erkannte der Mainzer Zoologe Helmut Hemmer
bei einer Untersuchung von Raubkatzen-Fossilien aus Kvabebi
in der Sammlung des Georgian State Museum in Tbilisi ihre
wahre Natur als Eurasischer Puma. Der Eurasische Puma *Puma
pardoides* wurde 1846 von dem englischen Paläontologen Richard Owen (1804–1892) erstmals beschrieben. Ebenfalls mehr
als 2,6 Millionen Jahre alt sind Puma-Funde aus Shamar in der
Mongolei, die als die ältesten Puma-Belege in Asien gelten.
Vor mehr als einer Million Jahren jagte der Puma (*Puma
pardoides*) auch in Thüringen, wie Funde aus dem Leichenfeld
bei Untermaßfeld nahe Meiningen beweisen. Dabei handelt es
sich um den ältesten Nachweis eines Pumas in Deutschland. In
Nordamerika ist der heutige Puma (*Puma concolor*), auch Sil-
berlöwe genannt, nicht vor 400.000 Jahren belegt.
In der Publikation „The Old World puma – *Puma pardoides*
(Owen, 1846) (Carnivora: Felidae) – in the Lower Villafranchian
(Upper Pliocene) of Kvabebi (East Georgia, Transcaucasia) and
its evolutionary and biogeographical significance" von Helmut
Hemmer (Mainz), Ralf-Dietrich Kahlke (Weimar) und Abe-
salom K. Vekua (Tbilisi) von 2004 werden zahlreiche Puma-
Fundorte in Europa erwähnt:
Spanien: La Puebla de Valverde
Frankreich: Ètouaires, Saint-Vallier, Le Vallonet
England: Newbourn
Niederlande: Tegelen

*Heutiger Puma (Puma pardoides) im Zoo de la Barben in Süd-
frankreich. Foto von Dominique Pipet aus Vitrolles (Frankreich)*

Schwedischer Naturforscher Carl von Linné
(1707–1778)

Deutschland: Untermaßfeld bei Meiningen
Tschechien: Stranskà Skála
Bulgarien: Varshets
Mongolei, Shamar, Beregovaya 1
Der heutige Puma (*Puma concolor*) wurde 1771 von dem schwedischen Naturforscher Carl von Linné (1707–1778) bzw. Linnaeus erstmals beschrieben. Pumas existieren in der Gegenwart nur noch in Nord- und Südamerika. Man nennt sie auch Silberlöwe, Berglöwe oder Kuguar. In den USA wird der Puma manchmal als Panther bezeichnet. Das ist aber ein Begriff, den man außerhalb der USA für verschiedene Großkatzen verwendet.

Puma concolor erreicht eine Schulterhöhe von etwa 70 Zentimetern. Männliche Pumas haben eine Kopfrumpflänge von durchschnittlich 1,30 Meter. Weibliche Pumas sind mit einer Kopfrumpflänge von durchschnittlich 1,10 Meter etwas kleiner. Zur Kopfrumpflänge kommt ein zwischen 66 und 78 Zentimetern langer Schwanz hinzu. Männliche Pumas wiegen bis zu 100 Kilogramm und mehr, weibliche Pumas meistens nicht mehr als 50 Kilogramm.

Pumas gelten als Kleinkatzen, sind Einzelgänger, tragen fünf Zehen an den Vorderpfoten und vier an den Hinterpfoten und besitzen einziehbare Krallen. Sie können bis zu vier Meter hoch und zehn Meter weit springen. Im Gegensatz zu Großkatzen brüllen sie nicht. Manche Forscher wie Truman Everts beschreiben ihren Schrei sogar als menschenähnlich.

Zum Beutespektrum der Pumas gehören Säugetiere fast aller Größen vom Elch, Hirsch, Rentier bis zu Mäusen und Ratten sowie Vögel und in manchen Gegenden auch Fische. Dagegen meiden sie Aas und Reptilien. Bei der Jagd auf größere Säugetiere schleichen sich Pumas heran, springen aus kurzer Distanz auf den Rücken des Beutetieres und brechen ihm mit einem kräftigen Biss in den Hals das Genick.

Rentierjagd im Eiszeitalter vor mehr als 12.000 Jahren in Süddeutschland. Rentiere und Wildpferde waren die wichtigsten Jagdtiere der damaligen Menschen. Gemälde von Fritz Wendler (1941–1995)

Deutschland im Eiszeitalter

Das Quartär vor etwa 2,6 Millionen Jahren bis heute ist eine der kürzesten und zugleich die jüngste Periode der Erdgeschichte, die bereits vor etwa 4,6 Milliarden Jahren begonnen hatte. Seine erste und längere Epoche ist das Pleistozän (etwa 2,6 Millionen bis 11.700 Jahre), das auch Eiszeitalter genannt wird. Die zweite und kürzere Epoche heißt Holozän, Heutzeit oder Jetztzeit. Sie begann vor etwa 11.700 Jahren und währt heute noch an.

Bei der Erforschung des Quartär leisteten deutsche Wissenschaftler entscheidende Beiträge. Der badische Naturforscher Karl Friedrich Schimper (1803–1867) prägte 1837 den Begriff „quartäre Eiszeit". Er ging damals noch von einer einzigen Eiszeit im gesamten Quartär aus.

Der Berliner Geograph Albrecht Penck (1858–1945) und dessen Schüler Eduard Brückner (1862–1927) führten 1909 für das Gebiet der Alpen die heute noch in Süddeutschland gültige Gliederung in vier Eiszeiten und drei dazwischenliegende Warmzeiten ein. Die Eiszeiten (Glaziale) wurden nach den kleinen Alpenflüssen Günz, Mindel, Riss und Würm benannt, in deren Umgebung Gletscherablagerungen nachgewiesen werden konnten. Die Warmzeiten (Interglaziale) erhielten die Namen Günz-Mindel-Interglazial, Mindel-Riss-Interglazial und Riss-Würm-Interglazial.

Der Berliner Geologe Konrad Keilhack (1858–1944) schlug 1909 vor, für die in Norddeutschland nachgewiesenen Vereisungen die Namen Elster-Eiszeit, Saale-Eiszeit und Weichsel-Eiszeit zu verwenden, um sie nach süddeutschem Vorbild ebenfalls nach Flüssen zu bezeichnen. Die zwischen den norddeutschen Eiszeiten liegenden Warmzeiten wurden zunächst Elster-Saale-Interglazial und Saale-Weichsel-Interglazial genannt.

Heute bezeichnet man diese Interglaziale in Deutschland als Holstein-Warmzeit und Eem-Warmzeit.

Die süddeutsche Gliederung wurde später um die ältere Eiszeitgruppe Biber-Donau-Komplex ergänzt. Der norddeutschen Gliederung fügte man den Cromer-, Bavel-, Waal-, Eburon-, Tegelen- und den Prätegelen-Komplex hinzu. Von einer Eiszeit spricht man dann, wenn eine Abkühlung des Klimas mit Gletschervorstößen verbunden ist, während einer Kaltzeit sind solche Gletscherstöße nicht erkennbar. Ein mehrfacher Wechsel von Kalt- und Warmzeiten innerhalb von Großzyklen werden als Komplexe bezeichnet.

Die gegenwärtig in Deutschland gebräuchlichen Gliederungen des Quartär entsprechen indes nicht mehr dem neuesten Forschungsstand. Da die Experten mit einem Kalt-Warm-Zyklus von etwa 100.000 Jahren rechnen, wovon jeweils rund 80.000 Jahre kalt- und etwa 20.000 Jahre warmzeitlich sind, müsste es im Quartär ungefähr 20 solcher Zyklen gegeben haben. Die Gliederungen weisen aber weniger Zyklen aus.

Nachfolgende – teilweise überarbeitete – Gliederung des Eiszeitalters stammt aus dem Buch „Deutschland in der Urzeit" (1986) von Ernst Probst.

Die Prätegelen-Kaltzeit und die Biber-Eiszeiten

Zu Beginn des Eiszeitalters lag der größte Teil Deutschlands trocken. Sogar das Ostseebecken war Festland. Die Nordsee hatte sich weit von der Küste zurückgezogen.

Der älteste Abschnitt des Eiszeitalters ist die Prätegelen-Kaltzeit (etwa 2,6 bis 1,96 Millionen Jahre), aus der bisher in Norddeutschland keine Gletschervorstöße des nordischen Inlandseises bekannt sind. Von einer Kaltzeit spricht man immer dann, wenn keine Gletschervorstöße erfolgten.

Die Klimaverschlechterung in diesem Abschnitt wurde 1950 von den niederländischen Wissenschaftlern Isaac Martinus van der Vlerk (1892–1974) vom ehemaligen Geologischen Institut der Rijksuniversiteit Leiden und Frans Florschütz (1887–1965) vom Botanischen Institut der Rijksunversiteit Utrecht in den Niederlanden nachgewiesen.

Etwa zur selben Zeit wie die Prätegelen-Kaltzeit in den Niederlanden und in Norddeutschland herrschten in Süddeutschland die Biber-Eiszeiten, aus denen Zeugnisse von Gletschervorstößen vorliegen. Von einer Eiszeit spricht man dann, wenn eine Abkühlung des Klimas mit Gletschervorstößen verbunden ist.
Die Biber-Eiszeiten wurden 1956 von Ingo Schaefer vom Geographischen Institut der Universität Regensburg beschrieben. Er erkannte Schotterablagerungen im Raum Augsburg als Relikte einer frühen Eiszeitengruppe, die er nach dem kleinen Bach Biber, einem Zufluss des Flüßchens Schmutter nordwestlich von Augsburg, benannte. Die Biber-Eiszeiten umfassen vermutlich zwei kalte Abschnitte.

Die Tegelen-Warmzeit

In der Tegelen-Warmzeit (etwa 1,96 bis 1,78 Millionen Jahre) ließ eine Klimaverbesserung wieder die Wälder wachsen. Tegelen ist ein Ort in den Südniederlanden, von dem zahlreiche Überreste wärmeliebender Pflanzen und Tiere bekannt sind. Der Begriff Tegelen-Warmzeit wurde 1905 von dem niederländischen Paläontologen Eugène Dubois (1858–1940) eingeführt.

Die Eburon-Kaltzeit und die Donau-Eiszeiten

Die Eburon-Kaltzeit (etwa 1,78 bis 1,30 Millionen Jahre) wurde 1957 von dem niederländischen Geologen Waldo H. Zagwijn vom Rijksgeologischen Dienst in Haarlem aufgrund des Rückganges wärmeliebender Pflanzen nachgewiesen, der in Pollen-profilen dokumentiert ist. In Norddeutschland gab es im Eburon keine Gletschervorstöße.

Ähnlich alt wie die Eburon-Kaltzeit in den Niederlanden und in Norddeutschland dürften die süddeutschen Donau-Eiszeiten sein, die vermutlich drei kalte Abschnitte umfassen. Zeugnisse dieser Alpenvorland-Vergletscherung wurden 1930 von dem katholischen Geistlichen Bartholomäus Eberl (1883–1960) aus Obergünzburg im Bereich von Memmingen entdeckt. Eberl wählte den Begriff „Donau" in Anlehnung an das System von Albrecht Penck, der die süddeutschen Eiszeiten nach Flüssen im Alpenvorland benannte.
In den Donau-Eiszeiten stieß der westliche Teil des Lech-gletschers bis Kaufbeuren vor. An diesen Vorstoß erinnern heute Gletscherablagerungen (Moränen) bei Bickenried.

Die Waal-Warmzeit

Das Waal (etwa 1,30 bis 1,07 Millionen Jahre) wurde 1957 von Waldo H. Zagwijn in den Niederlanden beschrieben. Vor etwa einer Million Jahren lebte in der Hohen Eifel der Vulkanismus wieder auf. Auch in der Ost-Eifel brachen Vulkane aus. Einige Bimsvorkommen, die in der Eifel abgebaut werden, stammen aus dieser geologisch unruhigen Zeit.

Das Bavelium

Der Bavelium-Komplex (etwa 1,07 Millionen bis 990.000 Jahre), auch Bavel-Komplex oder Bavelium genannt, wurde 1983 von dem niederländischen Geologen Waldo H. Zagwijn und dem Palynologen Jan de Jong, beide am Rijksgeologischen Dienst in Harlem tätig, beschrieben.

Faszinierende Einblicke in die Tierwelt des Bavelium ermöglichen die etwa eine Million Jahre alten Funde aus dem Flussbett
der Ur-Werra bei Untermaßfeld nahe Meiningen in Thüringen.
Bei den Ausgrabungen des Weimarer Paläontologen Ralf-Dietrich Kahlke kamen Reste ungewöhnlich vieler Tiere zum Vorschein, die bei Hochwasser ums Leben gekommen waren. In
diesem eiszeitlichen Leichenfeld lagen Fossilien vom Flusspferd
(*Hippopotamus amphibius antiquus*), Südelefanten (*Mammuthus meridionalis*), von Dolchzahnkatze (*Megantereon cultridens adroveri)* und Säbelzahnkatze *Homotherium crenatidens*),
vom Europäischem Jaguar (*Panthera onca gombaszoegensis*),
Puma (*Puma pardoides*), Gepard (*Acinonyx pardinensis pleistocaenicus*), Luchs (*Lynx issiodorensis*), der Hyäne (*Pachy-
crocuta brevirostris*) und vom Makaken (*Macaca sylvanus*).

Weimarer Paläontologe Ralf-Dietrich Kahlke

Die Fundstelle bei Untermaßfeld gilt als die mit Abstand wichtigste und reichhaltigste ihrer Zeitstellung in Europa. Insgesamt wurden mehr als 15.000 Wirbeltierreste (davon etwa 4000 von Kleinsäugern) von rund 100 Arten geborgen. Darunter befinden sich spektakuläre Entdeckungen. Die Flusspferde aus Untermaßfeld gelten als die größten aller Zeiten. Weitere Raritäten sind der früheste Jaguar und Gepard aus Deutschland. Zudem entdeckte man bei Untermaßfeld neue Tierarten wie den *Bison menneri*, das Reh *Capreolus cusanoides*, den großen Hirsch *Eucladoceros giulii*, das Wildpferd *Equus wuesti* und den Bären *Ursus rodei*. *Bison menneri* ist mit einer Schulterhöhe von 1,78 Meter der größte Bison aller Zeiten.

Der eigenständige Charakter, die Vollständigkeit und die gute Überlieferungsqualität der Untermaßfelder Säugetierfossilien haben Ralf-Dietrich Kahlke bewogen, für die Zeit vor etwa 1,2 Millionen bis 900.000 Jahren den Begriff Epi-Villafranchium vorzuschlagen.

Die Menap-Kaltzeit und die Günz-Eiszeit

In der Menap-Kaltzeit (etwa 990.000 bis 800.000 Jahre) fielen die Temperaturen noch nicht so extrem wie in den späteren Eiszeiten des Mittel- und Oberpleistozäns. Aus Norddeutschland liegen keine Spuren von Gletschervorstößen vor. Die Menap-Kaltzeit wurde 1957 von Waldo H. Zagwijn im niederländischen Rhein-Mündungsgebiet nachgewiesen.

Im Menap verschwanden nördlich der Alpen allmählich die letzten Vertreter der wärmeorientierten Tertiärflora. Die vergletscherten Alpen, Pyrenäen und Karpaten, aber auch Trockengebiete in Spanien, verhinderten deren Rückzug in den wärmeren Süden. Deshalb konnten diese Pflanzenarten nach der Wiedererwärmung mit ihren Sämlingen keinen neuen Vorstoß nach Norden unternehmen. Aus diesem Grund ist heute die Flora in Mitteleuropa im Vergleich zu derjenigen von Nordamerika und Ostasien verarmt.

Zeitlich etwa identisch mit der Menap-Kaltzeit dürfte die süddeutsche Günz-Eiszeit sein. Sie wurde nach hochgelegenen Nagelfluhen im Iller-Lech-Gebiet – und hier vor allem im Bereich des Flusses Günz – definiert. Als Nagelfluh („Fluh" = Schweizer Begriff für Fels) bezeichnet man verfestigte Schotter, bei denen die Gerölle wie Nagelköpfe in der Gesteinsmasse wirken. Im Günz erreichten die Gletscher des österreichischen Traungletscher-Gebietes ihre größte Ausdehnung. Günzmoränen sind auch im Rhein- und Illergletschergebiet nachgewiesen.

Der Cromer-Komplex

Das Klima im Cromer (etwa 800.000 bis 480.000 Jahre) war nicht einheitlich. Einerseits gab es sehr milde, andererseits aber auch kühle Abschnitte. In Mitteleuropa wird das Comer in vier Warmzeiten und vier Kaltzeiten unterteilt. Die charakteristische Cromer-Forest-Bed-Abfolge bei Cromer in Norfolk (England) wurde 1882 von dem englischen Geologen Clement Reid (1855–1916) beschrieben.
Im Cromer ist vor etwa 780.000 Jahren eine Umpolung des Erdmagnetfeldes nachweisbar. Sie wird nach den Geophysikern Yosiharu Matuyama aus Japan und Bernard Brunhes aus Frankreich als Matuyama/Brunhes-Grenze bezeichnet. Findet man Spuren davon, zum Beispiel durch die Ausrichtung magnetischer Minerale in eiszeitlichen Ablagerungen, kann man so die Ablagerungen datieren.
Auffallenderweise konzentriert sich der explosive Vulkanismus im Neuwieder Becken besonders auf Warmzeiten wie das Cromer und Übergangszeiten.
In den wärmeren Abschnitten des Cromer behaupteten sich Eichenmischwälder mit Eiben und Erlen. Merklich spärlicher gab es Hasel und Hainbuche. Während der kühlen Phasen dehnten sich Nadelmischwälder aus, in denen Kiefern überwogen.

Heutige Flusspferde in Tansania. In warmen Zeitabschnitten des Eiszeitalters – wie im Cromer vor etwa 600.000 Jahren – lebten solche Tiere auch im Rhein.

Birken waren zu Beginn und gegen Ende des Cromer häufig. In Deutschland lebten im Cromer bei zeitweise warmem, mitunter aber auch kaltem Klima zwar keine Mastodonten (Rüsseltiere mit drei Backenzähnen in jeder Kieferhälfte) und Tapire mehr, jedoch weiterhin wärmeorientierte Elefanten (Südelefant *Archidiscodon meridionalis*, Waldelefant *Palaeoloxodon antiquus*), Nashörner (*Stephanorhinus etruscus*) und Flusspferde *(Hippopotamus antiquus)*. Neu waren in Deutschland die Steppenhirsche (*Praemegaceros verticornis*), deren breitschaufeliges Geweih dem von Damhirschen ähnelt, sowie der Mosbacher Bär *Ursus deningeri* als Vorfahre des oberpleistozänen Höhlenbären *Ursus spelaeus*.

Zu den bekanntesten Fundorten mit fossilen Faunen aus dem Cromer in Deutschland zählen die Mosbach-Sande von Mosbach im Stadtkreis von Wiesbaden, die aber auch ältere und jüngere Ablagerungen aus dem Eiszeitalter enthalten, die Mauerer Sande von Mauer bei Heidelberg und das Mittelmain-Cromer mit den Fundstellen Marktheidenfeld, Karlstadt, Erlabrunn, Würzburg-Schalksberg, Randersacker, Volkach und Goßmannsdorf, Voigtstedt im Harzvorland und Weimar-Süßenborn. Umstritten ist die Zuordnung der Faunenreste aus den Tonen von Jockgrimm in der Pfalz ins Cromer.

Im Cromer lebten die größten Löwen Deutschlands und Europas (Mosbacher Löwe), Europäische Jaguare, Säbelzahnkatzen, Leoparden, Geparde, Affen und der „Heidelberg-Mensch", von dem 1907 in Mauer bei Heidelberg ein Unterkiefer gefunden wurde.

Die Elster- und die Mindel-Eiszeit

Die Elster-Eiszeit (etwa 480.000 bis 330.000 Jahre) ist vor allem im Bereich des Saale-Nebenflusses Elster dokumentiert. In der Elster-Eiszeit drangen die skandinavischen Gletscher nach Süden bis in die Gegend von Dresden, Erfurt, Soest, Reckling-

Kälteharte Tiere aus der Elster-Eiszeit (etwa 480.000 bis 330.000 Jahre): Moschusochse (Praeovibos, oben) und Fell-nashorn (Coelodonta antiquitatis, unten). Beide Bilder stam-men von dem Tiermaler Heinrich Harder (1858–1935).

hausen und Kettwig vor. Die westliche Verbreitung ist bisher nicht bekannt. Erstmals wanderten kältegewohnte nordost-sibirische Tierarten in die gegenwärtig gemäßigten Breiten von Mitteleuropa ein. Im Vorfeld des Eises lebten anfangs noch die altertümlichen warmzeitlich orientierten Waldelefanten (*Palaeoloxodon antiquus*) und Waldnashörner (*Dicerorhinus kirchbergensis*) mit den zugewanderten kälteharten Fellnashörnern (*Coelodonta antiquitatis*) zusammen. Doch allmählich verschwanden die wärmeliebenden Tiere des Cromer-Komplexes. Moschusochsen (*Praeovibos*) und Rentiere (*Rangifer*) drangen aus dem Osten bis ins Rheintal vor. Die Moschusochsen sind keine Rinder, sondern bis zu 1,40 Meter hohe und maximal 2,45 Meter lange Wildschafe. Heute leben sie nur noch auf Grönland und im polaren Nordamerika (Alaska)

In den Steppen weideten Steppenelefanten (*Mammuthus trogontherii*), die als Vorläufer der späteren Mammute (*Mammuthus primigenius*) gelten. Als das Klima milder wurde, schmolz das Eis. Die eiskalten Schmelzwässer füllten das Nordseebecken. In diesem Eissee konnte fast kein Leben existieren.

Die kältegewohnten Steppenelefanten, Fellnashörner, Moschusochsen und Rentiere zogen mit dem im Verlauf von Jahrtausenden weichenden Eis nach Nordosten zurück. In die frei werdenden Gebiete mit wärmerem Klima und entsprechender Vegetation rückten Tiere aus Südosteuropa nach, die während dieser Eiszeit in Mitteleuropa ihre Existenzgrundlage verloren hatten. Dieser sich an das Klima anpassende Wechsel der Fauna erklärt, weshalb man in Schichten zu Beginn einer Warm- oder Eiszeit jeweils Anteile kalt- und warmzeitlicher Tierarten zusammen vorfindet.

Mit der Elster-Eiszeit in Norddeutschland ist vermutlich die Mindel-Eiszeit in Süddeutschland gleichzusetzen. In der Mindel-Eiszeit erreichten etliche der aus den Alpen vorrückenden Gletscher ihre größte Ausdehnung. Der Rheingletscher, der

Illergletscher, der Wertachgletscher und der Inn-Chiemsee-Gletscher stießen weiter ins Alpenvorland vor als in den jüngeren Eiszeiten Riss und Würm. Mindel-eiszeitlicher Gletscherschutt reicht bis nach Biberach an der Riss, Ottobeuren, Mindelheim, Fürstenfeldbruck, Erding, Mühldorf am Inn und Burghausen an der Salzach.

Der Jenaer Geologe, Paläontologe und Prähistoriker Dietrich Mania und andere Experten sprechen statt von der Elster-Eiszeit vom Elster-Komplex. Dieser umfasst die Elster-I-Kaltzeit und die Elster-II-Kaltzeit.

Die Holstein-Warmzeit

In älterer Literatur folgte auf die Elster-Eiszeit die Holstein-Warmzeit (etwa 330.000 bis 300.000 Jahre). In dieser war das Klima so mild, dass wärmeliebende Weinreben gediehen und sich sogar Wasserbüffel (*Bubalus murrensis*) und Auerochsen (*Bos primigenius*) aus Asien bis nach Deutschland vorwagten. Eine typische Säugetierfauna aus der Holstein-Warmzeit fand man in den unteren Schotterschichten von Steinheim an der Murr in Baden-Württemberg, die nach dem Vorkommen des Waldelefanten *(Palaeoloxodon antiquus)* als Antiquus-Schotter bezeichnet werden. Diese Ablagerungen überlieferten Reste vom Löwen (*Panthera leo*), der Säbelzahnkatze (*Homotherium*), vom Steinheim-Pferd (*Equus steinheimensis*), Waldnashorn (*Dicerorhinus kirchbergensis*), Steppennashorn (*Dicerorhinus hemitoechus*), Wildschwein (*Sus scrofa*), Riesenhirsch (*Megaloceros giganteus*), Rothirsch (*Cervus elaphus*), Reh (*Capreolus capreolus*), Auerochsen (*Bos primigenius*), Waldbison (*Bison schoetensacki*) und dem erwähnten Wasserbüffel (*Bubalus murrensis*). In der Holstein-Warmzeit lebten die ersten Höhlenlöwen (*Panthera leo spelaea*) und vermutlich die letzten Affen in Deutschland. Im Heppenloch bei Gutenberg auf der Schwäbischen Alb wurden in Ablagerungen der Holstein-Warmzeit neben Überresten von Höhlenbär, Braunbär, Höhlenlöwe, Wildpferd, Steppennashorn, Wildschwein, Rothirsch, Damhirsch und Reh auch Fossilien vom Affen gefunden. Der Heppenloch-Affe gehört wie der Magot der Atlasländer und Gibraltars zu den Makaken. Die Holstein-Warmzeit wurde in Schleswig-Holstein floristisch nachgewiesen. Den Namen hatte Albrecht Penck 1922 vorgeschlagen. Manche Autoren sprechen statt von der Holstein-Warmzeit auch von der Holstein-Zeit, weil es sich um mehrere Warmzeitphasen handelt.

Der Jenaer Geologe, Paläontologe und Prähistoriker Dietrich Mania spricht statt von der Holstein-Warmzeit vom Holstein-Komplex oder von der Holstein-Zeit. Dieser Komplex umfasst drei Warmzeiten und dazwischen zwei Kaltzeiten. In die erste Warmzeit vor etwa 450.000 Jahren gehört vermutlich Bilzingsleben I in Thüringen. Zur zweiten Warmzeit vor etwa 370.000 Jahren zählt Bilzingsleben Travertin II mit den berühmten Funden des Bilzingslebener Menschen und seinen Hinterlassenschaften. In die dritte Warmzeit vor etwa 300.000 Jahren fällt Steinheim an der Murr in Baden-Württemberg mit dem Steinheim-Menschen.

Die Saale- und die Riss-Eiszeit

In der Saale-Eiszeit (etwa 300.000 bis 127.000 Jahre) rückten die skandinavischen Gletscher weit nach Mitteleuropa vor. Der größte Eisvorstoß in der Anfangszeit der Saale-Eiszeit wird als Drenthe-Stadium bezeichnet. Damals reichten die nordischen Gletscher bis in die nordostniederländische Landschaft Drenthe. Der maximale Vorstoß lässt sich durch Endmoränen in Nordrhein-Westfalen etwa in Höhe des Haarstrangs südlich von Dortmund und im Ruhrtal nachweisen. Ein Ausläufer erstreckte sich fast bis Düsseldorf, überquerte den Rhein und erreichte beinahe Krefeld und Geldern. Der Eisrand verlief über Kleve in die Niederlande.

Der Rückzug des Eises nach Nordosten wurde durch längere Haltephasen unterbrochen. Endmoränen bei Rehburg in der Nähe von Hannover dokumentieren das Rehburger Stadium. Ein erneuter Eisvorstoß gegen Ende der Saale-Eiszeit wird als Warthe-Stadium bezeichnet. Im Warthe-Stadium lag der Eisrand nahe der Warthe, des rechten Nebenflusses der Oder.

Durch Gletscherschmelzwässer entstand im Warthe-Stadium das Breslau-Bremer Urstromtal. Es erstreckte sich von der Schwarzen Elster über die Elbe, Ohre, Drömling, Aller bis zur Weser. Im Urstromtal flossen von dem Schmelzwasser der Gletscher und dem Eis der Mittelgebirge gespeiste Flüsse zum Meer.

Die saale-eiszeitlichen Gletscher transportierten auf ihrem Weg von Norden nach Süden bis zu hausgroße Gesteinsblöcke, die in den Ursprungsgebirgen auf die Gletscher gestürzt waren oder die aus dem Untergrund gelöst wurden. Während des Transports wurden sie dann abgeschliffen und zum Teil zerkleinert. Beim Abschmelzen des Eises blieben die großen Brocken als Findlinge, die kleinen als Geschiebe zurück. Zusammen mit Sand- und Tonanteil bildeten sie Geschiebemergel oder -lehm. Der größte Findling Norddeutschlands liegt bei Rahden im Kreis Minden-Lübbecke. Dieser aus Südschweden stammende Granit mit den Maßen 10 x 7 x 3 Meter hat ein geschätztes Gewicht von etwa 350 Tonnen. Ein ähnlicher Koloss ist der 7,5 x 4,50 x 3,60 Meter große Giebichenstein bein Nienburg (Weser).

In der Saale-Eiszeit entstanden durch Abnahme der Temperaturen und Verkürzung der Vegetationsperiode in Deutschland Tundren und Steppen, in denen neben Fellnashörnern erstmals auch Mammute (*Mammuthus primigenius*) erschienen. Diese Großsäuger wurden von eiszeitlichen Jägern (frühe Neandertaler) zur Strecke gebracht. In Thüringen lebten in der älteren Saale-Eiszeit Steinböcke der Art *Capra camburgensis*. 1971 konnte in einer Kiesgrube bei Mönchengladbach das Schädelfragment eines Steinbocks der Gattung *Capra* aus der jüngeren Saale-Eiszeit geborgen werden.

Das zeitliche Gegenstück der norddeutschen Saale-Eiszeit dürfte die süddeutsche Riss-Eiszeit sein, deren Gletscherschutt besonders im Gebiet der Flüsse Riss, Isar und Salzach erforscht wurde. In der Riss-Eiszeit überquerte der Rheingletscher bei Sigmaringen die Donau und staute den Fluss zu einem großen See auf. Ablagerungen dieses Sees fand man beispielsweise in der Burghöhle von Dietfurt. Der Lechgletscher rückte bis auf etwa 20 Kilometer Entfernung an Augsburg heran. Der Loisachgletscher hinterließ zwischen Landsberg und Merching Spuren seiner Verbreitung. Der Isargletscher war weniger als 20 Kilometer von München entfernt. Der Inn-Chiemsee-Gletscher lagerte im Raum Markt Schwaben, Erding, Isen, Bierwang und Trostberg riss-eiszeitlichen Schutt ab. Nördlich der Gletscher breitete sich in Süddeutschland eine baumlose Tundra aus.
In die Anfangszeit der Riss-Eiszeit dürften die Tierreste aus dem oberen Teil der Schotter von Steinheim an der Murr in Württemberg zu datieren sein. Sie werden als Trogontherii-primigenius-Schotter bezeichnet, weil diese Ablagerungen Fossilien des Steppenelefanten *Mammuthus trogontherii* und des Mammuts *Mammuthus primigenius* enthalten. Außer diesen Rüsseltieren sind nachgewiesen: Höhlenbär, Löwe, Steinheim-Pferd, Fellnashorn, Riesenhirsch, Rothirsch und Steppenbison. Knochenreste von Menschen aus der Riss-Eiszeit hat man bisher in Süddeutschland nicht gefunden. Aber man kennt sie aus dem westlichen Nachbarland Frankreich.

Der Jenaer Geologe, Paläontologe und Prähistoriker Dietrich Mania spricht statt von der Saale-Eiszeit vom Saale-Komplex oder der Saale-Zeit. Dieser Komplex umfasst drei Kaltzeiten und dazwischen zwei Warmzeiten.

Die Eem-Warmzeit

Das Oberpleistozän (etwa 127.000 bis 11.700 Jahre) beginnt mit der Eem-Warmzeit (etwa 127.000 bis 115.000 Jahre). Marine Ablagerungen aus dem Eem wurden 1874 erstmals von dem niederländischen Mediziner und Botaniker Pieter Harting (1812–1885) aus Utrecht beschrieben. Das Eem ist die jüngste Warmzeit des Eiszeitalters.

In der frühen Eem-Warmzeit überflutete das Meer das Nordseebecken und das Ostseebecken bis nach Ostpreußen. Diese Meeresstraße trennte Skandinavien von Europa. Die marine Tierwelt des Eem enthielt etliche südwesteuropäische Schneckenarten, die eine höhere Wassertemperatur als die heute bei uns lebenden benötigen. Offenbar sind diese Mollusken durch den Ärmelkanal eingedrungen.

Die Pflanzenreste in den eemzeitlichen Ablagerungen von Stuttgart-Bad Cannstatt, Weimar-Ehringsdorf und Zeifen am Waginger See in Oberbayern sprechen für ein mildes Klima. Zum Fundgut zählen Stein- und Traubeneiche, Sommer- und Winterlinde, Efeu, Lebensbaum, südeuropäische Schwarzkiefer, Buchs, Stechpalme und thüringischer Flieder.

In der Eem-Warmzeit wanderten erneut wärmeorientierte Tiere nach Deutschland ein, während sich die kälteangepassten zurückzogen. Die Tierwelt im Eem glich jener der Holstein-Warmzeit. In den Wäldern des Oberrheingebietes etwa lebten Höhlenlöwen, Waldelefanten, Waldnashörner, Wildschweine und Damhirsche. Im Eem waren Flusspferde (*Hippopotamus antiquus*) bis nach England verbreitet. Diesen Tieren dienten die großen Ströme als Wanderwege. Der Rhein war damals viel mehr in Einzelarme verzweigt und wies zahlreiche Altwässer auf. In den Kiesgruben der Oberrheinebene befinden sich Flusspferdknochen zusammen mit Stämmen von dicken Eichen in umgelagerten Sedimenten der Eem-Warmzeit. Auch die Eem-Warmzeit wurde von kühlen Abschnitten unterbrochen, in denen Mammute, Fellnashörner und Rentiere zur Tierwelt gehörten. Gegen Ende des Eem weideten im Raum Bottrop die in großen Herden lebenden Saiga-Antilopen (*Saiga tatarica*), die als Bewohner kaltzeitlicher Steppen gelten. Aus der Eem-Warmzeit kennt man nur wenige Knochenreste von Menschen, die meist unsicher datiert sind.

Die Weichsel- und die Würm-Eiszeit

Die Weichsel-Eiszeit (etwa 115.000 bis 11.700 Jahre) ist die letzte Eiszeit des Pleistozäns in Norddeutschland. Die vereiste Fläche war in dieser Zeitspanne erheblich geringer als in den vorhergehenden Eiszeiten Saale und Elster. Der Ostseegletscher breitete sich nur noch teilweise über das Gebiet östlich der Elbe aus. Der Verlauf der Endmoränen ist ein Zeugnis des Maximalvorstoßes des Eises. Die Endmoränen reichen von Flensburg über Kiel bis wenig östlich von Hamburg. Von dort verlaufen sie in west-östlicher Richtung, bis der Endmoränenzug scharf auf die Stadt Brandenburg zu abknickt. Dann erstecken sich die Endmoränen erneut in West-Ost-Richtung bis an die Weichsel.
Während der Weichsel-Eiszeit lag das Nordseebecken infolge der weltweiten Absenkung des Meeresspiegels etwa bis zur Sandbank Doggerbank trocken, die heute rund 200 Kilometer von der Küste entfernt ist. Auf dem später vom Meer überfluteten Land gab es Moore und Wälder. Dieses „Nordseeland" war Jagdgebiet von Höhlenlöwen und unseren damaligen Vorfahren.
Im Gebiet des heutigen Ärmelkanals strömte in der Weichsel-Eiszeit der Kanal-Urstrom nach Westen zum Atlantik. Der Rhein, die Maas und die Themse mündeten östlich von Südengland ins Meer. Die Elbe erreichte etwa bei der Doggerbank die Nordsee.
Die Weichsel-Eiszeit wird in ein Früh-, Hoch- und Spätglazial unterteilt. Diese Gliederung geht auf Paul Woldstedt (1888–

„*Klassische Neandertaler*" *(Homo sapiens neanderthalensis oder Homo neanderthalensis) bei der gefährlichen Jagd auf den Höhlenbären (Ursus spelaeus), Zeichnung von Fritz Wendler (1941–1995)*

1973), einen Nestor der deutschen Quartärforschung, und Klaus Duphorn von der Bundesanstalt für Bodenforschung in Hannover zurück. Das Frühglazial währte von etwa 115.000 bis 24.000 Jahren, das Hochglazial von etwa 24.000 bis 14.500 Jahren und das Spätglazial von etwa 14.500 bis 11.700 Jahren. Einige Autoren kommen jedoch zu anderen Ergebnissen. Im Frühglazial gab es etliche warme Abschnitte (Interstadiale), die vor allem in den Niederlanden, Schleswig-Holstein und Dänemark belegt sind.

Zur Tierwelt des Frühglazials in Deutschland gehörten Biber, Wölfe, Höhlenbären, Braunbären, Höhlenhyänen, Höhlenlöwen, Mammute, Fellnashörner, Riesenhirsche, Elche, Moschusochsen und Bisonten. Von all diesen Tieren wurden bei verschiedenen Bauarbeiten im Emschertal bei Bottrop insgesamt mehr als 7.000 Überreste geborgen. Ein Teil dieser Funde stammt allerdings noch aus der ausgehenden Eem-Warmzeit.

Ein Zeitgenosse der Mammute, Fellnashörner, Gemsen, Leoparden und anderer Tiere des Frühglazials war der späte oder „klassische Neandertaler" (*Homo sapiens neanderthalensis* oder *Homo neanderthalensis*), dessen Überreste 1856 im Neandertal bei Düsseldorf-Mettmann gefunden wurden.

Das Hochglazial der Weichsel-Eiszeit begann mit dem Brandenburger Stadium vor etwa 24.000 Jahren. Damals stießen die weichsel-eiszeitlichen Gletscher am weitesten vor. Dies dokumentieren zahlreiche Moränen in der Provinz Brandenburg zwischen Elbe und Warthe. Im Brandenburger Stadium entstand das Glogau-Baruther Urstromtal. In das Hochglazial fällt auch das Frankfurter Stadium, in dem das Eis nur noch die Oder bei Frankfurt/Oder kreuzte. Damals wurde das Warschau-Berliner Urstromtal angelegt. Mit dem Pommerschen Stadium, dem Endmoränenzug bei Stettin, endete das Hochglazial. Das Thorn-Eberswalder Urstromtal ist ein Zeugnis aus etwas jüngerer Zeit. Im Spätglazial der Weichsel-Eiszeit ab etwa 14.500 Jahren zogen sich die norddeutschen Gletscher immer mehr zurück. Beim

Gegen Ende des Eiszeitalters starb das Mammut (Mammuthus primigenius) aus. Rekonstruktion des österreichischen Paläontologen Othenio Abel (1875–1946) von 1912

etappenweisen Rückschmelzen gab es neben Haltephasen vereinzelt auch kurzfristige Vorstöße.

Die kalte Zeit vor etwa 13.800 bis 13.600 Jahren vor heute wird Älteste Dryas oder Älteste Tundrenzeit genannt. Typische Pflanzen der damaligen Zwergstrauchtundren waren die Silberwurz *(Dryas octopetala),* nur 30 Zentimeter hohe Zwergbirken, Zwergweiden, Heidekraut und Alpenazaleen.

Wildpferde und Rentiere traten im Spätglazial in Deutschland in großen Herden auf. Sie waren das bevorzugte Wild der damaligen Jäger.

Im Bölling-Interstadial vor etwa 13.600 bis 13.500 Jahren war es so warm, dass die Gletscher weit zurückwichen. Nun konnten sich Wacholder, Sanddorn und Zwergbirken ausbreiten. Später kamen sogar hohe Birken dazu. Der darauffolgende kurze Klimarückschlag vor etwa 13.500 bis 13.300 Jahren wird Ältere Dryas oder Ältere Tundrenzeit genannt. Ihr schloss sich das Alleröd-Interstadial vor etwa 13.300 bis 12.700 Jahren an, die lichte Birkenwälder und später geschlossene Kiefernwälder hervorbrachte. Im Alleröd verschwanden in Deutschland die Huftierherden. Nun gab es vor allem Hirsche und Elche.

Noch einmal kam es zu einem Kälterückschlag von etwa 12.700 bis 11.700 Jahren vor heute, der als Jüngere Tundrenzeit oder Jüngere Dryas bezeichnet wird. Als es gegen Ende des Spätglazials wärmer wurde, erloschen in Deutschland die Bestände der Höhlenhyänen. Diese Tiere konnten sich nur in Afrika behaupten. Auch die Höhlenlöwen, Mammute, Fellnashörner und Steppenwisente mit Hornzapfen bis zu 1,20 Meter verschwanden.

Im Spätglazial lebten schätzungsweise nicht mehr als 2000 Menschen in Deutschland. Die damalige Erdbevölkerung dürfte die Kopfzahl von 1,5 Millionen Menschen wohl kaum überschritten haben.

In Süddeutschland ist die Würm-Eiszeit die letzte Eiszeit des Pleistozäns. Auch sie wird in Früh-, Hoch- und Spätglazial gegliedert. Überreste bis zu 30 Zentimeter dicker Fichtenstämme aus Rheinschottern zwischen Heidelberg und Mannheim geben Hinweise darauf, dass im Frühglazial zeitweise das Klima so gemäßigt war, dass Nadelwälder entstehen konnten. Aus dieser Zeit stammen die Schieferkohlen des Alpenvorlandes, die viele Fichten- und Kiefernzapfen enthalten. Andererseits gab es im Frühglazial auch ausgeprägte Kaltzeiten.

Ein gemäßigt warmes Klima mit deutlicher Tendenz zur Abkühlung herrschte beispielsweise zu Lebzeiten jener Tierwelt, deren Reste in der Zoolithenhöhle von Burggaillenreuth bei Muggendorf (Oberfranken) ausgegraben wurden. Zu dieser Fauna aus dem Frühglazial des Würm gehörten neben dem häufig vertretenen Höhlenbären auch Vielfraß, Luchs, Höhlenlöwe und angeblich Schnee-Leopard.

Im letzten Viertel der Würm-Eiszeit traten in Deutschland die ersten modernen Menschen der Unterart *Homo sapiens sapiens* auf, die heute allein weltweit verbreitet ist. Der eiszeitliche Mensch unterschied sich körperlich nicht mehr von uns. Er brachte im Jungpaläolithikum vor etwa 35.000 bis 10.000 Jahren eine grandiose Jägerkultur hervor, erlegte Mammute, Wildpferde und Rentiere und hinterließ in Höhlen formvollendete aus Mammutelfenbein geschnitzte Tier- und Menschenfiguren. Die in den baden-württembergischen Höhlen Vogelherd, Hohlenstein-Stadel und Geißenklösterle entdeckten Figuren aus der Zeit vor etwa 32.000 Jahren gehören zu den ältesten und schönsten Kunstwerken der Menschheitsgeschichte.

Im Hochglazial vor etwa 24.000 bis 14.500 Jahren näherten sich die alpinen und nordischen Gletscher bis auf etwa 600 Kilometer Distanz. Nordöstlich von Süddeutschland lagen die Binneneisfelder Sachsens. Im Süden war das Alpenvorland mit Ausnahme weniger eisfreier Gebiete vom Bodensee bis nach Salzburg mit Gletschereis bedeckt. Einige Gletscher bestanden in den Alpentälern aus bis zu 1500 Meter mächtigem Eis. Die Eismächtigkeit nahm im Vorland rasch auf 800 bis 500 Meter ab. Die Alpengletscher stießen im Würm bis Bad Schussenried in Oberschwaben, Kaufbeuren, Fürstenfeldbruck, Starnberg, Seeshaupt, über Wasserburg hinaus sowie fast bis nach Burghausen an der Salzach vor.

Im Schwarzwald waren im Hochglazial Blauen, Belchen, Schauinsland, Feldberg, Kandel und Ruhrhardsberg vereist. Von diesen Bergen gingen bis zu 20 Kilometer reichende Gletschervorstöße aus. Der Titisee im Schwarzwald ist ein Gletschersee aus dieser Zeit.

Die Schneefallgrenze in Süddeutschland lag im Würm etwa bei 1200 bis 1500 Metern. Das ist etwa 1500 Meter tiefer, als es jetzt der Fall ist. Die Waldgrenze – also die Höhe, bis zu der sich Wald behaupten kann – lag unter dem Meeresspiegel. Heute reicht sie bis in etwa 1600 Meter Höhe, in Föhngebieten sogar bis 1800 Meter Höhe.

Der Boden war in allen vier Jahreszeiten mehrere Meter tief gefroren. Im Sommer taute er nur oberflächlich auf. Über der „Ewigen Gefrornis" – auch Permafrost genannt – behauptete sich eine klimatisch anspruchslose Tundrenvegetation. In einigen Gebieten Sibiriens und Alaskas reicht der Permafrost heute noch bis in mehr als 500 Meter Tiefe. Ehemaliger Dauerfrostboden lässt sich durch so genannte Eiskeile nachweisen. Das sind nach unten spitz zulaufende, keilförmige Spalten, die jetzt nicht mehr mit Eis, sondern mit Löss und Lehm gefüllt sind.

In dem eisfreien Korridor zwischen Sachsen und dem Alpenvorland wuchsen keine Bäume, sondern nur niedrige Sträucher. Auf den Grasfluren gediehen lediglich Gräser, Wegeriche, Sonnenröschen und in den kältesten Abschnitten auch Gänsefuß, Hahnenfuß und Kreuzblütler. In dieser Flora weideten die kältegewohnten Mammute und Fellnashörner.

Der Zerfall des Eises im Alpenvorland setzte bereits im ausgehenden Hochglazial ein. Er beschleunigte sich zu Beginn des Spätglazials, das – wie erwähnt – etwa von 14.500 bis 11.700 Jahren währte. Bei ihrem Rückzug im Spätglazial hinterließen die Alpengletscher tiefe Bewegungsbahnen und Zungenbecken.

Als sich diese Vertiefungen mit Wasser füllten, entstanden der Bodensee, Ammersee, Starnberger See, Kochelsee, Tegernsee und Tachinger See. Bei Rosenheim existierte ein riesiger See, der in mehreren Phasen auslief, als der Rand bei Wasserburg durch allmähliche Eintiefung an der Überlaufstelle durchbrochen wurde.

Ein eindrucksvolles geologisches Zeugnis des Rückzuges von Ammer-, Isar- und Inngletscher sind die riesigen Kiesvorkommen der so genannten Schiefen Ebene von München. Sie erstecken sich im Süden in einer Breite von etwa 60 Kilometern auf der Linie Weyarn–Gauting–Fürstenfeldbruck und reichen im Norden bis zum rund 60 Kilometer entfernten Moosburg. Im Süden sind die Kiesschichten bis zu 100 Meter mächtig, im Norden weniger als 10 Meter. Die Verbreitung dieser Kiese entspricht einem gleichschenkeligen Dreieck, dessen Spitze bei Moosburg liegt. Vom Inngletscher stammen die Findlinge im Gletschergarten von Haag bei Ebersberg. Es handelt sich um Gesteine vom etwa 200 Kilometer entfernten Zentralalpenkamm.

Fossilreste aus den Schottern der Niederterrasse bei Köln verweisen darauf, dass vor etwa 15.000 Jahren langsam schwimmende Glattwale im Rhein bis in die Niederrheinische Bucht vordrangen. Das Vorkommen der wegen ihrer dicken Speckschicht an die Polarmeere gebundenen Glattwale am Rhein lässt auf Temperaturverhältnisse in diesem Fluss schließen, die denen heutiger arktischer Gewässer glichen. Andernfalls wären die Glattwale mit einer 30 oder mehr Zentimeter dicken isolierenden Schicht an einer Überhöhung der Körpertemperatur durch Überforderung des körpereigenen Reglerkreises zugrunde gegangen.

Wie die Steppenflora vor etwa 13.000 Jahren in der Alleröd-Zeit ausgesehen haben kann, zeigt heute noch sehr eindrucksvoll das Naturschutzgebiet Mainzer Sand zwischen den Mainzer Stadtteilen Mombach und Gonsenheim. Auf dem welligen Dünengelände mit würm-eiszeitlichen Flugsanden kann man im Frühling die dunkelviolette blühende Gemeine Küchenschelle (*Pulsatilla vulgaris*), und die sehr selten gewordene Violette Schwarzwurzel (*Scorzonera purpurea*) mit ihren hellvioletten Schaublüten beobachten. Als besondere Rarität und Charakterpflanze des Mainzer Sandes gilt die Sand-Lotwurz (*Onosoma arenarium*), die sonst nirgendwo in Deutschland mehr wächst. Die Flora des Mainzer Sandes beherbergt Pflanzen der russischen Tundra (sarmantisches Gebiet), der Steppen Russlands und Ungarns (pontisch-pannonisches Gebiet). Zwischen Eberstadt und Bickenbach bei Darmstadt blieb in bescheidenerem Maße eine ähnliche, aber an Steppenpflanzen weitaus ärmere Pflanzenwelt erhalten.

Im Alleröd explodierte der Laacher-See-Vulkan in der Osteifel. Dabei wurde das Neuwieder Becken unter einer mehrere Meter mächtigen Bimsschicht begraben. In den verschütteten Wäldern des Neuwieder Beckens hatten vor allem Birken gestanden. Der verheerende Vulkanausbruch wirkte sich noch bis in die Schweiz nachteilig auf das Wachstum der Pflanzen aus. So gibt das Baumwachstum von Dättnau bei Winterthur Hinweise darauf, dass diese Naturkatastrophe vor rund 12.900 Jahren stattfand. Damals wurden feinste Bimskörnchen und vulkanische Aschen bis ins Allgäu, zum Bodensee, nach Halle/Saale in Sachsen-Anhalt und nach Polen verweht.

Als letztes eiszeitliches Produkt Bayerns gilt die „Altstadtstufe" in München. Die Aufschüttung der Schotterterrasse zwischen München und Freising fällt in die Jüngere Tundrenzeit.

Männlicher Löwe (Panthera leo) in Namibia. Dieses Foto von Kevin Pluck aus London wurde im Online-Lexikon „Wikipedia" in die Liste der exzellenten Bilder aufgenommen.

Löwen der Gegenwart

Heute lebt der Löwe (*Panthera leo*), altertümlich auch Leu genannt, nur noch in Afrika und Asien (Indien). Er gilt nach dem Tiger (*Panthera tigris*) als zweitgrößte Katze und größtes Landraubtier in Afrika. Die größten Löwen gibt es in Afrika, die kleinsten in Asien.

In der wissenschaftlichen Systematik gehört der gegenwärtige Löwe zur Ordnung der Raubtiere (Carnivora), Überfamilie der Katzenartigen (Feloidea), Familie der Katzen (Felidae), Unterfamilie der Großkatzen (Pantherinae), Gattung Panthera und Art Löwe.

Der wissenschaftliche Name *Panthera leo* geht auf den schwedischen Naturforscher Carl von Linné (1707–1778), auch Linnaeus genannt, zurück. Dieser hat die „binäre Nomenklatur" eingeführt, die jeder Pflanzenart und Tierart einen lateinischen Doppelnamen, bestehend aus Gattungsnamen (groß geschrieben) und Artnamen (klein geschrieben) gibt. Die Abkürzung „L." besagt jeweils, unter diesem Namen zuerst von Linnaeus beschrieben.

Die Größenangaben über heutige Löwen in der Literatur sind sehr unterschiedlich. Laut der Publikation „Der Löwenmensch" von Brigitte Reinhardt und Kurt Wehrberger zum Beispiel hat ein heutiger Löwe eine Kopfrumpflänge zwischen etwa 1,40 und 1,90 Meter (dazu kommt noch der Schwanz) und ein Gewicht bis zu 190 Kilogramm.

In Zoos und in Zirkussen gehaltene Löwen mit guter Fütterung und wenig Bewegung erreichen gelegentlich ein Gewicht von mehr als 300 Kilogramm. Löwen haben im Schnitt eine größere Schulterhöhe als Tiger, sind aber etwas kürzer.

Schädel heutiger Löwen sind etwa 30 bis 35 Zentimeter lang. Ihr Gebiss besteht aus fast 30 Zähnen, wobei die Eckzähne im

Ober- und Unterkiefer stark verlängert sind. Eckzähne (Fang-zähne) heutiger Löwen ragen rund sechs Zentimeter aus dem Kieferknochen.

Das kurze Fell heutiger Löwen kann sandfarben oder gelblich bis dunkelocker gefärbt sein. Unterseite und Beininnenseiten sind immer heller. Jetzige Löwenmännchen tragen im Gegensatz zu Löwenweibchen eine lange Mähne. Man kennt Löwenmähnen in dunkelbrauner, schwarzer, hellbrauner oder rotbrauner Farbe. Seltenheiten sind Löwen mit weißem Fell, deren Farbe über ein rezessives Gen vererbt wird.

Der Schwanz der Löwen endet mit einer schwarzen Quaste. Darin befindet sich ein zurückgebildeter Wirbel (Hornstachel).

Der Löwe hatte – laut „Wikipedia" – einst das größte Verbreitungsgebiet aller Landsäugetiere. Dieses reichte von Peru über Alaska, Sibirien und Mitteleuropa bis nach Indien und Südafrika. Einen erheblichen Teil dieses riesigen Verbreitungsgebietes verlor der Löwe aber bereits gegen Ende des Eiszeitalters vor etwa 11.700 Jahren.

Zum geschichtlichen Verbreitungsgebiet des Löwen gehörten große Teile Afrikas, das südliche Europa sowie Vorderasien und Indien. Zahlreiche Gelehrte – wie Herodot oder Aristoteles – berichteten, dass in der Antike noch Löwen auf dem Balkan lebten. Der Löwe ist vermutlich durch menschliches Zutun im 1. Jahrhundert n. Chr. ausgestorben.

In der Gegenwart ist der Löwe hauptsächlich in Afrika südlich der Sahara heimisch. Nördlich der Sahara starb diese Großkatze in den 1940-er Jahren aus. Die Bestände des Löwen in Asien wurden während des 20. Jahrhunderts fast vollständig ausgelöscht. Nur im Gir-Nationalpark in Gujarat (Indien) konnte sich ein Löwenrestbestand des Indischen Löwen (*Panthera leo goojratensis*) behaupten.

Der Löwe lebt vor allem in Steppen und Savannen, kommt aber auch in Trockenwäldern und Halbwüsten vor. In dichten, feuchten Urwäldern oder wasserlosen Wüsten findet man ihn in Wirklichkeit nie, sondern nur in schlechten Filmen. Der oft zu lesende oder zu hörende Begriff „Wüstenkönig" für den Löwen ist also unzutreffend.

Die Zahl der heute noch in freier Wildbahn lebenden Löwen wird auf etwa 16.000 bis 30.000 Tiere geschätzt. 2004 berichtete die „International Union for Conservation of Nature and Natural Resources" (IUCN, deutsch: Internationale Naturschutzunion), dass die Löwenbestände weltweit in den letzten 20 Jahren um schätzungsweise 30 bis 50 Prozent zurückgegangen sind.

Im Gegensatz zu anderen Großkatzen leben heutige Löwen im Rudel. Ein Löwenrudel umfasst vier bis zwölf untereinander verwandte Weibchen (Mütter, Töchter, Schwestern, Kusinen, Tanten, Nichten) und ein bis sechs ausgewachsene Männchen. Die Größe eines Löwenrudels hängt stark vom lokalen Beutetierangebot ab und die Größe des Reviers wiederum von der Rudelgröße und dem Beutetierangebot.

Junge Löwenmännchen werden nach spätestens drei Jahren, wenn sie geschlechtsreif sind und ihre Mähne zu sprießen beginnt, von den erwachsenen Männchen aus dem Rudel vertrieben. Vielfach entfernen sie sich zusammen mit Brüdern und Vettern und bilden eine Bande. Mitunter lösen sie sich aber auch einzeln vom Rudel und schließen sich mit anderen nomadisierenden Männchen zusammen. Sobald sie etwa fünf Jahre alt sind, greifen Junggesellen männliche Tiere fremder Rudel an. Wenn eine Bande junger Löwen ein Rudel erobern will, muss sie alte Revierbesitzer vertreiben oder im Kampf besiegen. Derartige Rangordnungskämpfe enden meist blutig und nicht selten tödlich für einen der Beteiligten. Neue Rudelführer töten oft die Jungen ihrer Vorgänger.

Meistens werden die führenden älteren Männchen eines Rudels alle zwei oder drei Jahre von jüngeren und stärkeren Artgenossen abgelöst. Die Weibchen dagegen bleiben meistens ihr ganzes Leben lang in dem Rudel, in dem sie geboren wurden. Fremde Löwinnen, die in das Revier eines Rudels eindringen, werden daraus vertrieben oder sogar getötet.

Löwin im Etosha Nationalpark in Namibia, fotografiert von Lothar Henke aus Pirna. Löwenweibchen bleiben meistens ihr ganzes Leben lang in dem Rudel, in dem sie geboren wurden.

Auch der Anführer eines Löwenrudels kann sich mit einem Weibchen aus seinem „Harem" nur mit dessen Zustimmung paaren. Zur Paarung bereite Weibchen legen sich auf den Bauch und erlauben dem Männchen, es zu besteigen. Während des Geschlechtsaktes beißt das Männchen das Weibchen in den Nacken, wodurch dieses instinktiv stillhält. Falls eine Löwin die Kopulation zulässt, findet diese etwa alle 15 Minuten bis zu insgesamt etwa 40 Mal am Tag statt, wobei ein Kopulationsakt etwa 30 Sekunden dauert. Nach etwa fünf Tagen ist die Paarungsbereitschaft des Weibchens vorbei.

Nach viermonatiger Tragzeit bringt eine schwangere Löwin – abseits vom Rudel versteckt – ein bis vier blinde Junge zur Welt. Die Neugeborenen wiegen jeweils etwa 1,5 Kilogramm und sind von der Kopf- bis zur Schwanzspitze rund 50 Zentimeter lang. Etwa sechs bis acht Wochen wird der Nachwuchs von der Mutter gesäugt. Während dieser Zeit bleiben die Jungen im Versteck.

Wenn das Versteck der kleinen Löwen weit vom Rudel entfernt liegt, geht die Mutter allein auf die Jagd. Die Abwesenheit der Mutter kann bis zu zwei Tage dauern. Dies ist wegen Hyänen und anderer Raubtiere für den Löwennachwuchs nicht ungefährlich.

Nach maximal zwei Monaten führt die Löwenmutter ihre Jungen zum Rudel, wo sie fast immer akzeptiert werden. Der Nachwuchs saugt von da ab nicht nur bei der Mutter, sondern auch bei anderen Weibchen. Die Erziehung erfolgt also durch alle Löwinnen eines Rudels. Im Alter von etwa einem halben Jahr werden Löwenjunge entwöhnt und bleiben dann noch ungefähr zwei Jahre bei ihrer Mutter.

Löwen jagen in Gebieten mit wenig Deckungsmöglichkeiten häufig in dunkler Nacht, in Gegenden mit üppigem Pflanzenbewuchs oft auch am helllichten Tag.

Zu ihren Beutetieren zählen vor allem Antilopen, Gazellen, Gnus, Büffel und Zebras. Sie verschmähen aber auch Hasen, Vögel oder Fische nicht, wenn sie derer habhaft werden kön-

Junglöwen im Etosha Nationalpark in Namibia warten auf die Heimkehr ihrer Mütter von der Jagd. Ein Foto von Kevin Pluck aus London

nen. Ein hungriger Löwe kann bis zu 18 Kilogramm Fleisch auf einmal verschlingen.

In manchen Fällen machten Löwen in Afrika gezielt Jagd auf Menschen. Das war 1898 der Fall, als zwei Löwen im damaligen Britisch-Ostafrika, dem heutigen Kenia, viele indische und afrikanische Arbeiter, die beim Bau einer Eisenbahnbrücke über den Tsavo-Fluss eingesetzt waren, töteten. Die Zahl der Todesopfer schwankt zwischen 14 und 135. Als die beiden Löwen sogar in Camps eindrangen, die mit hohen Dornenwällen geschützt waren und dort Menschen töteten und fraßen, kamen die Bauarbeiten zum Erliegen. Es dauerte neun Monate, bis die zwei menschenfressenden Löwen aufgespürt und erlegt werden konnten. Diese dramatischen Ereignissen führten zu zwei reißerischen Hollywood-Filmen: „Bwana, der Teufel" (1952) und „Der Geist und die Dunkelheit" (1996).

Junglöwen begleiten im Alter von etwa drei Monaten erstmals ihre Mutter bei der Jagd. Sie beherrschen die Jagdkunst erst im Alter von zwei Jahren.

Weil Löwen keine ausdauernden Läufer sind und ihre Höchstgeschwindigkeit bis zu etwa 60 Stundenkilometer nicht lange durchhalten können, pirschen sie sich bis auf wenige Meter an Beutetiere heran. Das Heranschleichen in geduckter Haltung erfolgt oft über mehrere hundert Meter, wobei mit zunehmender Nähe immer mehr auf die Deckung geachtet wird. Sobald die Distanz nur noch etwa 30 Meter beträgt, springt der Löwe die Beute mit mehreren kraftvollen Sätzen an. Jeder Sprung bringt den Löwen etwa sechs Meter weiter. Das Beutetier wird mit den Pranken gepackt und umgeworfen. Kleinere Tiere werden mit einem Biss in den Nacken getötet, größere durch einen Biss in die Kehle oder in die Schnauze erstickt.

Löwinnen jagen oft gemeinsam und treiben sich dabei gegenseitig Beutetiere zu. Nur etwa jeder vierte oder fünfte Jagdversuch endet erfolgreich. Gemeinsame Jagd hat für Löwen den Vorteil, dass die Beute leichter gegen andere Raubtiere – wie Wildhunde oder Hyänen – verteidigt werden kann.

Männchen eines Rudels beteiligen sich nur sehr selten an der Jagd. Dies geschieht zum Beispiel dann, wenn sehr große und starke Beutetiere – wie etwa Büffel – angegriffen werden. Wenn es ans Fressen der Beutetiere geht, darf der Anführer als Erster zubeißen, dann folgen die ranghöchsten Weibchen und zuletzt die Jungen. Am Kadaver eines erlegten Beutetieres gibt es nicht selten Rangordnungskämpfe, bei denen sich schwächere Mitglieder des Rudels blutige Wunden holen.

Ältere Löwenmännchen, die aus einem Rudel vertrieben worden sind und denen das Jagen schwer fällt, fressen notgedrungen auch Aas. Dabei gehen sie oft sehr rabiat vor, indem sie andere Raubtiere – wie Leoparden oder Geparde – von ihrer Beute vertreiben. Häufig machen Löwen auch Tüpfelhyänen ihre Beute abspenstig und nicht umgekehrt, wie man früher glaubte.

Löwen sind nicht so reinlich wie Hauskatzen. Sie reinigen nur den Nasenrücken. Gegenseitige Fellpflege kommt nur bei groben Verschmutzungen – etwa durch Blut der Beutetiere – vor.

Das laute und charakteristische Brüllen des Löwen und anderer zur Gattung *Panthera* gehörender Großkatzen wird – wie neuere Untersuchungen belegen – vor allem durch eine spezielle Morphologie des Kehlkopfes ermöglicht. Das knurrende oder brummende Schnurren erfolgt nur beim Ausatmen.

Ein Löwe kann bis zu 20 Jahre alt werden. Ein solches Alter erreichen aber meistens nur Weibchen, weil Männchen lange vorher von einem jüngeren Konkurrenten vertrieben oder getötet werden. Vertriebene Anführer finden oft kein Rudel mehr und verhungern. Im Zoo haben Löwen schon ein Alter bis zu 34 Jahren erreicht.

Unterarten des Löwen

In der Literatur werden etliche Unterarten des Löwen beschrieben, doch anerkannt sind nur wenige davon. Neuere molekulargenetische Untersuchungen deuten darauf hin, dass die heutigen afrikanischen Löwen alle zur selben Unterart gehören.

Asiatischer Löwe oder Persischer Löwe (*Panthera leo persica*)
Diese Unterart ähnelt sehr dem heutigen Afrikanischen Löwen. Molekularbiologischen Untersuchungen zufolge spaltete sich der Asiatische Löwe in der Zeit vor etwa 100.000 bis 50.000 Jahren vom Afrikanischen Löwen ab. Der Asiatische Löwe wird auch Persischer Löwe genannt.

Berberlöwe (*Panthera leo leo*)
Der Berberlöwe mit einer besonders mächtigen Mähne starb 1922 in Nordafrika aus. Er hatte sich bis dahin im Atlas-Gebirge behauptet und war ein Opfer menschlicher Nachstellung geworden. Es ist nicht bekannt, ob die europäischen Löwen zu dieser Unterart gehörten. In Zoos von Wien und Dortmund werden Löwen gezüchtet, die Berberlöwen äußerlich ähneln und offenbar Berberlöwen-Blut in sich tragen.

Indischer Löwe (*Panthera leo goojratensis*)
Im Gir-Nationalpark in Indien leben heute noch etwa 300 Indische Löwen. Sie sind durch starke Inzucht bedroht.

Kaplöwe (*Panthera leo melanochaitus*)
Der Kaplöwe in Südafrika ist im 19. Jahrhundert ausgestorben. Er wurde das Opfer von Großwildjägern. Nach neueren Erkenntnissen handelte es sich nicht um eine eigene Unterart.

Transvaal-Löwe (*Panthera leo krugeri*)
Der Transvaal-Löwe aus dem nordöstlichen Südafrika ist noch im Krüger-Nationalpark zu sehen.

Massai-Löwe (*Panthera leo massaicus*)
Der Massai-Löwe aus Ostafrika lebt von Äthiopien, Kenia, Tansania bis nach Mosambik.

Senegal-Löwe (*Panthera leo senegalensis*)
Der Senegal-Löwe ist im Westen Afrikas von Senegal bis Nigeria heimisch.

Angola-Löwe oder Katanga-Löwe
(*Panthera leo bleyenberghi*)
Der Angola-Löwe oder Katanga-Löwe lebt im südwestlichen Afrika.

*

Mazori-Löwe
Der Mazori-Löwe ist ein angeblich gefleckter Löwe mit kurzer Mähne, der nach Ansicht von Kryptozoologen im Hochland von Kenia leben soll. Im Naturhistorischen Museum in London wird das Fell eines derartigen Löwen aufbewahrt. Vermutungen, solche Löwen seien Hybride aus Löwen und Leoparden, gelten als unwahrscheinlich. In Gefangenschaft gab es bereits mehrfach Hybriden aus Löwen und Leoparden, deren Fell aber ein anderes Muster als das Mazori-Fell in London aufweisen.

Der Autor

Ernst Probst, geboren am 20. Januar 1946 in Neunburg vorm Wald im bayerischen Regierungsbezirk Oberpfalz, ist Journalist und Buchautor. Er arbeitete von 1968 bis 1971 als Volontär und Redakteur in Lokalausgaben der „Nürnberger Nachrichten", von 1971 bis 1973 als Politikredakteur in der Zentralredaktion des „Ring Nordbayerischer Tageszeitungen" in Bayreuth und von 1973 bis 2001 als verantwortlicher Redakteur für verschiedene Themenbereiche bei der „Allgemeinen Zeitung", Mainz. Von 2001 bis 2006 war er zunächst als Buchverleger und später auch als Fossilien- und Antiquitätenhändler aktiv.

In seiner Freizeit schrieb Ernst Probst vor allem populärwissenschaftliche Artikel für die „Frankfurter Allgemeine Zeitung", „Süddeutsche Zeitung", „Die Welt", „Frankfurter Rundschau", „Neue Zürcher Zeitung", „Tages-Anzeiger", Zürich, „Salzburger Nachrichten", „Oberösterreichische Nachrichten", Linz, „Die Zeit", „Rheinischer Merkur", „Deutsches Allgemeines Sonntagsblatt", „bild der wissenschaft", „kosmos", „Deutsche Presse-Agentur" (dpa), „Associated Press" (AP) und den „Deutschen Forschungsdienst" (df).

Aus der Feder von Ernst Probst stammen zahlreiche Beiträge der Buchreihe „Geschichten, die die Forschung schreibt" sowie die Bücher „Deutschland in der Urzeit" (1986), „Deutschland in der Steinzeit" (1991), „Rekorde der Urzeit" (1992), „Dinosaurier in Deutschland" (1993 zusammen mit Raymund Windolf) und „Deutschland in der Bronzezeit" (1996).

Insgesamt veröffentlichte Ernst Probst mehr als 300 Bücher, Taschenbücher und Broschüren sowie 300 E-Books wie beispielsweise „Der Ur-Rhein", „Das Mammut", „Der Höhlenbär", „Höhlenlöwen" und „Säbelzahnkatzen". In Teamarbeit mit dem

Paläontologen Dr. Jens Lorenz Franzen (früher Forschungsinstitut Senckenberg in Frankfurt am Main) aus Titisee-Neustadt und Altbürgermeister Heiner Roos aus Eppelsheim veröffentlichte Ernst Probst den Museumsführer „Das Dinotherium-Museum in Eppelsheim".

Wissenschaftsautor Ernst Probst

Literatur

ABEL, Othenio: Die vorzeitlichen Säugetiere, Jena 1914

ABEL, Othenio: Lebensbilder aus der Tierwelt der Vorzeit, Jena 1921

ADAM, Karl Dietrich / BERCKHEMER (†), Fritz: Der Urmensch und seine Umwelt im Eiszeitalter auf Untertürkheimer Markung. Aus: BRUDER, Hermann (Hrsg.): Herzstück im Schwabenland. Untertürkheim und Rotenberg. Ein Heimatbuch, S. 1–88, Stuttgart 1983

AMBROS, Dieta / HILPERT, Brigitte / REISCH, Ludwig / ROSENDAHL, Wilfried: Steinberg-Höhlenruine bei Hunas (HFA A 236). Aus: AMBROS, Dieta / GROPP, Christof / HILPERT, Brigitte / KAULICH, Brigitte: Neue Forschungen zum Höhlenbären in Europa. Abhandlungen der Naturhistorischen Gesellschaft Nürnberg, 45/2005, S. 325–342, Nürnberg 2005

ARGANT, Alain: Les sités paléontologiques du Pleistocène moyen en Mâconnais. Bull. Soc. Préhist. Franc, 97, 4, S. 609–623, Paris 2000

ARGANT, Alain / ARGANT, Jacqueline / JEANNET, Marcel / ERBAJEVA, Margarita: The big cats of the fossil site Cháteau Breccia Northern Section (Saône-et-Loire, Burgundy, France): stratigraphy, palaeoenvironment, ethology and biochronological dating. Courier Forschungs-Institut Senckenberg, 259, S. 121–140, Frankfurt am Main 2007

ATHEN, Kerstin: Höhlenlöwen im Westerwald? – Ein Knochenfragment von Breitscheid-Erdbach, S. 20–22, Wiesbaden 2004

BARTON, Miles: Wildes Amerika. Zeugen der Eiszeit, Köln 2003

BARYSHNIKOV, Gennady F. / BOESKOROV, Gennady: The Pleistocene cave lion, *Panthera spelaea* (Carnivora, Felidae) from Yakutia. Cranium 18, S. 7–24, Amsterdam 2001

BERCKHEMER, Fritz: Neue Funde von Resten eiszeitlicher Löwen aus Württemberg. Jahreshefte des Vereins für vaterländische Naturkunde in Württemberg. Jahrgang 83, S. 75–76, Stuttgart 1927

BOSINSKI, Gerhard / LANSER, Klaus Peter: Urgeschichte. Aus: Das Eiszeitalter im Ruhrland. Führer des Ruhrlandmuseums, Heft Nr. 2, S. 25, Köln 1982

BROOM, Robert: Some South African Pliocene and Pleistocene Mammals. Annals of the Transvaal Museum 21, S. 47–49, Cambridge 1948

BRUNECKER, Frank: Rulaman – der Steinzeitheld. Braith-Mali-Museum, Biberach an der Riß, Tübingen–Berlin 2003

BRÜNING, Herbert: Die eiszeitliche Tierwelt im Rhein-Main-Gebiet, Mosbacher Sande. Museumsführer Nr. 4, Naturhistorisches Museum Mainz, 1972

BRÜNING, Herbert: Vom Eiszeitalter im Mainzer Becken. Museumführer Nr. 3, Naturhistorisches Museum Mainz, 1973

BRÜNING, Herbert: Die eiszeitliche Tierwelt von Mosbach. Ihre Umwelt – ihre Zeit. Museumsführer Nr. 6, Rheinische Naturforschende Gesellschaft zu Mainz in Verbindung mit dem Naturhistorischen Museum Mainz, 1980

BURGER, Joachim / ROSENDAHL, Wilfried / LOREILLE, Odile / HEMMER, Helmut / ERIKSSON, Torsten / GÖTHERSTRÖM, Anders / HILLER, Jennifer / COLLINS, Matthew / WESS, Timothy / ALT, Kurt W.: Molecular phylogeny of the extinct cave lion *Panthera leo spelaea*, Molecular Phylogenetics and Evolution, Vol. 30, p. 841–849, Elsevier, San Diego 2004

CHAUVET, Jean-Marie / DESCHAMPS, Eliette Brunel / HILLAIRE, Christian: Grotte Chauvet bei Vallon-Pont-d'Arc, Stuttgart 1995

COX, Barry / DIXON, Dougal / GARDINER, Brian / SAVAGE, R. J. G.: Dinosaurier und andere Tiere der Vorzeit, München 1989

CROIZET, L'Abbe Jean-Baptiste / JOBERT, Antoine: Recherches sur les ossemens fossiles du département du Puy-de-Dome, Paris 1928

DIEDRICH, Cajus G.: Freilandfunde des oberpleistozänen Löwen *Panthera leo spelaea* (Goldfuss 1810) in Westfalen (Norddeutschland). Philippia 11 (3), S. 219–226, Kassel 2004

DIEDRICH, Cajus G.: The fairy tale about the „cave lion" *Panthera leo spelaea* (Goldfuss 1810) of Europe – Late Ice Ages spotted hyenas and Ice Age steppe lions in conflict – lion killers und savengers around Prague (Central bohemia). Scripta Facultatis Scientiarum Universitatis Masarykianae. Geology, 35, S. 107–112, Brno 2005

DIEDRICH, Cajus G.: The holotypes of the upper Pleistocene *Crocuta crocuta spelaea* (Goldfuss, 1822: Hyaenidae) and *Panthera leo spelaea* (Goldfuss, 1810: Felidae) of the Zoolithen Cave hyena den (South Germany) and their palaeoecological interpretation. Zoological Journal of the Linnean Society, London 2008

DIEDRICH, Cajus G.: Steppe lion *Panthera leo spelaea* (Goldfuss 1810) remains imported by Ice Age spotted hyenas *Crocuta crocuta spelaea* (Goldfuss 1923) from the Perick Caves, a Late Pleistocene hyena den in Northern Germany. Quaternary Research 71, S. 361–374, Amsterdam 2009

DIEDRICH, Cajus G.: Bone accumulators beetween the Scandinavian and Alpine ice shields of Central Europe – the last Ice Age spotted hyenas: mammoth scavengers, wolly rhino killers, horse hunters and cave bear/lions antagonists, im Druck

DIEDRICH, Cajus G.: Upper Pleistocene *Panthera leo spelaea* (Goldfuss 1810) remains from an open air loess bone accumulation site in Freyburg a. U. (Central Germany). Jahresschrift für mitteldeutsche Vorgeschichte, im Druck

DIEDRICH, Cajus G.: Skeleton remains of an adoloscent *Panthera leo spelaea* (Goldfuss 1810) from the Wilhelms Cave hyena den (Sauerland Karst, NW Germany). Acta Palaeontologica Polonia, im Druck

DIEDRICH, Cajus G.: Late Pleistocene steppe lion *Panthera leo spelaea* (Goldfuss 1810) remains from the Bilstein Caves (Northern Germany) and discussion on the taphonomic presence at hyena dens of Central Europa. Comtes Rendues Palevol, Paris, im Druck

DIEDRICH, Cajus G.: Pleistocene *Panthera leo spelaea* (Goldfuss 1810) remains from the Balver Cave (NW Germany) – a hyena den and Middle Palaeolithic human site. International Journal of Osteoarchaeology, im Druck

DIEDRICH, Cajus G.: Late Pleistocene lion *Panthera leo spelaea* (Goldfuss 1810) remains from the Keppler Cave (Sauerland Karst, NW Germany). Cranium, Amsterdam, im Druck

DIETRICH, Wilhelm Otto: Fossile Löwen im europäischen und afrikanischen Pleistozän. Paläontologische Abhandlungen, Abt. A, Paläozoologie, 3, S. 323–366, Berlin 1968

DÖPPES, Doris / RABEDER, Gernot: Pliozäne und pleistozäne Faunen Österreichs. Ein Katalog der wichtigsten Fundstellen und ihrer Faunen (Endbericht des Forschungsberichtes Nr. 9320 des „Fonds zur Förderung der wissenschaftlichen Forschung") mit Beiträgen von Petra Cech, Doris Döppes, Thomas Einwögerer, Florian A. Fladerer, Christa Frank, Karl Mais, Doris Nagel, Marion Niederhuber, Martina Pacher, Rudolf Pavuza, Gernot Rabeder, Christian Reisinger, Harald Temmel, Gerhard Withalm. Mitteilungen der Kommission für Quartärforschung der Österreichischen Akademie der Wissenschaften, Band 10, Wien 1997

ESPER, Johann Friedrich: Ausführliche Nachricht von neuentdeckten Zoolithen unbekannter vierfüssiger Thiere und denen sie enthaltenden, so wie verschiedenen anderen, denkwürdigen Grüften der Oberbürgischen Lande des Marggrafthums Bayreuth, Nürnberg 1774

FABER, Rolf: Moskebach – Biebrich-Mosbach 991–1971. Chronik von Dr. Rolf Faber im Auftrag des Verschönerungs- und Verkehrsvereins Biebrich am Rhein e. V., Wiesbaden-Biebrich 1991

FISCHER, Karlheinz: Neufunde von jungpleistozänen Höhlenlöwen *Panthera leo spelaea* (GOLDFUSS, 1810) in Rübeland
(Harz). Braunschweiger naturkundliche Schriften, 4, Heft 3, S.
455–471, Braunschweig 1994

FISCHER, Karlheinz: Ein Leoparden-Fund, *Panthera pardus*
(L., 1758), aus dem jungpleistozänen Rixdorfer Horizont von
Berlin und die Verbreitung des Leoparden im Pleistozän Euro-
pas. Mitteilungen aus dem Museum für Naturkunde in Berlin,
Geowiss. Reihe 3, S. 211–227, Berlin 2000

FISCHER, Karlheinz: Ein Höhlenlöwenskelett (*Panthera
spelaea* Goldfuss, 1810) aus interglazialen Seesedimenten der
Saalezeit von Neumark-Nord bei Merseburg in Sachsen-Anhalt. Prähistorica Thuringica 6/7, S. 98–192, Artern 2001

GOLDFUSS, Georg August: Die Umgebungen von Muggendorf, Erlangen 1810

GOLDFUSS, Georg August: Osteologische Beiträge zur
Kenntniß verschiedener Saeugthiere der Vorwelt: IV. Ueber den
Schaedel des Hoehlenloewen. Verhandlungen der kaiserlichen
leopoldinischen carolinaeischen Akademie der Naturfreunde,
10, S. 489–494, Bonn 1821

GOLDFUSS, Georg August: Osteologische Beiträge zur Kenntniß verschiedener Saeugthiere der Vorwelt (Fortsetzung). Verhandlungen der kaiserlichen leopoldinischen carolinaeischen
Akademie der Naturfreunde, 11, S. 449–490, Bonn 1823

GROISS, Josef Theodor: Der Höhlentiger *Panthera tigris spelaea* (Goldfuss). Neues Jahrbuch für Geologie und Paläontologie Monatshefte (7), S. 399–414, Stuttgart 1966

GROISS, Josef Theodor: Neufunde von quartären Großsäugern
aus der Moggaster Höhle bei Ebermannstadt (Ofr.). Archaeopteryx, 10, S. 31–49, Eichstätt 1992

GROSS, Carin: Das Skelett des Höhlenlöwen (*Panthera leo
spelaea*) (GOLDFUSS, 1810) aus Siegsdorf/Ldkr. Traunstein
im Vergleich mit anderen Funden aus Deutschland und den Niederlanden. Inaugural-Dissertation Tierärztliche Fakultät der
Universität München, S. 1–129, München 1992

HARINGTON, Charles Richard: Annotated Bibliography of Quaternary Vertebrates of Northern North America. Toronto 2003

HEIDTKE, Ulrich: Eine Großsäuger-Fauna aus dem älteren Pleistozän der Pfalz (Spaltenfüllung Neuleiningen 11). Mitteilungen der Pollichia, 67, S. 135–141, Bad Dürkheim 1979

HELLER, Florian: Jüngstpliozäne Knochenfunde in der Moggaster Höhle (Fränkische Schweiz). Centralblatt für Mineralogie, Jahrgang 1930, Abt. B, Nr. 4, S. 154–159, München 1930

HELLER, Florian: Ein Schädel von *Felis spelaea* Goldf. aus der Frankenalb (zugleich ein Beitrag zum Löwe-Tiger-Problem der diluvialen Großkatze. Erlanger geologische Abhandlungen Heft 7, S. 1–23, Erlangen 1953

HELLER, Florian: Zur Diluvialfauna des Fuchsenloches bei Siegmannsbrunn, Ldkr. Pegnitz (Die Funde der Gumpert'schen Grabungen). Geol. Bl. NO-Bayern, 5 (2), S. 49–70, Erlangen 1955

HELLER, Florian: Die Fauna. Aus: ZOTZ, Lothar: Das Paläolithikum in den Weinberghöhlen bei Mauern. Quartärbibliothek 2, S. 220–307, Bonn 1955

HELLER, Florian: Die Fauna der Breitenfurter Höhle im Landkreis Eichstätt. Erlanger geologische Abhandlungen, Heft, 19, S. 2–32, Erlangen 1956

HELLER, Florian: Würmeiszeitliche und letztinterglaziale Faunenreste von Lobsing bei Neustadt/Donau. Erlanger geologische Abhandlungen, Heft 34, S. 19–33, Erlangen 1960

HELLER, Florian: Ein Höhlenlöwenfund in der Moggaster Höhle. Mitteilungsblatt der Abteilung für Karst- und Höhlenkunde der Naturhistorischen Gesellschaft Nürnberg, 8. Jahrgang 1975, Heft 2, S. 29–38, Nürnberg 1975

HEMMER, Helmut: Fossilbelege zur Verbreitung und Artgeschichte des Löwen, *Panthera leo* (Linné, 1758). Säugetierkundliche Mitteilungen 15, S. 289–300, München 1967

HEMMER, Helmut: Zur Kenntnis pleistozäner mitteleuropäischer Pantherkatzen (Pantherinae), Teil I. Veröffentlichungen der Zoologischen Staatssammlung, 1, S. 15–36, München 1971

HEMMER, Helmut: Untersuchungen zur Stammesgeschichte der Pantherkatzen (Pantherinae), Teil III. Zur Artgeschichte des Löwen Panthera (Panthera) leo (Linnaeus 1758). Veröffentlichungen der Zoologischen Staatssammlung München, Band 17, S. 167–280, München 1974

HEMMER, Helmut: Die Carnivorenreste (mit Ausnahme der Hyänen und Bären) aus den jungpleistozänen Travertinen von Taubach bei Weimar. Quartärpaläontologie 2, S. 379–387, Berlin 1977

HEMMER, Helmut: Die Feliden aus dem Epivillafranchium von Untermaßfeld. Aus: KAHLKE, Ralf-Dietrich (Hrsg.): Das Pleistozän von Untermaßfeld bei Meiningen (Thüringen). Teil 3. Monographien des Römisch-Germanischen Zentralmuseums, 40/3, S. 699–782, Mainz 2001

HEMMER, Helmut: Pleistozäne Katzen Europas – eine Übersicht. Cranium, Amsterdam 2004

HEMMER, Helmut / KAHLKE, Ralf-Dietrich / KELLER, Thomas: *Panthera onca gombaszoegensis* aus den frühmittelpleistozänen Mosbach-Sanden (Wiesbaden, Hessen, Deutschland). Ein Beitrag zur Kenntnis der Variabilität und Verbreitungsgeschichte des Jaguars. Neues Jahrbuch für Geologie und Paläontologie, Abhandlungen, 229 (1), S. 31–60, Stuttgart 2003

HEMMER, Helmut / KAHLKE, Ralf-Dietrich / VEKUA, Abesalom K.: The Jaguar – *Panthera onca gombaszoegensis* (KRETZOI, 1938) (Carnivora: Felidae) in the late Lower Pleistocene of Akhalkalaki (South Georgia; Transcaucasia) and its evolutionary and ecological significance. Géobios, 34 (4), S. 475–486, Villeurbanne 2001

HEMMER, Helmut / KAHLKE, Ralf-Dietrich / VEKUA, Abesalom K.: The Old World puma – *Puma pardoides* (Owen, 1946) (Carnivora: Felidae) – in the lowe Villafranchian (Upper Pliocene) of Kvabesi (East Georgia, Transcaucasia) and its evolutionary and biogeographical significance. Neues Jahrbuch für Geologie und Paläontologie, Abhandlungen 233 (2), S. 197–321, Stuttgart 2004

HEMMER, Helmut / KAHLKE, Ralf-Dietrich: Nachweis des Jaguars (Panthera onca gombaszoegensis) aus dem späten Unter- oder frühen Mittelpleistozän der Niederlande. Deinsea, Annual oft the Natural History Museum Rotterdam, S. 47–57, Rotterdam 2005

HEMMER, Helmut / KAHLKE, Ralf-Dietrich / KELLER, Thomas: Geparde im Mittelpleistozän Europas: Acinonyx pardinensis (sensu lato) intermedius (Thenius, 1954) aus den Mosbach-Sanden (Wiesbaden, Hessen, Deutschland). Neues Jahrbuch für Geologie und Paläontologie, Abhandlungen, 249 (3), S. 345–356, Stuttgart 2008

HEMMER, Helmut / SCHÜTT, Gerda: Ein Gepardenfund aus den Mosbacher Sanden (Altpleistozän, Wiesbaden). Mainzer Naturwissenschaftliches Archiv, 9, S. 118–131, Mainz 1970

HERRMANN, Joachim (Hrsg.): Archäologie in der Deutschen Demokratischen Republik. Denkmale und Funde 1, Archäologische Kulturen, geschichtliche Perioden und Volksstämme, Stuttgart 1989

HERRMANN, Joachim (Hrsg.): Archäologie in der Deutschen Demokratischen Republik. Denkmale und Funde 2, Fundorte und Funde, Stuttgart 1989

HILPERT, Brigitte / KAULICH, Brigitte / ROSENDAHL, Wilfried: Die Zoolithenhöhle bei Burggaillenreuth (Fränkische Alb, Süddeutschland). Forschungsgeschichte, Geologie, Paläontologie und Archäologie. Aus: AMBROS, Dieta / GROPP, Christof / HILPERT, Brigitte / KAULICH, Brigitte: Neue Forschungen zum Höhlenbären in Europa. Abhandlungen der Naturhistorischen Gesellschaft Nürnberg, 45, S. 259–304, Nürnberg 2005

HILPERT, Brigitte / KAULICH, Brigitte: Die Petershöhle bei Velden (Fränkische Alb, Süddeutschland). Lage, Forschungsgeschichte, Stratigraphie, Paläontologie, Archäologie und Chronologie. Aus: AMBROS, Dieta / GROPP, Christof / HILPERT,

Brigitte / KAULICH, Brigitte: Neue Forschungen zum Höhlenbären in Europa. Abhandlungen der Naturhistorischen Gesellschaft Nürnberg, 45/2005, S. 343–364, Nürnberg 2005

HILZHEIMER, Max: Zwei Radien von *Felis spelaea* aus der Mark Brandenburg. Zeitschrift der Geschiebefor-schung und Flachlandgeologie 3, S. 79–81, Leipzig 1927

HÖRMANN, Konrad: Der hohle Fels bei Happurg. Abhandlungen der Naturhistorischen Gesellschaft Nürnberg, 20, S. 21–64, Nürnberg 1913

HÖRMANN, Konrad: Die Petershöhle bei Velden in Mittelfranken. Abhandlungen der Naturhistorischen Gesellschaft Nürnberg, 24, Heft 2, S. 15–90, Nürnberg 1923

HÖRMANN, Konrad und Mitarbeiter: Grabungsberichte der Anthropologischen Sektion. Die Petershöhle bei Velden in Mittelfranken, eine altpaläolithische Station. Abhandlungen der Naturhistorischen Gesellschaft Nürnberg, 21, Heft 4, S. 123–153, Nürnberg 1923

HUBER, Fritz: Die nördliche Frankenalb, ihre Geologie, Höhlen und Karsterscheinungen. Band 2, Die Höhlen des Karstgebietes A Königstein. Jahreshefte für Karst- und Höhlenkunde, 8/2, München 1967

HÜLLE, Werner M.: Die Ilsenhöhle unter Burg Ranis Thüringen, München 1977

JAEKEL; Otto: Prähistorische Löwen aus dem Formenkreis der Felis spelaea. Zoologischer Anzeiger 70, S. 225–236, Leipzig 1927

KAHLKE, Hans-Dietrich: Die Eiszeit, Leipzig 1994

KAHLKE, Hans-Dietrich (Hrsg.): Das Pleistozän von Weimar-Ehringsdorf. Teil 1. Abhandlungen des Zentralen Geologischen Instituts, Paläontologische Abhandlungen, 21, Berlin 1974

KAHLKE, Hans-Dietrich (Hrsg.): Das Pleistozän von Weimar-Ehringsdorf. Teil 2. Abhandlungen des Zentralen Geologischen Instituts, Paläontologische Abhandlungen, 21, Berlin 1975

KAHLKE, Hans-Dietrich (Hrsg.): Das Pleistozän von Burgtonna in Thüringen. Quartärpaläontolgie 3, Berlin 1978

KAHLKE, Hans-Dietrich (Hrsg.): Das Pleistozän von Taubach bei Weimar. Quartär Dietrich (Hrsg.): Das Pleistozän von Burgtonna in Thüringen. Quartärpaläontologie, 3, Berlin 1978

KAHLKE, Ralf-Dietrich (Hrsg.): Das Pleistozän von Untermaßfeld bei Meiningen (Thüringen). Teil 1. Monographien des Römisch-Germanischen Zentralmuseums, Mainz 1997

KAHLKE, Ralf-Dietrich (Hrsg.): Das Pleistozän von Untermaßfeld bei Meiningen (Thüringen). Teil 2. Monographien des Römisch-Germanischen Zentralmuseums, Mainz 2001

KAHLKE, Ralf-Dietrich (Hrsg.): Das Pleistozän von Untermaßfeld bei Meiningen (Thüringen). Teil 3. Monographien des Römisch-Germanischen Zentralmuseums, Mainz 2001

KAHLKE, Ralf-Dietrich: Bedeutende Fossilvorkommen des Quartärs in Thüringen. Teil 5: Großsäugetiere. Aus: KAHLKE, Ralf-Dietrich / WUNDERLICH, Jürgen (Hrsg.): Tertiär und Quartär in Thüringen. Beiträge zur Geologie von Thüringen, Neue Folge 9, S. 207–232, Jena 2002

KAISER, Thomas M. / KELLER, Thomas / TANKE, Walter: Ein neues pleistozänes Wirbeltiervorkommen im Paläokarst Mittelhessens (Breitscheid-Erdbach, Lahn-Dill-Kreis. Geologisches Jahrbuch Hessen 126, S. 71–79, Wiesbaden 1998

KELLER, Thomas: Die eiszeitlichen Mosbach-Sande bei Wiesbaden. Paläontologische Denkmäler in Hessen 3, Wiesbaden 1994

KELLER, Thomas / LÖSCHER, Manfred: Biostratigra-phische Altersbestimmung an eiszeitlichen Faunenfundstellen: Das Projekt Mauer-Mosbach. Denkmalpflege & Kulturgeschichte, 2, S. 38–40, Wiesbaden 2008

KLÄHN, Hans: Ein Fund von *Felis leo* im Löss von Heitersheim i. B. Mitteilungen der Großherzoglich Badischen Geologischen Landesanstalt 9 (1), S. 353–366, Heidelberg 1922

KOENIGSWALD, Gustav Heinrich Ralph von: Fossil cats from the Tegelen clay. Publicaties van het Naturhistorisch Genootschap in Limburg, 12, S. 19–27, Limburg 1960

KOENIGSWALD, Wighart von: Zur Ökologie und Biostrati-

274

graphie der beiden pleistozänen Faunen von Mauer bei Heidelberg. Aus: BEINHAUER, Karl W. / WAGNER, Günther A.: Schichten von Mauer. 85 Jahre *Homo erectus heidelbergensis*, S. 101–110, Mannheim 1992

KOENIGSWALD, Wighart von (Hrsg.): Eiszeitliche Tierfährten aus Bottrop-Welheim. Münchener Geowissenschaftliche Abhandlungen, Reihe A, Band 27, München 1995

KOENIGSWALD, Wighart von: Lebendige Eiszeit, Stuttgart 2002

KOENIGSWALD, Wighart von / MÜLLER-BECK, Hansjürgen / PRESSMAR, Emma: Die Archäologie und Paläontologie in den Weinberghöhlen bei Mauern (Bayern). Grabungen 1937–1967, Tübingen 1974

KOENIGSWALD, Wighart von / SCHMITT, Erich: Eine pathologisch veränderte Löwentibia aus dem Jungpleistozän der nördlichen Oberrheinebene. Natur und Museum 117, S. 272–277, Frankfurt am Main 1987

KOENIGSWALD, Wighart von / NAGEL, Doris / MENGER, Frank: Ein jungpleistozäner Leopardenkiefer von Geinsheim (nördliche Oberrheinebene, Deutschland) und die stratigraphische und ökologische Verbreitung von *Panthera pardus*. Neues Jahrbuch für Geologie und Paläontologie, Monatshefte (5), S. 177–297, Stuttgart 2006

KOLFSCHOTEN, Thijs van: The Eemian mammal fauna of central Europe. Geologie en Mijnbouw / Netherlands Journal of Geosciences 79 (2/3), S, 269–281, Utrecht 2000

KRETZOI, Miklós: Die Raubtiere von Gombaszök nebst einer Übersicht der Gesamtfauna. Annales historico-naturales Musei Nationalis Hungarici, Pars Mineralogica, Geologica, Paleontologica 31, S. 88–157, Budapest 1938

KURTEN, Björn: The Pleistocene lion of Beringia, Annales Zoologici Fennici 22, S. 117–121, Helsinki 1985

LANSER, Klaus-Peter: Die Krefelder Terrasse und ihr Liegendes im Bereich Krefeld. Inaugural-Dissertation zur Erlangung des Doktorgrades der Mathematisch-Naturwissenschaftlichen

Fakultät der Universität zu Köln, Köln 1983

LANSER, Klaus-Peter: Ausgrabungen in alten Kisten – Die Knochenfunde aus der Balver Höhle. Begleitbuch zur Ausstellung Von Anfang an. Archäologie in Nordrhein-Westfalen. Römisch-Germanisches Museum der Stadt Köln, S. 314–317, Köln 2005

LEIDY, Joseph: Transactions of the American Philosophical Society, NS, 10, Philadelphia 1853

LIEBE, Karl Theodor: Die Lindenthaler Hyänenhöhle und andere diluviale Knochenfunde in Ostthüringen. Archiv für Anthropologie, 9, Braunschweig 1876

MAI, Dieter Hans / NÖTZOLD, Tilo / TÖPFER, Volker / VLCEK, Emanuel / HEINRICH, Wolf-Dieter: Bilzingsleben II. *Homo erectus* – seine Kultur und Umwelt. Veröffentlichungen des Landesmuseums für Vorgeschichte Halle, 36, Berlin 1983

MANIA, Dietrich / TÖPFER, Volker: Königsaue – Gliederung, Ökologie und paläolithische Funde der letzten Eiszeit. Veröffentlichungen des Landesmuseums für Vorgeschichte Halle, 26, Berlin 1973

MANIA, Dietrich: Auf den Spuren des Urmenschen. Die Funde auf der Steinrinne bei Bilzingsleben, Berlin-Stuttgart 1990

MANIA, Dietrich / HEINRICH, Wolf-Dieter / FISCHER, Karlheinz / BÖHME, Gottfried / TURNER, Alan / ERD, Klaus / MAI, Dieter Hans: Bilzingsleben V. *Homo erectus* – seine Kultur und Umwelt, Bad Homburg-Leipzig 1997

MANIA, Dietrich / THOMAE, Matthias (Mitarbeit von Manfred Altermann, Wolf-Dieter Heinrich, Jan van der Made, Hans Dieter Mai, Maria Seifert-Eulen): Zur stratigraphischen Gliederung der Saalezeit im Saalegebiet und Harzvorland. Praehistoria Thuringica, Sonderheft, S. 3–44, Langenweisbach 2008

MOL, Dick / LOGCHEM, Wilrie van / HOOIJDONK, Kees van / BAKKER, Remie: De sabeltandtijger uir de Noordzee, Norg 2007

NAGEL, Doris: *Panthera pardus* und *Panthera spelaea* (Fe-

276

lidae) aus der Höhle von Merkenstein/Niederösterreich. Wissenschaftliche Mitteilungen des Niederösterreichischen Landesmuseums, 10, S. 215–224, St. Pölten

NAPIERALA, Hannes: Die Tierknochen aus dem Kesslerloch. Neubearbeitung der paläolithischen Fauna. Beiträge zur Schaffhauser Archäologie 2, Schaffhausen 2008

NIELBOCK, Ralf: Faunen des Eiszeitalters. Funde und Grabungen in Schlotten und Höhlen des Südharzes, Hannover 1998

PROBST, Ernst: Deutschland in der Urzeit, München 1986

PROBST, Ernst: Wie die Löwen die Welt eroberten. Aus: PREUSS, Karl-Heinz / SIMEN, Rolf H.; Geschichten, die die Forschung schreibt, Band 9, 60 Reisen durch die Wissenschaft, S. 71–73, Bonn 1990

PROBST, Ernst: Deutschland in der Steinzeit, München 1991

PROBST, Ernst: Rekorde der Urzeit, München 2008

PROBST, Ernst: Rekorde der Urmenschen, München 2008

PROBST; Ernst: Säbelzahnkatzen, München 2009

RABEDER, Gernot: Die Höhlenbären von Conturines, Bozen 1991

RABEDER, Gernot: Der Panther vom Steinfeld. Die neuesten Ergebnisse der Grabung in der Ochsenhalthöhle. Unser Weißenbach 4, 15, Weißenbach bei Liezen 2003

RABEDER, Gernot / FRISCHAUF, Christine / WITHALM, Gerhard: Die Conturineshöhle und der Ladinische Bär. Bad Vöslau 2006

RATHGEBER, Thomas: Die quartären Säugetier-Faunen der Bären- und Karlshöhle bei Erpfingen im Überblick. Laichinger Höhlenfreund, Jg. 38, Nr. 2, S. 107–144, Laichingen 2003

RATHGEBER, Thomas: Die quartäre Tierwelt der Höhlen um Veringenstadt (Schwäbische Alb). Laichinger Höhlenfreund, Jg. 39, Nr. 1, S, 207–228, Laichingen 2004

RATHGEBER, Thomas / LEHMKUHL, Achim: Sibyl-lenhöhle auf der Teck / Sibyllen cave at the Teck hill. Aus: ROSENDAHL, Wilfried / MORGAN, Mark / LOPEZ CORREA, Matthias: Cave-Bear-Researches/Höhlen-Bären-Forschungen. Abhandlungen zur Karst- und Höhlenkunde, Heft 34, S. 100–106, München 2002

REICHENAU, Wilhelm von: Beiträge zur näheren Kenntnis der Carnivoren aus den Sanden von Mauer und Mosbach. Abhandlungen der Großherzoglichen Hessischen Geologischen Landesanstalt zu Darmstadt, Band IV, Heft 2, S. 189–313, Darmstadt 1906

REINHARDT, Brigitte / WEHRBERGER, Kurt: Der Löwenmensch. Ulmer Museum, Ulm 2005

ROSENDAHL, Wilfried: Höhleninhalte – Spiegelbilder pleistozäner Umweltverhältnisse. Aus: ROSENDAHL, Wilfried / HOPPE, Andreas: Angewandte Geowissenschaften in Darmstadt. Schriftenreihe der Deutschen Geologischen Gesellschaft, Heft 15, S. 145–156, Hannover 2002

ROSENDAHL, Wilfried / DARGA, Robert: Klima, Umwelt und Mensch im Oberpleistozän des Chiemgaus – neue Daten und Befunde. Terra Nostra, 6, S. 305–309, Potsdam 2002

ROSENDAHL, Wilfried / DARGA, Robert: *Homo sapiens neanderthalensis* et *Panthera leo spelaea* – du noveau à propos du site de Siegsdorf (Chiemgau), Bavière/Allemagne. Revue du Paléobiologie 23 (2), S. 653–658, Genève 2004

ROSENDAHL, Wilfried / DARGA, Robert: Zur Anwesenheit des mittelpaläolithischen Menschen im südostbayerischen Alpenvorland. Bayerische Vorgeschichts-blätter, 69, München 2004

ROSENDAHL, Wilfried / DARGA, Robert / BURGER, Joachim: Die pleistozäne Großsäugerfauan von Siegsdorf (Süddeutschland) – neue Untersuchungen. Mitt. Komm. Quartärforsch. Österr. Akad. Wiss. 14, S. 153–160, Wien 2005

ROSENDAHL, Wilfried / ROSENDAHL, Gaelle: Die Neandertaler – zum Leben und Wesen der ältesten Chiemgauer. Aus: BINSTEINER, Alexander / DARGA, Robert (Hrsg.): Steinzeit im Chiemgau, S. 31–36, München 2003

RUTTE, Erwin: Die Fundstelle altpleistozäner Wirbeltiere von Randersacker bei Würzburg. Geologisches Jahrbuch, 73, S. 737–

754, Hannover 1958

SANDBERGER, Fridolin: Ueber die pleistocänen Kalktuffe der fränkischen Alb nebst Vergleichungen mit Analogen. Sitzungsberichte der mathematisch-physikalischen Classe der Königlich bayerischen Akademie der Wissenschaften zu München, 23, S. 3–16, München 1893

SANDER, Anne: Ein Jaguar-Neufund aus den mittelpleistozänen Mosbach-Sanden. Hessen Archäologie 2003, herausgeben von der Archäologischen und Paläontologischen Denkmalpflege des Landesamtes für Denkmalpflege Hessen, S. 17–19, Wiesbaden 2003

SCHAUB, Samuel: Revision de quelques Carnassiers villafranchiens du Niveau des Etouaires (Montage de Perrier, Puy de Dome). Eclogae geologicae Helvetiae 42 (2), S. 492–506, Basel 1949

SCHLOSSER, Max: Über Höhlen bei Mörnsheim (Mittelfranken) und Ausgrabungen bei Velburg (Oberpfalz). Correspondenz-Blatt der Deutschen Gesellschaft für Anthropologie, Ethnologie und Urgeschichte, 30, Nr. 2, S. 9–14, München 1899

SCHLOSSER, Max / BIRKNER, Ferdinand / OBERMAIER, Hugo: Die Bären- oder Tischofer Höhle im Kaisertal bei Kufstein. Abhandlungen der Mathematisch-Physikalischen Königlich Bayerischen Akademie der Wissenschaften, Band 24, S. 385–506, München 1910

SCHLOSSER, Max: Über neuere Untersuchungen von Höhlen in Bayern. Centralblatt für Mineralogie, Jahrgang 1926, Abt. B, S. 361–365, Stuttgart 1926

SCHMID, Elisabeth: Variations-statistische Untersuchungen am Gebiss pleistozäner und rezenter Leoparden und anderer Feliden. Zeitschrift für Säugetierkunde, Stuttgart 1940

SCHMIDT, Robert Rudolf / KOKEN, Ernst / SCHLIZ, Alfred: Die diluviale Vorzeit Deutschland, Stuttgart 1912

SCHMITTGEN, Otto: *Felis pardus* spec. L. aus dem Mosbacher Sand. Sonderdruck aus „Jahrbücher des Nassauischen Vereins für Naturkunde", Jahrgang 74, S. 51–58, München und Wiesbaden 1922

SCHÜTT, Gerda: Untersuchungen am Gebiß von *Panthera leo fossilis* (V. Reichenau 1906) und *Panthera leo spelaea* (Goldfuss 1810). Ein Beitrag zur Systematik der pleistozänen Großkatzen Europas. Neues Jahrbuch für Geologie und Paläontologie, Abhandlungen 134, S. 192–220, Stuttgart 1969

SCHÜTT, Gerda: Die jungpleistozäne Fauna der Höhlen bei Rübeland im Harz. Quartär, 20, S. 79–125, Bonn 1969

SCHÜTT, Gerda: *Panthera pardus sickenbergi* n. subsp. aus den Mauerer Sanden. Neues Jahrbuch für Geologie und Paläontologie, Monatsheft, S. 299–310, Stuttgart 1969

SCHÜTT, Gerda: Ein Gepardenfund aus den Mosbacher Sanden (Altpleistozän, Wiesbaden). Mainzer naturwissenschaftliches Archiv, 9, S. 118–131, Mainz 1970

SCHÜTT, Gerda / HEMMER, Helmut: Zur Evolution des Löwen (*Panthera leo* L.) im europäischen Pleistozän. Neues Jahrbuch für Geologie und Paläontologie, Monatshefte 4, S. 228–255, Stuttgart 1978

SELDEN, Paul / NUDDS, John: Fenster zur Evolution. Berühmte Fossilienfundstellen der Welt, München 2007

SIEGFRIED, Paul: Pleistozäne Säugetiere in westfälischen Höhlen. Jahreshefte für Karst- und Höhlenkunde, 2, S. 177–191, München 1961

SIEGFRIED, Paul: Die eiszeitliche Tierwelt nach Funden in Warsteiner Höhlen. Aufschluß, Sonderband, 29, S. 193–204, Heidelberg 1979

SIEGFRIED, Paul: Fossilien Westfalens. Eiszeitliche Säugetiere. Eine Osteologie pleistozäner Großsäuger. Münstersche Forschungen zur Geologie und Paläontologie. 60, S. 1–163, Münster 1983

STEINER, Ute / STEINER, Walter: Ergebnisse der Grabungen 1962 in den quartären Sedimenten und Bemerkungen zur Genese der Rübelander Höhlen/Harz. Jahresschrift für mitteldeutsche Vorgeschichte, 53, S. 103–140, Halle/Saale 1969

STEINER, Walter: Der Travertin von Ehringsdorf und seine

Fossilien, Wittenberg 1981

THENIUS, Ernst: Gepardreste aus dem Altquartär von Hundsheim in Niederöstereich. Neues Jahrbuch für Geologie und Paläontologie, Monatshefte, S. 225–238, Stuttgart 1953

THIEME, Hartmut: Freden (Leine). Jungpaläolithische Station. Aus: HÄSSLER, Hans-Jürgen: Ur- und Frühgeschichte in Niedersachen, S. 423, Stuttgart 1991

THIEME, Hartmut: Freden (Leine). Herzberg am Harz, Scharzfeld. Aus: HÄSSLER, Hans-Jürgen: Ur- und Frühgeschichte in Niedersachen, S. 446–450, Stuttgart 1991

TURNER, Alan / ANTON, Mauricio: The Big Cats and their fossil relatives. New York 1997

VERBAND DER DEUTSCHEN HÖHLEN- UND KARST-FORSCHER (Hrsg.): Die Moggaster Höhle – Eine der bedeutendsten Höhlen der Fränkischen Schweiz. Karst und Höhle 1998/1999, S. 104, München 2000

VERESHCHAGIN, Nikolai K.: Le lion des cavernes: *Panthera (Leo) spelaea* Goldfuß et son histoire dans l'Holartique. Aus: Études sur le Quaternaire dans le monde. VIII Congrés INQUA, 1, S. 463–464, Paris 1969

WAGNER, Adolf: Neue paläontologische Höhlenfunde aus der Frankenalb. Mitteilungsblatt der Abteilung für Karst- und Höhlenkunde der Naturhistorischen Gesellschaft Nürnberg, 13. Jahrgang 1980, Heft 1/2, S. 6–13, Nürnberg 1980

WAGNER, Eberhard: Eine Löwenkopfplastik aus Elfenbein von der Vogelherdhöhle. Fundberichte aus Baden-Württemberg, S. 29–58, Stuttgart 1981

WEHRBERGER, Kurt: Raubkatzen in der Kunst des Jungpaläolithikums. Aus: Der Löwenmensch, S. 53–76, Sigmaringen 1994

WEHRBERGER, Kurt / REINHARDT, Brigitte: Der Löwenmensch: Geschichte – Magie – Mythos, Ulm 2005

WEINLAND, David Friedrich: Rulaman. Naturgeschichtliche Erzählung aus der Zeit des Höhlenmenschen und des Höhlenbären, Leipzig 1878

WENZEL, Stefan: Die Funde aus dem Travertin von Stuttgart-Untertürkheim und die Archäologie der letzten Warmzeit in Mitteleuropa. Universitätsforschungen zur prähistorischen Archäologie, Band 52, S. 1–272, Bonn 1998

WIKIPEDIA Freie Enzyklopädie http://wikipedia.org

WURM, Adolf: Beiträge zur Kenntnis der diluvialen Säugetierfauna von Mauer a. d. Elsenz (bei Heidelberg). I. Felis leo fossilis. Jahresberichte und Mitteilungen des Oberrheinischen Geologischen Vereins, NF 2, S. 77–102, Stuttgart 1912

ZIEGLER, Reinhold: Löwen aus dem Eiszeitalter Süddeutschlands. Aus: Der Löwenmensch, Tier und Mensch in der Kunst der Eiszeit, S. 46–52, Sigmaringen 1994

ZITTEL, Karl Alfred: Die Räuberhöhle am Schelmengraben, eine prähistorische Höhlenwohnung in der bayerischen Oberpfalz. Sitzberichte der Mathematisch-Physikalischen Classe der Königlich-Bayerischen Akademie der Wissenschaften, 2, Heft 1, München 1872

Bildquellen

Archiv Forschungsstation für Quartärpaläontologie der Senckenbergischen Naturforschenden Gesellschaft, Weimar: 231
Archiv Friedrich-Schiller-Universität Jena: 146
Archiv Natuurhistorisch Museum Rotterdam: 76 unten, 100
Dr. Gennady Baryshnikov, Zoological Institute of Russian Academy of Sciences, St. Petersburg: 94 oben
Petra Berns, Bad Honnef: 66
Rene Bleuanus, Gorinchem, Niederlande: 62 unten
Dr. Gennady Boeskorov, Mammoth Museum of the Institute of Applied Ecology of the Academy of Sciences of The Sakha Republic (Yakutia), Jakutsk: 94 unten
Javier Cáceres, Madrid: 90
Joe Carnegie, Libyan Soup, Guernsey, Channel Islands: 8 (2. Bild von unten), 128 unten
Dr. Cajus G. Diedrich, PalaeoLogic, Halle/Westfalen: 52, 56, 172
Mike Everhart, Adjunct Curator of Paleontology, Sternberg Museum of Natural History, Fort Hays State University, Hays, Kansas: 82, 92, 93
Foto: P. Frankenstein / H. Zwietasch: Landesmuseum Württemberg, Stuttgart: 8 (2. Bild von oben), 116
Alyssa Ganezer, Santa Monica, Kalifornien: 7 unten, 92
André Glory, Paris: 120
Heinrich Harder (1858–1935), Gemälde zur Illustration von 30 Sammelkarten mit dem Titel „Tiere der Urwelt" um 1920: 7 (2. Bild von unten), 9 unten, 76 oben, 236 oben, 236 unten
Dr. Charles Richard (Dick) Harington, Curator of Quaternary Zoology Emeritus, Canadian Museum of Nature, Ottawa, Ontario: 8 oben, 98, (Foto: Richard Harrington): 96
Mary Harrsch, Springfield, Oregon: 130

Reproduktion des Gemäldes „Bonaparte Before the Sphinx"
(1867–1868) von Jean-Léon Gérome: 128

Reproduktion des Gemäldes „Carolus Linnaeus" (1775) von
Alexander Roslin: 224

Reproduktion des Gemäldes „The Lion of St Mark" (Detail)
von Vittore Carpaccio (1455/1465–1526), Original im Palazzo
Ducale, Venedig: 132 oben

Reproduktion einer Illustration aus dem 12. Jahrhundert: 135

Reproduktion eines Fotos: 30 unten

Reproduktion eines Gemäldes (Museum Esslingen) um 1890:
138

Reproduktion: Steinmann-Institut für Paläontologie, Unversität
Bonn: 51

Sergio De la Rosa Martinez, Toluca, Mexiko: 80 oben, 80 unten

Art Salmons, Russelville, Arkansas: 219 unten

Staatliches Museum für Naturkunde Karlsruhe: 50

Thomas Stephan, copyright Ulmer Museum: 112

Shuhei Tamura, Kanagawa, Japan: 1, 28 unten, 40, 46 unten,
79, 208

Thüringer Zoopark Erfurt: 36 unten

Verschönerungs- und Verkehrsverein Biebrich am Rhein e. V. /
Heimatmuseum Biebrich: 18, 20 oben, 20 unten, 22 unten

Hadi: 203 (via Wikimedia Commmons). Lizenz: gemeinfrei (Pu-
blic domain)

Hans Wildschut, Hoofddorp, Niederlande: 62 oben

Frank Wouters, Antwerpen, Belgien: 211

Fundstätten- und Ortsregister

Achtal bei Blaubeuren 137
Ahornloch 162
Akhalkalaki 41, 209
Alazeja 99
Aldène 206
Altamira bei Santillana de Mar 121, 123
Arago-Höhle bei Tautavel
Ardé 221
Arezzo in der Toskana 131
Arnsberg 173
Artenac 41, 206
Aschenstein bei Freden an der Leine 179
Atapuerca 33, 41, 206
Aufhausener Höhle bei Geislingen an der Steige 149
Aurignac 111
Azé-Aiglons 41
Babylon 129
Bad Dürkheim 212
Bad Köstritz 181
Badlhöhle bei Peggau 193
Balver Höhle bei Balve 173
Barben 223
Bärenhöhle (Bärenloch, Boanloch, Hartlesgrabenhöhle) bei
Hieflau 194
Bärenhöhle (Bärenriesenhöhle, Gamssulzenhöhle,
Gleinkerseehöhle) oberhalb des Gleinkersees
Bärenhöhle bei Neukirchen-Lockenricht 155
Bärenhöhle bei Sonnenbühl-Erpfingen 39, 149, 209
Bärenhöhle (Schäferhöhle, Tischoferhöhle) bei Kufstein 199
Bärenloch am Spitzflue bei Charmey 201

Baumannshöhle bei Rübeland 184, 216
Bayreuth 164
Beregovaya 225
Berlin 52, 53, 84, 164, 182, 185
Berlin (Alexanderplatz) 188
Bern 201, 202
Betfia 41
Biebrich 18, 19, 20
Biebrich-Mosbach 19
Bilsteinhöhle bei Warstein 173
Bilzingsleben bei Artern 34, 35, 146, 147, 206, 239
Bluefish Caves 101
Bocholter Aa 173
Bocksteinschmiede bei Rammingen 149
Bonn 61
Borken 173
Borna 188
Bottrop 75, 173, 174, 177
Bottrop-Welheim 16, 72, 73, 75, 174
Boxgrove 206
Braune Bank 214
Braunschweig 133, 180, 184
Breitenfurter Höhle 155, 156
Breitenwinner Höhle bei Velburg 156
Breitscheid-Erdbach 168
Brettsteinbärenhöhle bei Bad Mitterndorf 194
Brühl 149
Buchberghöhle bei Münster 156
Burghöhle im Hönnetal 173
Burgstallwandhöhle (Burgstallhöhle, Burgstall-Riesenhöhle) bei Pernegg an der Mur 194
Burgtonna 65, 181
Burschenhöhle im Hönnetal 173
Cajare 33
Casa Frata 221

Cénac-et-Saint Julien 41
Château (Burgund) 33, 41, 206, 210
Chauvet-Höhle bei Vallon-Pont-d'Arc 109, 111
Choukutien bei Peking 33
Conturineshöhle bei St. Kassian 59, 200
Cromer 233
Dahlmannshöhle im Hönnetal 173
Darmstadt 26, 74, 168
Dechenhöhle von Iserlohn 147, 206
Deidesheim 195
Delos (Mikra Dilos) 131
Deutsch-Altenburg 1 190, 207, 213
Dolni Vestonice (Unter-Wisternitz) 118
Dorsten 174
Drachenhöhle bei Mixnitz an der Mur 195
Dreieckshöhle (Frauenloch, Schusterhöhle) bei Semriach 195
Ebermannstadt 159
Edingen bei Brühl 149
Einhornhöhle bei Herzberg-Scharzfeld 65, 178
Ekbatana (Hamadan) 131
Erlabrunn 23, 235
Erlangen 68, 71, 156, 157, 160, 164
Essen-Vogelheim 174
Ètouaires 221, 222
Fairbanks 99, 106
Fairbanks Creek 97, 106
Feldhofhöhle im Hönnetal 173
Flatzer Tropfsteinhöhle bei Flatz 191
Font de Gaume bei Les Eyzies-de-Tayac-Sireuil 122, 123, 124
Frankfurt am Main 26, 45, 220
Frauenloch (Dreieckshöhle, Schusterhöhle) bei Semriach 195
Freden an der Leine (Aschenstein) 179
Frettertalhöhle bei Finnentrop 174
Freyburg an der Unstrut 184
Friedrichshöhle im Hönnetal 173

Friesenhahn-Höhle in Texas 91
Frühlingshauser Höhle im Hönnetal 173
Fuchsenloch bei Siegmannsbrunn 157
Fuchsenlucke (Teufelslucke) bei Roggendorf 193
Fünffenstergrotte am Kugelstein 195
Gaillenreuther Höhle von Burggaillenreuth 164, 165
Gamssulzenhöhle (Bärenhöhle, Bärenriesenhöhle,
Gleinkerseehöhle) 198
Geinsheim 215
Geisloch bei Oberfellendorf 157
Geißenklösterle bei Blaubeuren-Weiler 115, 137, 248
Gentner-Höhle von Weidelwang 68, 71, 157
Gerakou 41
Gerlesberg bei Donauwörth
Gir-Nationalpark in Gujarat 254, 261
Gise 128, 129
Gleinkerseehöhle oberhalb des Gleinkersees 198
Goldberg bei Nördlingen 158
Gönnersdorf bei Neuwied 124
Gombasek (Gombaszök) 37, 209
Göpfelsteinhöhle bei Veringenstadt 150
Goßmannsdorf 23, 235
Gourdan 125
Graz 194, 195, 196, 197
Griffener Tropfsteinhöhle 198
Gröbern 184
Große Grotte bei Blaubeuren 150
Große Ofnet bei Nördlingen-Holheim 158
Große Peggauer Wandhöhle bei Peggau 196
Großes Hasenloch bei Pottenstein 158
Großes Schulerloch bei Kelheim 158
Gudenushöhle bei Hartenstein 191
Gutenberg-Höhle bei Lenningen 65, 150
Halle/Saale 65, 185, 186
Haltern 174, 175

Hamburg-Harburg 181
Hannover 178
Hartlesgrabenhöhle (Bärenhöhle, Bärenloch, Boanloch) bei Hieflau 194
Hattusa (Bogazkale) 129
Heidelberg 31
Heinrichshöhle in Hemer-Sundwig 175
Heitersheim 150
Heppenloch 150, 206
Herdengelhöhle bei Lunz am See 191
Hermannshöhle bei Rübeland 184, 185
Herne 173
Herne-Wanne 175
Herten 175
Herten (Stuckenbusch) 175
Hessenaue 75, 168
Hochheim am Main 145
Hohlenstein-Stadel bei Asselfingen 110, 111, 112, 113, 114, 151, 248
Hohler Fels bei Happurg 159
Hohler Fels bei Schelklingen 115
Holstejin 1 41
Honerthöhle im Hönnetal 173
Höschhöhle 162, 163
Huéscar I 41
Hunas/Hartmannshof 206
Hundsheim bei Deutsch-Altenburg 41, 191, 210, 213, 215, 220, 221
Hunker Creek 97, 98, 99
Huttenheim 151
Ichetuckne 83
Ilsenhöhle unterhalb der Burg Ranis 182
Isernia bei Molise 33, 206, 207
Isturitz bei Biaritz 43, 119
Jaguar Cave 91

Jockgrimm in der Pfalz 25, 235
Kahla im Saaletal 182
Kamp-Lintfort 176
Kaolak River 97, 99
Karhofhöhle im Hönnetal 173
Karkemis am Euphrat 129
Karlsruhe 215
Karlstadt 23, 235
Karnak bei Luxor 128
Kelheim 158
Kemnathenhöhle bei Kemathen 159
Kempen 176
Kepplerhöhle im Hönnetal bei Balve 173, 176
Kesslerloch bei Thayngen 204
Kirchenweghöhle (Krämershöhle) bei Oberfellendorf 159
Klagenfurt 198
Klaussteinhöhle 162
Klaussteinhöhlen-Komplex (Sophienhöhle) bei Ahorntal 162
Kleine Peggauer Wandhöhle (Kleine Peggauer Höhle) bei
Peggau 196
Kogelstein bei Blaubeuren 151
Kohlerhöhle bei Brislach 201
Kolyma 97
Koneprusy 41
Königsaue 185
Körbisdorf im Geiseltal bei Mersburg 185
Kostenki I 118
Kövesvárad 41
Krems in der Wachau 191
Krüger-Nationalpark 261
Kufstein 200
Kugelsteinhöhle II (Bärenhöhle II am Kugelstein, Tropfstein-
höhle am Kugelstein) bei Deutschfeistritz 197
Kültepe 129
Kvabebi bei Signakhi 222

La Baume-Latrone bei Nîmes 123
Laetoli in Tansania 33
La Fage 206
La Gravette bei Bayac 118
La Madeleine 119
La Marche bei Poitiers 125
La Nauterie 41
La Plata 88
La Puebla de Valverde 222
Lascaux bei Montignac 120, 121
Last Chance Creek bei Dawson City 97, 99
Laugerie-Basse 124, 125
La Vache 124
Leichenhöhle im Hönnetal 173
Leipzig 60
Leipzig-Lindenthal 188
L'Escale 41
Les Combarelles bei Les Eyzies-de-Tayac-Sireuil 122
Les Trois Frères bei Montesquieu-Avantés 124
Lettenmayerhöhle bei Kremsmünster 198
Le Vallonet 222
Lindenau 115
Lindenthaler Hyänenhöhle in Gera 182
London 130, 262
Los Angeles 88, 89, 91
Lost Chicken Creek 97, 99
Lunel-Viel 206
Lurgrotte (Lurhöhle, Lurloch, Lugloch) bei Peggau und
Semriach 196
Lüsslingen 202
Maasvlakte bei Rotterdam 41, 100, 209
Mainz 25, 26, 27, 29, 37, 38, 45, 49, 145, 166, 167, 206, 220,
250, 251
Marburg 169
Marsberg 178

Marignat 41

Marktheidenfeld 23, 235

Mars bei Vence 73

Martinshöhle in Iserlohn-Oestrich 177

Mauer bei Heidelberg 21, 23, 26, 27, 30, 31, 32, 33, 43, 49, 50, 145, 206, 213, 215, 235

Megapolis 207

Mehlwurmhöhle bei Scheiblingskirchen 192

Memphis 219

Merkensteinhöhle bei Gainfarn 192

Menden 176

Moggaster Höhle in Ebermannstadt 159, 206

Mönkes-Höhle bei Balve 177

Mosbach (ehemaliges Dorf bei Wiesbaden) 17, 18, 19, 20, 22, 25, 26, 27, 32, 33, 37, 41, 145, 206, 209, 210, 220, 221, 235

Mücheln im Geiseltal bei Merseburg 186

München 123, 158

Münster 175, 176, 177

Mykene in Argolis 131

Natchez 83, 92

Natural Trap Cave 92

Neandertal bei Düsseldorf-Mettmann 245

Neckarems 154

Neukölln 188

Neuleiningen bei Grünstadt 212, 213

Neumark-Nord im Geiseltal bei Frankleben 65, 186

Neustadt/Donau 160

Newbourn 222

New York 90

Niederkirchen (Pfalz) 167, 212, 214

Niederlehme bei Königs-Westerhausen 189, 216

Niederweningen 202, 209

Nixloch (Nixgrotte, Nixhöhle, Nixlucke) bei Losenstein-Tern-berg 199

Nordsee 41, 62, 63, 214

Nürnberg 161
Ochsenhalthöhle 216
Old Crow 101
Old Crow Basin 96
Old Crow-Fluss 103
Olduvai-Schlucht in Tansania 31, 32
Olivola 41, 209, 221
Osterode am Harz 180
Ottawa 98
Pardines an der Montagne de Perrier 220
Pavlov 118
Persepolis 129, 130
Perugia 41
Petershagen 177
Petershöhle bei Velden 160, 161, 215
Petralona 41, 207, 210
Philippsburg-Huttenheim 291
Preuß-Höhle im Hönnetal 173
Punani auf Sri Lanka 50
Rabenstein bei Waischenfeld 39, 41, 210
Ramesch-Knochenhöhle 59, 199
Rancho La Brea 83, 86, 87, 89, 91, 92
Randersacker 23, 235
Räuberhöhle bei Waltenhofen 161
Ravenna 133
Reckenhöhle im Hönnetal 173
Renningen 54
Repolusthöhe bei Peggau 196
Riedstadt-Erfelden 168
Rixdorf (Neukölln) 188
Roesenbecker Höhle bei Brilon 177
Rom 133
Rotterdam (Maasvlakte) 41, 209
Roxheim bei Frankenthal 167
Rudapraya 50

Saalfeld (Roter Berg) 182
Saint-Vallier 221, 222
Salzgitter-Lebenstedt 180
Salzofenhöhle bei Grundlsee 59, 197
St. Brais 202
St. Wolfgangshöhle bei Velburg 161
Santa Fee 83
Schäferhöhle (Bärenhöhle, Tischoferhöhle) bei Kufstein 199
Schlenkendurchgangshöhle bei Hallein 199
Schnurenloch im Simmental 202
Schönfeld bei Cottbus 189
Schönfeld bei Helmstedt 35
Schreiberwandhöhle am Dachstein 59
Schusterlucke (Tamerushöhle) bei Albrechtsberg 192
Schweinsberg-Karmelenberg im Brohltal 167
Senèze 213
Shamar 222, 225
Siegsdorf 57, 66, 67, 69, 161, 162, 208
Slivnica 41
Slouper-Höhle bei Brno 70, 73
Solothurn 202
Solutré-Puilly 118
Somssich-hegy 2 41
Sophienhöhle (Klaussteinhöhlen-Komplex) bei Ahorntal 162, 163
Sprimont/Belle-Roche 41, 206
Steeden 26
Steinberg-Höhlenruine bei Hunas 163
Steinheim an der Murr 35, 152, 153, 238, 239, 241
Stránská skála 41, 207, 225
Stuttgart 116, 150, 151, 154
Stuttgart-Cannstatt 153, 242
Stuttgart-Untertürkheim 65, 67, 153, 154
Stuttgart-Zuffenhausen 154
Süßenborn bei Weimar (Weimar-Süßenborn) 23, 39, 41, 148,

206, 213, 235
Sybillenhöhle (Sybillenloch) auf der Teck 155
Tamerushöhle (Schusterlucke) bei Albrechtsberg 192
Tautavel/Arago-Höhle 206
Tbilisi 222
Tegelen 209, 222
Teufelsbrücke bei Saalfeld 216
Teufelslucke (Schusterlucke, Fuchsloch) bei Roggendorf 193
Thiede 180
Thistle Creek 101
Tiraspol 207
Tischoferhöhle (Bärenhöhle, Schäferhöhle) bei Kufstein 57, 73, 199, 200
Torralba-Ambrona 206
Torre in Pietra 207
Tropfsteinhöhle am Kugelstein (Kugelsteinhöhle II, Bärenhöhle II am Kugelstein) bei Deutschfeistritz 197
Tübingen 113
Turkanasee (Rudolfsee) in Kenia 32
Uftrungen 185
Ulm 112, 113, 114, 149, 150, 151
Untermaßfeld bei Meiningen 21, 39, 41, 209, 211, 214, 220, 221, 222, 225, 231, 232
Uppony 1 41
Urk 62
Uruk (Warka) in Mesopotamien 127
Val d'Arno 41
Vallonnet 41
Várhegy 207
Varshets 225
Vence 33
Venedig 132
Vértesszölös 41, 207, 210
Veyrier 201
Villány 41

Villereversure 41
Villmar 169
Vogelherdhöhle 75, 115, 116, 117, 248
Voigtstedt im Harzvorland 23, 235
Volkach 23, 235
Volkringhauser Höhle im Hönnetal 173
Volos 41
Wallertheim in Rheinhessen 166, 167
Warstein 177
Weimar 39
Weimar-Ehringsdorf 65, 182, 242
Weimar-Süßenborn 23, 39, 41, 148, 206, 213, 235
Weimar-Taubach 65, 183, 206
Weinberghöhlen bei Mauern 164
Weiße Kuhle bei Marsberg 178
Werder-Phoeben (Havel) 189
Westbury-sub-Mendip 41, 206, 210
Westeregeln bei Magdeburg 186
West Runton bei Cromer 21
Wiedemar-Rabutz 65, 188
Wien 73, 190, 193, 211, 213
Wiesbaden 17, 19, 20, 23, 26, 27, 33, 38, 39, 43, 45, 47, 49,
145, 169, 206, 210, 213, 220, 235
Wiesbaden (Adolfshöhe) 20
Wiesbaden-Biebrich 18, 19, 20
Wiesbaden (Biebricher Allee) 19, 169
Wiesbaden (Mosbach) 18, 19, 20
Wiesbaden-Schierstein 169, 171
Wiesbaden (Waldstraße) 145
Wiesental (Markt) 159
Wildenmannlisloch am Nordhang des Seluns 204
Wildkirchli im Ebenalpstock 59, 203, 204
Wildscheuerhöhle bei Runkel-Steeden 169, 170
Wilhelmshöhle im Biggetal in Heggen 178
Willendorf in der Wachau 193

Wolfenbüttel 180
Würzburg-Schalksberg 23, 39, 41, 210, 235
Zeunickenberg (Seveckenberg) bei Quedlinburg 187
Zigeunerfels bei Sigmaringen 77
Zimbal 41
Zoolithenhöhle von Burggaillenreuth bei Muggendorf 50, 52, 53, 55, 61, 164, 165, 176, 216, 218, 248
Zürich 219

Raubkatzenregister

Acinonyx intermedius (Gepard) 191, 215
Acinonyx jubatus (Gepard) 45
Acinonyx pardinensis (Gepard) 27, 45, 46, 220
Acinonyx pardinensis pleistocaenicus (Gepard) 220, 231
Acinonyx pardinensis (sensu lato) *intermedius* (Gepard) 45, 220
Afrikanischer Löwe (*Panthera leo*) 32, 84, 261
Alt-Panther 31
Amerikanischer Höhlenlöwe (*Panthera leo atrox*) 7, 17, 57, 77, 80, 81, 82, 83, 84, 85, 87, 89, 92, 93, 97, 103, 206, 215
Amerikanischer Löwe (*Panthera leo atrox*) 77, 85
Amur-Tiger 97
Angola-Löwe (Katanga-Löwe, *Panthera leo bleyenberghi*) 262
Asiatischer Löwe (Persischer Löwe, *Panthera leo persica*) 32, 261
Atlaslöwe (*Panthera leo leo*) 32
Berberlöwe (*Panthera leo leo*) 32, 261
Berglöwe (Puma) 225
Beringia-Höhlenlöwe (*Panthera leo vereshchagini*) 7, 17, 57, 76, 77, 81, 83, 94, 99, 100, 101, 103, 104, 105, 107, 215
Dolchzahnkatze 9, 43, 44, 80, 86, 87, 88, 89, 90, 91, 211, 213, 214, 231
Eurasischer Höhlenlöwe 83
Europäischer Höhlenlöwe (*Panthera leo spelaea*) 7, 9, 17, 52, 53, 57, 63, 64, 77, 81, 83, 87, 92, 95, 206, 215
Europäischer Jaguar (*Panthera onca gombaszoegensis*) 9, 27, 33, 36, 37, 38, 39, 40, 41, 44, 148, 209, 210, 231, 235
Felis 187
Felis atrox (Amerikanischer Löwe oder Amerikanischer Höhlenlöwe, *Panthera leo atrox*) *83*
Felidae (Katzen) 253

Felis leo fossilis (Mosbacher Löwe, *Panthera leo fossilis*) 27
Feloidae (Katzenartige) 253
Gepard 27, 44, 45, 46, 47, 50, 191, 205, 215, 220, 231, 232, 235, 260
Großkatzen (Pantherinae) 216, 218, 225, 253,255, 260
Höhlenlöwe (*Panthera leo spelaea*) 26, 35, 50, 55, 56, 57, 58, 59, 60, 61, 62, 63, 64, 65, 66, 67, 68, 69, 70, 71, 72, 73, 74, 75, 76, 77, 91, 96, 97, 98, 102, 106, 109, 111, 114, 115, 116, 117, 118, 119, 120, 121, 122, 123, 124, 125, 126, 136, 137, 139, 140, 141, 142, 148, 149, 150, 151, 152, 154, 155, 156, 157, 158, 159, 160, 161, 162, 163, 164, 167, 168, 169, 171, 172, 173, 174, 175, 176, 177, 178, 179, 180, 181, 182, 183, 184, 185, 186, 187, 188, 189, 190, 191, 192, 193, 194, 195, 196, 197, 198, 199, 200, 201, 202, 203, 204, 208, 238, 239, 242, 245, 247, 248
Höhlentiger 55
Homotherium (Säbelzahnkatze) 43, 44, 211, 214, 238
Homotherium crenatidens (Säbelzahnkatze) 27, 43, 211, 212, 213, 231
Homotherium latidens (Säbelzahnkatze) 43, 214
Homotherium moravicum (Säbelzahnkatze) 191, 214, 215
Homotherium sainzelli (Säbelzahnkatze) 190, 191, 214
Homotherium serum (Säbelzahnkatze) 91, 102, 103, 107
Homotherium sp. (Säbelzahnkatze) 213
Indischer Löwe (*Panthera leo goojratensis*) 32, 254, 261
Irbis (Schnee-Leopard, *Panthera unica*) 218
Jaguar 43, 89, 209, 210, 215, 216, 232
Kaplöwe (*Panthera leo melanochaitus*) 261
Katanga-Löwe (Angola-Löwe, *Panthera leo bleyenberghi*) 262
Katzen 253
Katzenartige 253
Kleinkatzen 225
Kuguar (Puma) 225
Leopard (*Panthera pardus*) 9, 37, 45, 48, 49, 50, 111, 161, 164, 166, 182, 183, 191, 192, 195, 196, 197, 209, 215, 216, 217,

218, 235, 260

Leu 253

Liger (Kreuzung von Löwe und Tiger) 32

Löwe 9, 26, 32, 33, 34, 35, 37, 43, 53, 56, 64, 73, 75, 78, 84, 85, 87, 95, 114, 127, 129, 131, 133, 145, 146, 147, 148, 153, 190, 201, 215, 216, 235, 238, 241, 252, 253, 254, 255, 256, 257, 258, 259, 260, 261, 262

Löwe, eiszeitlicher 56, 57

Löwe, heutiger 253–262

Luchs (*Lynx lynx*)

Lynx issiodorensis (Luchs)

Massai-Löwe (*Panthera leo massaicus*) 262

Mazori-Löwe 262

Megantereon (Dolchzahnkatze) 43, 211, 213

Megantereon cultridens adroveri (Dolchzahnkatze) 211, 231

Mosbacher Löwe (*Panthera leo fossilis*) 7, 8, 17, 19, 26, 27, 28, 29, 30, 31, 33, 35, 45, 53, 55, 57, 145, 147, 148, 150, 160, 163, 169, 183, 190, 206, 207, 215, 235

Nordamerikanischer Höhlenlöwe (Amerikanischer Löwe, Amerikanischer Höhlenlöwe, *Panthera leo atrox*) 83

Ostsibirischer Höhlenlöwe (Beringia-Höhlenlöwe, *Panthera leo vereshchagini*) 7, 17, 57, 76, 77, 81, 94, 95, 100, 215

Panther 37, 117, 215, 225

Panthera (Gattung) 215, 253, 260

Pantherinae (Großkatzen) 253

Panthera atrox (Amerikanischer Löwe, Amerikanischer Höhlenlöwe, *Panthera leo atrox*) 85

Panthera gombaszoegensis (fossiler Jaguar) 209

Panthera leo (Löwe) 57, 238, 252, 253

Panthera leo atrox (Amerikanischer Höhlenlöwe) 7, 17, 57, 77, 80, 81, 82, 83, 85, 88, 97, 206, 207

Panthera leo bleyenberghi (Angola-Löwe oder Katanga-Löwe) 262

Panthera leo brachygnathus (fossiler Löwe) 147

Panthera leo fossilis (Mosbacher Löwe) 7, 17, 19, 26, 27, 28,

31, 53, 57, 145, 190, 206

Panthera leo goojratensis (Indischer Löwe) 32, 254, 261

Panthera leo krugeri (Transvaal-Löwe) 261

Panthera leo leo (Berberlöwe) 32, 261

Panthera (Leo) leo subsp. (Höhlenlöwe) 189

Panthera leo massaicus (Massai-Löwe) 262

Panthera leo melanochaitus (Kaplöwe) 261

Panthera leo mosbachensis (fossiler Löwe)

Panthera leo persica (Asiatischer Löwe, Persischer Löwe) 261

Panthera leo senegalensis (Senegal-Löwe) 262

Panthera leo shawi (fossiler Löwe) 31

Panthera leo spelaea (Höhlenlöwe) 7, 17, 35, 50, 52, 53, 56, 57, 72, 95, 96, 145, 149, 206, 207, 208, 238

Panthera leo vereshchagini (Beringia-Höhlenlöwe oder Ostsibirischer Höhlenlöwe) 7, 17, 57, 76, 77, 81, 94, 95, 97, 100

Panthera onca (Jaguar)

Panthera onca gombaszoegensis (Europäischer Jaguar) 27, 33, 36, 37, 38, 39, 40, 148, 209, 210, 231

Panthera onca toscana (Toskanischer Jaguar) 41, 209

Panthera pardus (Leopard) 37, 45, 48, 191, 210, 215, 217

Panthera pardus sickenbergi (fossiler Leopard) 49, 50, 215

Panthera sp. (fossile Raubkatze) 190

Panthera tigris (Tiger) 253

Panthera tigris altaica (Sibirischer Tiger) 32

Panthera toscana (fossiler Jaguar) 209

Panthera unica (Schnee-Leopard) 218, 219

Panthera youngi (fossiler Löwe) 33

Pantherkatze 85, 209

Persischer Löwe (Asiatischer Löwe, Panthera leo persica) 261

Puma 89, 222, 223, 225, 231

Puma concolor (Puma oder Silberlöwe) 222

Puma, Eurasischer 222

Puma pardoides (Puma) 9, 222, 223, 225, 231

Riesenjaguar 57, 85

Säbelzahnkatze 8, 9, 27, 42, 43, 44, 64, 87, 91, 92, 102, 103,

107, 108, 119, 137, 142, 143, 190, 191, 211, 212, 213, 214, 215, 231, 235, 238

Säbelzahntiger 44, 214

Schnee-Leopard (Irbis, *Panthera unica*) 9, 218, 219, 248

Senegal-Löwe (*Panthera leo senegalensis*) 262

Sibirischer Tiger (*Panthera tigris altaica*) 32

Silberlöwe (Puma, *Puma concolor*) 222, 225

Smilodon (Dolchzahnkatze) 43, 88, 90, 91, 213

Smilodon fatalis (Dolchzahnkatze) 80, 89, 91

Steppenlöwe, eiszeitlicher 56, 57

Tiger (*Panthera tigris*) 26, 32, 55, 57, 73, 216, 253

Toskana-Löwe (Tokanischer Jaguar, *Panthera onca toscana*)209

Toskanischer Jaguar (*Panthera onca toscana*) 41, 209

Transvaal-Löwe (*Panthera leo krugeri*) 261

Personenregister

Abel, Othenio 64, 73, 123, 191, 246
Achermann, Franz Heinrich 140, 141
Agnel George 121
Albrecht, Gerd 113
Alexander der Große 131
Amenophis III., Pharao 129
Androkles 131
Angerstein, Wilhelm 184
Antonius, Markus 133
Antòn, Mauricio 213
Argant, Alain 11, 33, 41, 147, 148, 150, 160, 163, 183, 190, 206
Argant, Jacqueline 41, 147, 148, 150, 160, 163, 183, 190, 206
Aristoteles 254
Arndt, Wolfgang 11, 234
Äsop 131
Auel, Jean M. 141
Bächler, Emil 204
Barner, Wilhelm 179
Baryshnikov, Gennady F. 11, 94, 95, 97
Baumann, Friedrich 184
Becke, Heinrich von der 175
Begouën, Henri Graf 124
Berckhemer, Fritz 67, 153, 154
Bering, Vitus Janessen 33
Berns, Petra 11
Biedermann, Hermann 154
Birkner, Ferdinand 156, 158
Blant, Michel 11
Bock, H. 197

Bölsche, Wilhelm 73
Boeskorov, Gennady 11, 94, 95, 97
Bonaparte, Napoléon 128
Bosinski, Gerhard 124
Boule, Marcellin 73
Bourguignat, Jules René 73
Bredow, Bernard 67, 161
Breuil, Henri 119, 123
Brinkmann, Friedrich 177
Brinkmann, Werner 177
Broom, Robert 30, 31
Brückner, Eduard 227
Brunecker, Frank 141
Brunhes, Bernard 233
Brüning, Herbert 25
Brunner, Georg 157
Burger, Joachim 55
Cácaeres, Javier 11
Carnegie, Joe 11
Carpaccio, Vittorio 132
Cartailhac, Èmile 123
Chapman, Michael 141
Chauvet, Jean-Marie 11
Chephren, Pharao 129
Christus 133
Cinq-Mars, Jacques 101
Coencas, Simon 121
Conrad, Nicholas 117
Corbett, Jim 50
Costamoling, Willy 200
Croizet, Jean-Baptiste 220
Daniel 131
Dareios 131
Dareios I., Großkönig 129, 130
Darga, Robert 11, 69

Darwin, Charles 143
Dechen, Ernst Heinrich Carl von 147
Dedun 127
Deninger, Karl Julius 25
Deschamps, Eliette Brunel 109
Diedrich, Cajus G. 11, 53, 56, 57, 64, 73, 174, 175, 177, 178
Dietrich, Wilhelm Otto 31, 147, 189
Drößler, Rudolf 118
Dubois, Eugène 229
Duphorn, Klaus 245
Eberhard Ludwig, Herzog 153
Eberl, Bartholomäus 230
Eckstein, Michael 164
Ekstein, Prior und Rektor 184
Engel, Thomas 12
Erbajeva, Margarita 41, 147, 148, 150, 160, 163, 183, 190, 206
Esper, Johann Friedrich 54, 55, 159
Everhart, Mike 12
Fabrini, Emilo 211
Felix, Johannes 188
Fischer, Karlheinz 65
Florschütz, Frans 229
Franzen, Jens Lorenz 45, 264
Ganezer, Alyssa 12, 88 oben
Garrod, Dorothy 118
Geller-Grimm, Fritz 12
Gentner, Hans 71, 157
Goethe, Johann Wolfgang von 184
Goldfuß, Georg August 51, 52, 53, 57, 61, 164, 175
Gross, Carin 69
Grote, Klaus 180
Grotian, Hermann 184, 185
Gudenus, Heinrich Reichsfreiherr von 191
Guericke, Otto von 179, 187
Gumpert, Carl 156, 157

Günther, Peter 65

Gußmann, Karl 150

Hahn, Joachim 113

Haidinger, Wilhelm Ritter von 193

Haile Selassie 134

Harder, Heinrich 76, 236

Harington, Charles Richard (Dick) 12, 95, 96

Harrsch, Mary 12

Harting, Pieter 242

Hawkins, Benjamin Waterhouse 132

Heidtke, Ulrich H. J. 12, 167, 212, 214

Heierli, Jakob 204

Heinecke, Siegbert 12, 217

Hein-Hoffmann, Suzanne 12, 60

Heinrich, Arno 174

Heinrich der Löwe, Herzog 133

Heller, Florian 71, 157, 158, 159, 160, 163

Hemmer, Helmut 12, 36, 37, 39, 44, 45, 47, 55, 64, 85, 182, 220, 221, 222

Henke, Lothar 12, 256

Hephaiston 131

Hera 131

Herkules 78, 131

Herodot 254

Hillaire, Christian 109

Hilpert, Brigitte 12, 54, 55, 163

Höneisen, Markus 12

Hörmann, Konrad 159, 161

Horus Aha, Pharao 127

Hösch, Christoph 163

Huber, Fritz 155

Hultén, Eric 102

Jäger, Georg Friedrich 153

Jeannet, Marcel 41, 147, 148, 150, 160, 163, 183, 190, 206

Jefferies, Tansy 12

Jobert, Antoine 220
Jong, Jan de 230
Kahlke, Hans Dietrich 45
Kahlke, Ralf-Dietrich 13, 45, 63, 220, 221, 222, 231, 232
Kaiser, Thomas 168
Keilhack, Konrad 227
Keller, Emmamuel 13, 219
Keller, Ferdinand 201
Keller, Thomas 13, 22, 23, 25, 39, 45, 220, 221
Kersting, Franz 173
Klopfleisch, Friedrich 183
Knesing, Theodor 139
Köberl, Franz 197
Koch, Michael 162
Koenigswald, Gustav Heinrich Ralph 45
Koenigswald, Wighart von 74, 75
Körber, Otto 197
Krause, Hans 102
Kretzoi, Miklós 36, 37, 209
Kuhn, Hans-Jürg, 13
Kuminowski, Milan 13, 84
Kurtén, Björn 95
Kybele, Muttergottheit 133
Lanser, Peter 13
Lehmkuhl, Achim 155
Leibniz, Wilhelm 179, 187
Leidy, Joseph 82, 83, 92, 93
Leroi-Gourhan, André 125
Leutemann, Heinrich 138, 139
Liebe, Karl Theodor 182
Lindig, Ernst 183
Linné, Carl von 224, 225, 253
Lödl, Martin 213
Logchem, Wilrie van 13
Löhr, Hartwig 113

Lorente, Patricio 13
Mania, Dietrich 13, 146, 148, 185, 186, 238, 239, 241
Markus, Evangelist 133
Marsal, Jacques 121
Martinez, Sergio De la Rosa 13, 80 oben, 80 unten
Massoud, Ahmad Schah 134
Matuyama, Yoshiharu, 233
Maus, Lutz 13, 148
Mazak, Vratislav 119
Merian der Ältere, Matthäus 192
Merk, Konrad 204
Mesilia, König von Lagasch 127
Moeliker, Kees 13
Mol, Dick 13, 62
Mortillet, Gabriel de 111, 119
Mottl, Maria 195
Müller, Joachim 14, 210
Nagel, Doris 14, 192, 213
Napierala, Hannes 204
Nebukadnezar II., König 129
Nehring, Carl Wilhelm Alfred 180, 186
Nero 133
Nöggerath, Johann Jacob 175
Nüesch, Jakob 204
Omelanowski, Robert 161
Owen, Richard 222
Papp, Péter 14
Penck, Albrecht 227, 239
Peshev, Hristo 14, 42
Peter I. der Große, Zar 184
Peters, Kuno 160
Pipet, Dominique 14, 223
Pluck, Kevin 14, 252, 258
Pompeius 133
Post, Klaas 62

Probst, Doris 11, 264
Probst, Ernst 17, 25, 42, 74, 78, 97, 228, 263, 264
Probst, Sonja 11, 264
Puchner, Berthold 156
Putchkov, Pavel 100
Rabeder, Gernot 14, 58, 59, 197, 200, 216
Ramses II. Pharao 129
Ramses III. Pharao 129
Rathgeber, Thomas 14, 153, 155
Ravidat, Marcel 121
Reichenau, Wilhelm von 26, 27, 144, 145
Reid, Clement 21, 233
Reinhardt, Brigitte 253
Reis, Klaus 14, 167, 195
Repolust, Anton 197
Richard II. Löwenherz, König 134
Riek, Gustav 117
Roos, Heiner 264
Rosendahl, Wilfried 14, 55, 69
Rosenmüller, Johann Christian 61
Sachmet 127
Sack, Georg 14
Salmons, Art 14
Sandberger, Fridolin 159
Sander, Anne 37, 45
Sandrock, Oliver 14
Sautuola, Don Marcelino Sanz de 121
Schäfer, Ingo 229
Schaub, Samuel 209
Schimper, Karl Friedrich 227
Schlosser, Max 73, 156, 157, 158, 161
Schmid, Elisabeth 114
Schmidt, Robert Rudolf 158
Schmitt, Erich 75
Schmittgen, Otto 37, 167

Schmölcke, Ulrich 14
Schönborn-Wiesentheid, Erwin Graf von 163
Schönborn-Wiesentheid, Franz Erwein Graf von 163
Schönborn-Wiesentheid, Sophie Gräfin von (geborene Gräfin
zu Eltz) 163
Schramel, Ferdinand 197
Schreiber, Dieter 15
Schu 127
Schütt, Gerda 37, 43, 44, 45, 49, 184, 215
Schütz, Marion 15
Sickenberg, Otto 49, 180, 215
Simon 131
Simpson, George Gaylord 85
Spencer, Herbert 143
Spöcker 71
Spöcker, Richard 155
Stehlin, Hans Georg 202
Steiner, Ute 185
Tamura, Shuhei 15, 28, 40, 46, 79, 208
Tanke, Walter 168
Tefnut 127
Teubner, B. G. 185
Thinnfeld, Ferdinand Freiherr von 193
Thüring, Silvan 15
Tode, Alfred 180
Unger, Franz 193
Valentini, Michael Bernhard 187
Vekua, Abesalom K. 222
Vereshchagin, Nikolai K. 76, 77, 85, 100, 101
Vlerk, Isaac Martinus van der 228
Völker, Reinhard 185
Völzing, Otto 113
Wagner, Adolf 159
Walders, Martin 15, 174
Wehrberger, Kurt 15, 253

Weidenfeller, Michael 15
Weinland, David Friedrich 138, 139, 155
Wendler, Fritz 28, 34, 46, 110, 152, 205, 207, 226, 244
Wenzel, Stefan 15
Westerheimb, Otto Wettstein von 192
Wetzel, Robert 113
Wiederoth, Horst Gustav 213
Wild, Max 42
Wohlmuth 156
Woldstedt, Paul 243
Wouters, Frank 15
Wurm, Adolf 31
Wurmbrand-Stuppach, Gundaker Graf 194, 196
Zagwijn, Waldo H. 229, 230, 232
Zapfe, Jochen 15, 48
Zeus 131
Zittel, Karl Alfred von 161

Sachregister

10000 B.C. 142
Aas 43, 50, 61, 225, 260
Abkühlung 228, 229
Academy of Natural Sciences Philadelphia 92, 93
Alleröd-Interstadial 247, 251
Alpenvorland-Vergletscherung 230
Alter 260
Ältere Dryas 247
Älteste Dryas 247
Am Anfang war das Feuer 142
Amulett 77, 117
Anschleichjagd 49
Antiquus-Schotter 238
Art 57, 85, 209, 253
Asphaltsumpf 87
Auge 49, 115
Aurignacien 110, 111
Aussterben 77, 78, 246, 254
Ayla und der Clan des Bären 141
Backenzahn 37, 65, 167, 177, 213
Bavelium 230, 231
Bavelium-Komplex 230
Bavel-Komplex 228, 230
Bayerisches Landesamt für Denkmalpflege 156
Bayerische Staatssammlung für Paläontologie und Geologie, München 158
Beckenknochen 154, 160, 169, 174, 200
Beringbrücke 77, 103
Beringia 77, 95, 101, 102
Beringia Interpretive Centre, Whitehorse 108

Beschreibung 27, 52, 53, 82, 83, 94, 95, 159, 164
Beutetiere 34, 49, 60, 61, 63, 77, 193, 225, 257, 259, 260
Biber-Donau-Komplex 228
Biber-Eiszeiten 228, 229
Biss 259
Bissspur 162, 182, 195, 196
Bissverletzung 63, 175
Blue Babe (Steppenwisent-Mumie) 106
Bölling-Interstadial 247
Braith-Mali-Museum, Biberach an der Riss 141
Brandenburger Stadium 245
Braunschweigisches Landesmuseum Wolfenbüttel 180
British Museum, London 130
Brüllen 260
Brustwirbel 197
Bundesanstalt für Bodenforschung, Hannover 245
Bundesdenkmalamt Wien 192
Cromer 49, 233, 234, 235
Cromer-Forest-Bed-Abfolge 21, 233
Cromer-Interglazial 21
Cromer-Komplex 21, 228, 233, 237
Cromer-Warmzeit 21
Dauerfrostboden 97, 107, 249
Dauerfrost (Permafrost) 105, 249
Denkmal 88, 93
Deutsche Anthropologische Gesellschaft 183
Deutsches Höhlenmuseum 147
Deutsches Museum München 123
Dinotherium-Museum Eppelsheim 264
DNA-Test (Erbgutanalyse) 55, 57
Donau-Eiszeiten 229, 230
Drachenknochen 195
Drenthe-Stadium 239
Dryas 247
Eburon-Kaltzeit 229, 230

Eburon-Komplex 228
Eckzahn 29, 37, 43, 55, 77, 87, 90, 91, 123, 125, 145, 147, 153, 157, 160, 169, 180, 194, 197, 204, 213, 214, 253, 254
Eem-Warmzeit 64, 65, 81, 153, 178, 181, 182, 183, 184, 188, 189, 215, 228, 241, 243, 245
Einhorn 187
Einhornknochen 195
Einwanderung 237, 242
Eiskeil 249
Eiskurve 59
Eisrückzug 102
Eisschild 81, 83, 103
Eisvorstoß 102
Eiszeit 227, 228, 229, 232, 237, 243, 247
Eiszeitalter 9, 17, 23, 43, 46, 56, 78, 81, 89, 95, 101, 103, 148, 186, 206, 208, 209, 211, 214, 218, 226, 227–251, 254
Elfenbeinfigur 111, 112, 115, 117
Elle 26, 168, 177, 181, 197
Elster-Eiszeit 225, 227, 236, 237, 238
Elster-I-Kaltzeit 239
Elster-II-Kaltzeit 239
Elster-Komplex 238
Elster-Saale-Interglazial 227
Endmoräne 243
Epi-Villafranchium 232
Erbgutanalyse (DNA-Test) 57
Erdmagnetfeld 233
Eskimo 101
Essener Ruhrland-Museum 176
Etosha-Nationalpark in Namibia 256, 258
Evolutionstheorie 143
Ewenen 105
Fährte 174
Fangzahn 37, 91, 125, 145, 254
Fell 77, 87, 99, 111, 123, 218, 254, 262

Fellpflege 260
Fersenbein 67, 154, 161, 204
Festland 214
Film 137
Findling 240
Fingerglied 192
Fingerknochen (Phalange) 149, 160, 161, 173, 177, 194, 196, 204
Flansch 213
Fleischfresser 89, 90
Flora 232, 249
Flut 107
Forschungsinstitut Senckenberg, Frankfurt am Main 45, 220, 264
Forschungsstelle für Quartärpaläontologie der Senckenbergischen Naturforschenden Gesellschaft, Weimar 39, 214
Frankfurter Stadium 245
Fraßspuren 192
Fressplatz 61, 154
Frontale 173
Frühglazial 243, 245, 247, 248
Fundorte (Amerikanischer Höhlenlöwe) 83
Fundorte (Beringia-Höhlenlöwe bzw. Ostsibirischer Höhlenlöwe) 97
Fundorte (Europäischer Höhlenlöwe) 149–204
Fundorte (Europäischer Jaguar) 41, 209, 210
Fundorte (fossiler Gepard) 221
Fundorte (fossiler Puma) 222, 223
Fundorte (Mosbacher Löwe) 145–148, 206–207
Fundorte (Säbelzahnkatze) 213, 214
Fuß 33, 111, 167
Fußknochen 157
Fußwurzel 156
Gattung 43, 187, 215, 220, 253, 260
Gebiss 181, 209, 253

Gehirn 85
Gehirn, fossiles 183
Gehörsinn 49
Gemälde 132
Geologisch-Paläontologisches Museum der Westfälischen Wilhelms-Universität Münster 175, 176
Georgian State Museum, Tbilisi 222
Geozentrum Nordbayern, Fachgruppe PaläoUmwelt, Erlangen (Institut für Paläontologie der Universität Erlangen-Nürnberg) 54, 55, 68, 156, 157
Geruchssinn 49
Gesamtlänge 43, 206
Geschlechtsreife 255
Geschwindigkeit 47, 259
Gewicht 39, 47, 64, 85, 208, 214, 218, 220, 253
Gicht 92
Glazial 227
Gletscher 107, 233, 243, 247
Gletscherrückzug 247, 250
Gletschervorstoß 228, 229, 230, 235, 237, 239, 241, 245, 248, 249
Goldfuß-Museum Bonn 61
Gottheit 114
Grablöwe 131
Grassteppe 102
Graues Mosbach 21
Gravettien 118, 164, 193
Gravierung 109, 121, 124, 125
Größe 64, 91, 253
Günz-Eiszeit 232, 233
Günz-Mindel-Interglazial 227
Halbwüste 254
Halswirbel 160, 161, 169, 192
Handwurzelknochen 156, 160
Heiligtum 115

Heimatmuseum Biebrich 18
Heimatmuseum Borken 173
Heimatmuseum Ebermannstadt 159
Heimatmusem Marsberg 178
Heppenloch-Fauna 150
Herr der Tiere 115
Hessisches Landesmuseum Darmstadt 74, 168
Heutzeit 227
Hinterbein 43
Hinterhaupt 175
Hinterpfote 225
Hirn 31
Hirnschädel 176
Hochglazial 243, 247, 248, 249
Hochwasser 231, 245
Höhe 107
Höhle des Löwenmenschen in Lindenau 115
Höhlen 57, 59, 75, 87, 101, 119, 170, 190, 191
Höhlenbärenzeit 199
Höhlenklub der Freiburger Voralpen (SCPF) 201
Höhlenlöwenmännchen 69
Höhlenlöwenschädel 97
Höhlenlöwenskelett 65
Höhlenlöwin 65, 111, 118, 159, 177
Höhlenmalerei 87, 109, 119
Holotyp 52, 53, 61
Holozän 227
Holstein-Komplex 239
Holstein-Warmzeit 147, 228, 239, 242
Holstein-Zeit 239
Hornstachel 254
Hyänenfressplatz 153
Hyänenhorst 61, 73
Hybride 262
Ice Age 142

Indianer 101
Intelligenz 89
Interglazial 227, 228
International Union for Conservation of Nature and Natural Resources (IUCN) 255
Interstadial 245
Isolation 103
Jagd 61, 105, 225, 244, 257, 259, 260
Jagdbeute 35, 92, 119
Jagdmethode 49, 89
Jaguarlinie 215
Jakugiren 105
Jakuten 105
Jetztzeit 227
Jüngere Dryas 247
Jüngere Tundrenzeit 247, 251
Junglöwen 259
Jungpaläolithikum 248
Jungtier 73, 213
Kabinett der Katzentiere 121
Kadaver 99
Kälte 87
Kalt-Warm-Zyklus 228
Kaltzeit 23, 77, 228, 233, 239, 241, 248
Kampf 129, 131
Kärntner Landesmuseum, Klagenfurt 198
Karstmuseum Uftrungen 185
Kiefer 33, 39, 155, 157, 159, 160, 204, 254
Kiefermuskulatur 87
Klima 17, 21, 23, 59, 101, 103, 107, 228, 229, 235, 237, 238, 242, 248
Klimaverbesserung 229
Klimaverschlechterung 228
Konkurrent 78
Knochenfraktur 65

König der Tiere 127, 133
Kopfrumpflänge 17, 32, 47, 64, 69, 85, 162, 185, 206, 218, 220, 253
Kralle 44
Krankheit 75, 92
Kunst 8, 17, 78, 109, 127, 248
Kybele-Kult 133
Lager 87
Lahn-Marmor-Museum Villmar 169
Landbrücke 33, 77, 83, 101, 102, 103
Landesamt für Denkmalpflege Hessen, Wiesbaden 38, 39, 47, 220
Landesmuseum für Vorgeschichte Halle/Saale 65, 185, 186
Landesmuseum Württemberg, Stuttgart 116
Laufgeschwindigkeit 75
Lauerjagd 49
Lebensbild 28, 40, 42, 46, 79
Leichenfeld 220, 222, 231
Leipziger Museum für Völkerkunde 188
Leipziger Zoo 60
Lendenwirbel 161, 192, 197
Leopardenkiefer 215
Literatur 137
Loro Park (Teneriffa) 210
Löss 171, 179, 192
Lössfundstelle 59
Löwendarstellung 109
Löwenfamilie 127
Löwenfell 114
Löwenfigur 115
Löwenfries 124, 129
Löwenfunde 145–204
Löwengespann 133
Löwengrube 131
Löwenjagd 127, 129

Löwenjagdstele 127, 129
Löwenmännchen 63, 64, 254, 255, 160
Löwenmensch 110, 111, 112, 113, 114, 115, 150, 151
Löwenrelief 129, 130
Löwenrudel 257
Löwenschädel 31
Löwenspur 16, 72, 73, 174
Löwenterrasse 131
Löwentor 129, 131
Löwenweibchen 254, 255, 257
Löwe von Babylon 129
Löwe von St. Markus 132
Löwin 61, 255, 256, 259
LWL-Museum für Archäologie Herne 173
LWL-Museum für Naturkunde (Westfälisches Landesmuseum mit Planetarium) Münster 177
Magdalénien 119, 120, 121, 122, 124
Mähne 77, 87, 99, 111, 254, 255, 261
Mainzer Sand 250, 251
Mammoth Museum of the Institute of Applied Ecology of the Academy of Sciences of The Sakha Republic (Yakutia), Jakutsk 95
Mammutmuseum Niederweningen 202
Mammutsteppe 83, 102, 107
Markuslöwe 133
Matuyama/Brunhes-Grenze 233
Mauerer Sande 23, 30, 31, 145, 206, 213, 215
Meeresspiegel 33, 77, 83, 107, 243
Menap-Kaltzeit 232
Menschenfresser 131, 259
Milcheckzahn 148
Mindel-Eiszeit 47, 210, 235, 237
Mindel-Riss-Interglazial 227
Mittelfußknochen 147, 160, 161, 174, 175, 176, 177, 178, 192, 194

Mittelhandknochen 43, 160, 161, 173, 178, 191, 192, 194, 195, 198, 213

Mittelmain-Cromer 23

Mittelpleistozän 190, 220, 232

Mittelwürm-Warmzeit 59

Mosbach 1-Fauna 21

Mosbach 2-Fauna 21

Mosbach-Sande (Mosbacher Sande) 19, 21, 22, 23, 24, 25, 27, 29, 31, 32, 37, 38, 39, 43, 45, 47, 49, 145, 169, 206, 213, 220, 235

Mumie 97, 103, 106

Museo de La Plata 88

Museum Arnsberg 173

Museum der University of Alaska, Fairbanks 99, 106

Museum für Naturkunde Berlin 52, 53, 164, 182, 185

Museum für Naturkunde Dortmund 168

Museum für Ur- und Ortsgeschichte (Quadrat Bottrop) 75, 173, 174, 177

Museum in der Festung Kufstein 200

Museum Osterode 180

Museum Wiesbaden 25, 27, 145, 169, 206

Mythologie 131

Nachwuchs 59

Natural History Museum, New York 90

Naturforschende Gesellschaft zu Leipzig 188

Naturhistorische Gesellschaft Nürnberg 161

Naturhistorisches Museum Bern 201, 202

Naturhistorisches Museum Braunschweig 180

Naturhistorisches Museum London 262

Naturhistorisches Museum Mainz 25, 27, 37, 45, 145, 167, 206, 214, 220

Naturhistorisches Museum Mainz / Landessammlung für Naturkunde Rheinland-Pfalz 27, 29, 38, 166

Naturhistorisches Museum Wien 190, 193, 211, 213

Naturkundemuseum Bielefeld 177

Naturkundemuseum im Ottoneum zu Kassel 174, 177
Naturkunde- und Mammut-Museum Siegsdorf 66, 69, 162
Naturmuseum Solothurn 202
Nemeischer Löwe 78, 131, 133
Neugeborene 257
Niedersächsisches Landesmuseum Hannover 178
Nomenklatur, binäre 253
Nordseeland 62, 63, 214, 243
Oberarmknochen 45, 149, 157, 160, 161, 168, 176, 191, 197,
214, 216
Oberfränkisches Erdgeschichtliches Museum, Bayreuth 164
Oberkiefer (Maxillare) 27, 43, 53, 55, 65, 95, 96, 99, 147, 148,
150, 161, 169, 171, 174, 175, 177, 181, 182, 191, 192, 194,
195, 200, 209, 213, 214, 222, 254
Oberpleistozän 63, 177, 194, 198, 208, 215, 218, 232, 241
Oberschädel 30, 31, 145, 151, 167, 192, 195, 220
Oberschenkelknochen 47, 160, 176, 178, 186, 197, 220
Ohr 15
Ökosystem 89
Paarung 257
Paläo-Indianer 91, 102
Permafrost (Dauerfrost) 105, 249
Pfalzmuseum für Naturkunde, Bad Dürkheim 212, 214
Pfeilspitze 91
Pflanzenfresser 89
Pfotenabdruck 75
Pleistozän 17, 89, 218, 227, 243, 247
Pliozän 211
Pommersches Stadium 245
Prämolar (Vorbackenzahn) 168
Prätegelen-Kaltzeit 228, 229
Prätegelen-Komplex 228
Quartär 227, 228
Quedlinburger Einhorn 187
Radiocarbon-Methode (C14-Methode) 69, 97, 99, 101, 107, 109,

162, 179, 200
Ramesch-Warmzeit 59
Rangordnungskampf 255, 260
Rassekreis 57
Rehburger Stadium 240
Reiss-Engelhorn-Museum Mannheim 69
Reißzahn 26, 65, 216
Rekonstruktion 66, 80, 150, 150, 211, 246
Revier 255
Rheinische Naturforschende Gesellschaft 27
Riesenknochen 195
Rijksgeologischer Dienst, Harlem 229, 230
Rijksuniversiteit Leiden 229
Rijksuniversiteit Utrecht 229
Riss-Eiszeit 176, 239, 241
Riss-Würm-Interglazial 227
Rixdorfer Horizont 188, 189
Roman Rulaman 137, 155
Rückenlinie 43
Rudel 61, 63, 75, 255, 257, 260
Saale-Eiszeit 64, 65, 167, 174, 181, 183, 185, 186, 227, 239, 240, 241
Saale-Komplex 241
Saale-Weichsel-Interglazial 227
Saale-Zeit 241
Sage 78, 178
Sammlung Klaus Reis, Deidesheim 195
Sammlung Ulrich H. J. Heidtke, Niederkirchen (Pfalz) 167, 212, 214
Sangamonian 81
Sangamon-Warmzeit 81
Savanne 221, 254
Schädel 33, 41, 53, 61, 65, 68, 73, 86, 90, 95, 97, 98, 99, 149, 154, 157, 160, 164, 166, 167, 168, 173, 188, 197, 212, 253
Schädelhöhlensteinkern 183

Schädelproportion 97
Schamane (Zauberer) 104, 105, 114, 117, 124
Schienbeinknochen 75, 156, 160, 168, 176, 178, 192
Schmelzwasser 237, 240
Schnittspur 69, 101, 154
Schnurren 260
Schulterblatt 160, 168
Schulterhöhe 43, 64, 69, 87, 122, 162, 208, 213, 214, 218, 220, 253
Schutzgeist 115
Schwäbischer Höhlenverein 150
Schwanz 17, 32, 43, 47, 64, 115, 123, 125, 206, 208, 220, 253, 254
Schwanzquaste 77, 125, 254
Schwanzwirbel 118, 154
Sehfeld 49
Sehvermögen 49
Skelett 41, 65, 70, 71, 73, 85, 97, 186, 195
Sohlengänger 214
Solutréen 118, 119
Sozialverhalten 32
Spalte 190
Spaltenfüllung 213, 214, 215
Spätglazial 243, 245, 247, 249
Speiche 151, 160
Speiseabfall 35
spelaea-Gruppe 57
Sphinx 127, 128, 129
Sprung 218, 225, 259
Sprungbeinknochen 161, 178
Staatliches Museum Braunschweig 184
Staatliches Museum für Naturkunde Karlsruhe 50, 215
Staatliches Musuem für Naturkunde Stuttgart 150, 151, 153, 154
Staatsfossil 91

Stadtmuseum Menden 176
Steinzeit 105
Steiermärkisches Landesmuseum Joanneum, Graz 194, 195, 196, 197
Steinlöwe 131
Steppe 237, 240, 251, 254
Steppenflora 250
Steppenlöwe, spätpleistozäner 56, 57
Steppennagerschicht 67, 153
Sternzeichen Löwe 134
Stirn 185
Survival of the Fittest – Sabertooth 143
Tatze 118
Technische Hochschule Wien 190
Teergrube 86, 87, 89
Tegelen-Komplex 228
Tegelen-Warmzeit 229
Tierpark Berlin-Friedrichsfelde 84
Tötungsbiss 87, 97, 259
Tragzeit 257
Trittsiegel 75
Trogontherii-primigenius-Schotter 241
Tundra 240, 241, 251
Typusexemplar 164
Typuslokalität 21, 189
Ulmer Museum 112, 113, 114, 149, 150, 151
Umweltveränderung 107
Universität Erlangen-Nürnberg 68, 71, 160, 164
Universität Gießen 27
Universität Halle/Saale 148
Universität Heidelberg 27, 31
Universität Mainz 145
Universität Marburg 169
Universität Regensburg 229
Universität Tübingen 113, 117

Universität Wien 192, 195, 213,
Unterart 27, 49, 57, 77, 85, 95, 96, 209, 161
Unterarmknochen 197
Unterkiefer 26, 27, 29, 37, 38, 39, 45, 49, 62, 74, 83, 92, 93,
145, 153, 154, 159, 160, 161, 164, 167, 168, 169, 173, 175,
177, 178, 180, 182, 185, 188, 191, 194, 197, 200, 204, 212,
213, 214, 215, 254
Urgeschichtliches Museum Mauer 30, 31, 147, 157, 206, 214,
215
Urmensch-Museum, Steinheim an der Murr 153
Verbreitung 254
Vereisung 227
Vorbackenzahn 26, 160, 191, 192
Vorderbein 43, 214
Vorderpfote 225
Vulkanausbruch 251
Vulkanismus 230, 233, 251
Waal-Komplex 228
Waffe 35, 78, 180
Wald 254
Waldgrenze 249
Wappentier 133
Warmzeit 23, 227, 228, 233, 237, 239, 241, 241
Warthe-Stadium 240
Weichsel-Eiszeit 64, 67, 77, 81, 178, 179, 180, 181, 182, 183,
189, 216, 227, 243, 245
Westfälische Wilhelms-Universität Münster 175, 176
Wiener Hofmuseum 73
Wirbel 194
Wisconsin-Eiszeit 81, 103
Wunde 119, 260
Würm-Eiszeit 53, 64, 67, 72, 75, 77, 78, 81, 151, 191, 194,
196, 199, 216, 243, 247, 248
Wüstenkönig 255
Yukon Beringia Interpretive Centre, Whitehorse 108

Zahn 39, 45, 85, 97, 145, 149, 151, 154, 156, 167, 168, 182, 186, 192, 194, 195

Zaubertanz 124

Zehen 225

Zehengänger 214

Zehenglied 161

Zehenknochen 176, 177

Zeitalter der Rentiere 119

Zoo 261

Zoo de la Barben 223

Zoological Institute of Russian Academy of Sciences, St. Petersburg 95, 101

Zoolithen 164

Zoo Zürich 219

Bücher von Ernst Probst

Archaeopteryx
Die Urvögel aus Bayern

Der rätselhafte Spinosaurus
Leben und Werk des Forschers
Ernst Stromer von Reichenbach

Das Mammut

Der Höhlenbär

Der Ur-Rhein
Rheinhessen vor zehn Millionen Jahren

Johann Jakob Kaup
Der große Naturforscher aus Darmstadt

Rekorde der Urzeit
Landschaften, Pflanzen und Tiere

Rekorde der Urmenschen
Erfindungen, Kunst und Religion

Säbelzahnkatzen

Tiere der Urwelt
Leben und Werk des Berliner Malers
Heinrich Harder

Taschenbuchreihe über die Bronzezeit:

Die Frühbronzezeit in Deutschland
Die Mittelbronzezeit in Deutschland
Die Spätbronzezeit iun Deutschland
Die Aunjetitzer Kultur in Deutschland
Die Straubinger Kultur in Deutschland
Die Adlerberg-Kultur
Die nordische Bronzezeit in Deutschland
Die Hügelgräber-Kultur in Deutschland
Die Lüneburger Gruppe in der Bronzezeit
Die Stader Gruppe in der Bronzezeit
Die Urnenfelder-Kultur in Deutschland
Die Lausitzer Kultur

Taschenbuchreihe über Superfrauen:

Superfrauen 1 – Geschichte
Superfrauen 2 – Religion
Superfrauen 3 – Politik
Superfrauen 4 – Wirtschaft und Verkehr
Superfrauen 5 – Wissenschaft
Superfrauen 6 – Medizin
Superfrauen 7 – Film und Theater
Superfrauen 8 – Literatur
Superfrauen 9 – Malerei und Fotografie
Superfrauen 10 – Musik und Tanz
Superfrauen 11 – Feminismus und Familie
Superfrauen 12 – Sport
Superfrauen 13 – Mode und Kosmetik
Superfrauen 14 – Medien und Astrologie

Superfrauen aus dem Wilden Westen
Malende Superfrauen
Königinnen der Lüfte
Biografien berühmter Fliegerinnen

Königinnen des Films 1 –
Biografien berühmter Schauspielerinnen
von Lucille Ball bis zu Sophia Loren

Königinnen des Films 2 –
Biografien berühmter Schauspielerinnen
von Anna Magnani bis zu Mae West

Königinnen des Tanzes
Biografien berühmter Tänzerinnen

Königinnen des Theaters

Julchen Blasius
Die Räuberbraut des Schinderhannes

Der Schwarze Peter
Ein Räuber im Hunsrück und Odenwald

Der Ball ist ein Sauhund
Weisheiten und Torheiten über Fußball
(zusammen mit Doris Probst)

Worte sind wie Waffen
Weisheiten und Torheiten über die Medien
(zusammen mit Doris Probst)